朝鮮火田（焼畑）民の歴史

高 秉 雲 著

雄山閣出版

はじめに

私は、朝鮮最南端の済州島の農村に生まれ育ちました。それで、日本―植民地下朝鮮農村でのさまざまな出来ごとに身をもって経験しなければならなかったのです。最悪の経済情況の中で生活しなければならない火田民については、子供心ながら好奇心をもっていました。日本植民地下（一九二四年九月調査）の済州島には約五、〇〇〇人の火田民がいたことになっています。

私が実像として思い出すのは、一九四〇年代初期のことであり、当時、火田はほとんど整理消滅されていた時でした。村の古老たち（以前に火田経験者もいる）が語るのを聞いたのが唯一の火田の知識であったのです。この知識をもとに推理するものの、未だにはっきりした実像は浮かんできません。

私は、農学校二、三年の頃、漢拏山の登山にはよくでかけたものでした。昼すぎに出発して山の中腹一帯に展開する椎茸小屋にたどりつくのは夕方です。此処で一泊して朝六時頃起き、飯盒炊さんをして頂上を目指すのがならわしになっていました。その山麓一帯が火田地域であったらしい跡が、生々しく残っているのを目にしたものでありました。そして未だ一部ではあるが、火田が営まれているのもあったのをおぼえています。

このように、おぼろげな、気が遠くなるような記憶をたどりながら、前から収集してあった朝鮮総督府の火田調査資料を礎におもいきって、朝鮮火田史的なものをまとめてみることにしました。

「……自分より劣ったひとの言行であっても、それを参考にすることによって自分をみがくよすがとなるといふ、古い教えがあります。」

（増田四郎『大学でいかに学ぶか』四頁）

今後この問題を手がける研究者・学究がおられるとすれば、この人たちのたたき台にでも利用して頂ければ幸甚と思います。

日本が調査した官憲資料なので信憑性には問題があると思いますが、資料はこれが唯一のものですから、これ以上のものはありません。

第一章では、火田の発生・由来や、火田の種類、火田民の生活水準や生活資料などについて述べました。

第二章では、日本帝国主義支配下火田の増加過程と日本の朝鮮火田民政策の二重性、すなわち飴と笞の政策について述べています。

第三章では、朴正煕軍事政権の独裁政策の下での火田整理・事業（一九七四〜七九年）、約六年間の火田清算の過程を記述しています。

資料編として日本の朝鮮火田政策の綱領ともいえる㊙の「朝鮮火田整理に関する参考書」を、ながいきらいはありますが火田問題に関する限り非常に重要なので全文掲載しました。この資料のために「四方朝鮮文庫」の栗本伸子さんには、なみなみならぬお世話になりました。厚くお礼を申し上げます。

また、ソウル明知大学の洪鐘佖教授には、多忙のところお手数をおかけしました。感謝の意を表します。最後になりますが、雄山閣出版株式会社の佐野昭吉編集長にもお世話になりました。感謝の意を表します。

尚、統計表にかんしては発表のままとし、資料編中、旧漢字を新漢字、カタカナ表記をひらがな表記に変更しました。

二〇〇一年三月

編著者

目　次——朝鮮火田（焼畑）民の歴史

はじめに

目　次

第一章

火田民の由来

第一節　火田の発生・発展

農業は、長い歴史の流れのなかに発生・発展してきたが、この原始農業段階では、今日の火田耕作と同様、土地の地上障碍物を火入れ焼却して耕作してきたのは、世界共通の現象である。

中国では、火耕田と称し、面積が広大で土地利用慣習において集約化の必要性を感じないということもあって火耕田が多かったし、とくに中国東北部（南満州各地）の朝鮮との国境地帯には多くの火田耕作が行われていた。

日本では、焼畑（または切替畑、木場作とも言われ、地方によっては、焼切畑、火野、山畑、見付畑、山野畑等いろいろと呼ばれることもある。）は、最初は未開山岳地方から漸次全国に波及して、戦国時代には乱をのがれて隠居する落郷人の集団処として各地に存在したとも言われている。

また、明治維新前、幕府時代にも焼畑が盛んで制限論ももちあがったと言われている。

しかし、日本の場合は、焼畑農業は、その性格を変え熟田となり、集約的農耕地として利用されるようになった。

すなわち、近代に入り焼畑農業は、茶畑、桑畑、三椏、みかん山、牧場（牧草地）、杉山等、近代的商品生産の場として発展していく過程において焼畑（火田）農業は、終焉をむかえるようになる。(1)

日本経済の近代化に決定的な力となったのは、生糸、お茶などの生産輸出であったのはいうまでもない。

ヨーロッパにおいても自然農業段階では、当時の流転民族が土地の障碍物を焼却除去して播種した後、他地方に流転し、収穫期になればもどってきて作物を収穫してきた。

このような方法を幾年か反復するが、そのうち地力が衰退すれば他地方に移動して同様の方法をくりかえしてきたと言われている。

こうした耕方は、ヨーロッパにおいても地域により、また時代によって異なるが、火田民が火田と付着していないのが特徴である。

朝鮮の火田発生由来は、最初は、山間の貧窮民が山地に火入れ起墾したのが始まりである。

それから極貧農民、自然災害（旱水災、台風）や戦乱による避難民たちが、深山奥地に入り、火田を耕作し始め普及、拡大したのである。

こうした火田は、一般的に平野地帯か海岸地帯を除外して、ほとんど全国の山野に存在していたし、とくに中部以北地帯には、その面積からも、耕作者の数からも非常に大きな比重をしめていたのである。

朝鮮における火田耕作の始まりは、新羅時代以後とみるのが一般的である。

火田の発生、普及、増加は、自然災害（旱水災、台風、地震）、戦乱（壬辰倭乱、丙子胡乱、東学乱）などのために、糊口之策として入山し火田を起こしてきたのが起源である。

高麗末期から、李朝時代においては、火田民が増加しすぎたので、李朝政府は、厳重な禁令を出していたのである。

以上のごとく、李朝時代までの朝鮮の火田民の普及、増加の歴史は、偶発的な、一時的な自然災害によるものであったわけである。

しかし、日帝（朝鮮総督府）の朝鮮侵略（韓日合併）以後の火田民の拡大、増加というのは、その性格・規模が異なるのである。

これは、日帝の国家権力による暴力的、組織的なものであり、土地、林野の収奪政策の産物として大量に発生・発展したものである。

日帝は、朝鮮を植民地化してから先ず最初に八年八カ月にわたる「土地調査事業」（一九一〇年三月一五日～一九一八年一一月四日）と、「林野調査事業」（一九一八年五月一日～一九二四年）を強行した。

こうした結果、朝鮮においては、地主対小作人という旧態依然たる李朝封建社会の方法を維持し強化した。

土地調査は、先ず、土地所有者の申告を受けて始めることになっていた。

土地調査令の第四条には「土地所有者は、朝鮮総督が指定する期日内に、其の住所、姓名及所有土地の地目、字番号、四標、等級地籍、結数を臨時土地調査局長に提出しなければならない」となっており、朝鮮総督と各道知事は、土地調査実施地区内の土地所有者に対して指定した期日内に、その所有土地の内容を申告するよう公告した。

告示文の一例

朝鮮総督府告示　第二八九号

左記区域に土地を所有する者は、下記期間内にその土地を臨時土地調査局に申告する。

一九一二年七月二〇日

朝鮮総督　寺内正毅

日帝のこの「土地調査事業」の真の目的は、いうまでもなく、土地所有権の問題、土地収奪にあったのは、火を見るよりも明白なことであった。それで大半の朝鮮の農民たちは、先祖代々所有し耕作してきた自分の土地に対して所有権云々は何事かと反発し、日帝総督府の指令を受け入れなかったのである。

そこで日帝の憲兵隊と警察は、流血の暴力をもって対したのである。

しかし土地申告書を提出しない農民が多数いたのである。

そこで朝鮮総督は、一九一二年二月三日訓令第四号として次の「森林山野未墾地の国有、私有区分標準」を定めて強制的に施行したのである。

一、次の各号に該当する森林山野未墾地は私有とする。

1、課税台帳に登録してあるか課税している土地

2、土地、家屋証明に依り私有と証明されている土地

3、確証がある賜碑地

4、宮内府と官庁が還付又は譲渡した確証がある土地

5、永年樹木を禁養した土地

6、朝鮮総督府が特に私有と認定した土地

二、前項に該当しない森林山野未墾地は皆国有とする。(2)

いうまでもなく「国有」にするということは朝鮮総督府の所有とすることである。

これは結果的には、日本人地主や財閥「東拓移民」として朝鮮に渡った日本人たちに無償で払下げ、貸付の方法で譲渡されたのである。

屯土、駅土、宮庄土、牧場土をはじめ、ソウル、釜山、群山、仁川、木浦、元山など肥沃で地理的に便利度の高い土地のほとんどが「国有地」として収奪された。

結果としてこの広大なる朝鮮の農地、垈地（宅地）の基本をなす、肥沃で便利度の高い土地が朝鮮総督府の所有地となったのであるが、これは、日本人地主、東拓農場、富士農場の所有地となったのである。

こうして、日帝は、「土地調査事業」「林野調査事業」を通して何百年間つづいた朝鮮農民の生活基盤を根底からひっくりかえしたわけである。

近代的工業が未発達の朝鮮の李朝末期に、土地から大量に離脱した昨日の農民（流浪民）は、都市ではなく深山奥地に入り火田民となる道を選択したのである。

当時、朝鮮農民は、この道の方が容易（気安い）であったのである。

土地を収奪された朝鮮農民は、耕作地を求めてロシアの沿海州へ、中国の東北地方へ、また、日本の土木工事現場、鉱山地帯へ、それから国内では、深山奥地へと火田を求めて流浪の旅にでたのである。(3)

一九一四～三〇年の統計によれば、地主が農家総戸数の一・八％から三・六％に、すなわち倍増したし、自作農は、二二％から一七・六％に減少し、自作兼小作農は、四一・一％から三一％に減少した。小作農は三五・一％から四六・五％に増加している。

第二節　火田の種類

火田の種類としては、火田と山田に区分し、火田をまた新墾初年度にはブデキ（火徳）、次年度からは通常の火田に区分することもある。

このような区分は、地方により区分する場合と区分しない場合がある。

① ブデキ（火徳）

ブデキは、人の往来の少ない山間奥地の森林内にて行われるもので、主として国有林を対象にすることが多い。

ブデキの適地として選ばれる地帯は、土深がふかく落葉腐植が多く多少の傾斜地で南向または、西南向、東南向の土地を対象とする。

北向は庇陰と湿気のために平地の場合もブデキの適地にはならない。

ブデキをおこすのに緩傾斜地の適地がない時、または、地力がより肥沃な時には、傾斜にこだわることがなく、三十度以上の急傾斜地にブデキをおこすことが多い。また岩石地であっても肥沃な耕作適地と認められるときには、ここにもブデキをおこすことができる。

ブデキ予定地は、針葉樹のところよりも一般的に濶葉樹のところを選び、ブデキをおこす前年秋期または夏期に伐木をする。

樹木が小さく疎立している時にはすべて伐木することもあるが、一般的には一部の材木だけを伐倒して小木、潅木またはつるの上にかぶせるようにして乾燥しやすくし、大径木は立木のまま根元を掘り起こしてかわかす。伐採方法は乱雑でちょうど暴風のため倒れた森林をみるような様相をなしている。

このように伐木した場所に対しては、その年の冬か翌春に火入れして地上物を焼却する。

この時、隣接森林に延焼を防止するために防火線として地表植物を除去するのであるが、それが非常に粗雑で不完全なので火田地の隣接森林に山火事をおこすことが多い。火入れは風のない雨の降りそうな日を選んでおこなうが、春の乾燥期に乾燥した植物を焼却するので一度火が燃え始めると、その火炎が全地域を覆いつつみ猛威をふるい落としながら燃焼し、風のない日でも、このような火炎と熱は風を発生させ延焼の危険は高くなるのである。

火入れを終えた後、雨を待ち、雨が降った後、耕地を簡単に掘りかえして播種する。播種後には、施肥、除草などの作業はほとんどなく作物の成熟後、収穫するだけである。

② 火田

火田は、ブデキを起耕した次の年から、これを耕作する土地のことである。

この火田は、数年間継続耕作すると地力が消耗し収穫高が激減して労力の代価にもならないと思われる時に耕作を放棄するようになる。これを休耕という。休耕後数年が過ぎて地力がまた回復した時には、この休耕地に発生した雑木を伐木した後、再び火入れして耕作をする。所謂、輪作をするのだがこの輪耕の年数は土地の肥沃度、土深、土壌の種類および土地の傾斜、耕種方法等により一定しないが、耕作年数は一～七年、休耕年数は一～一〇年内外で、三～四年耕作、五～六年休耕程度が多い。

　このような種類の火田は山間部落から少し離れた深い谷間等に多く、長年たった休耕地にはハコヤナギ、シラカバ、またはその他雑木が茂って矮林状態をなすのである。

　休耕地に対する火入れは、地上の雑木全部を伐採して焼却する平焼が普通である。

　このように休耕地に新しく起耕する時には、地面に根株があって耕耘するのに困難であるので鍬などで若干の起耕を加え播種するのである。それから二～三年が過ぎれば根株、樹根などが腐って牛耕することもある。牛耕を三〇度の急傾斜地にも実行するのを見ることがある。このようにして耕作年数をくりかえすうちに雑草が発生して除草の必要性が生じ地力が衰退して施肥の必要性が生ずるのであるが、運搬が容易な場所では人糞尿など、これを腐った木灰または、家畜の糞を施肥する場合もあるが一般的には施肥をしないほうが多く、除草も若干するのみである。
　③　山田
　山田は、部落付近の山地にある。火田を数年輪耕した結果、普通の田と大差ないが、傾斜地にある山田は一般的に地味が粗悪なので時々休耕する

火田整理地（1970年代）

か、作物を交替して耕作する。輪耕する時には耕作一～五年、休耕年数は、一～七、八年で、普通は耕作年数三年以下を常例とし、近来、一般的に休耕期間が短期になる現象にある。これは、土地の需要が増大するに従ってやむをえない現象といえる。

この山田は、普通の田と火田との中間に該当するもので、あるものは、田地と区別困難でまた地方によっては、同一地に対して火田または山田といわれるので、まったくその区別を確認できないところもある。

山田の耕作方法は、普通田と大差ないが、主として傾斜地にあるので普通の田より耕耘しにくく施肥もまた普通より少ないのが、ことなる点である。

第三節　火田の経営形態

火田民は、全国的に分布しているので営農方式が多々ある。

火田の経営形態により、地主火田民、自作火田民または、小作火田民に区分することもできる。

地主火田民は、五〇～六〇日耕（一日耕は約三～五反）以上の大面積の火田を占有し、一部は小作に出している し、一般的に平地に家屋、耕作地等の生活基盤をもち、数名の雇（作男）用人を使用して財産の増殖を計る部類である。

自作火田民は、自給自足する程度の火田地を所有し、家計を自立しうる程度の部類がこれに属する。

小作火田民は、最初入山の時から自己火田を持つまでに一年または、二年間、他人の火田を小作するのであるが、かれらは春期に甚だしい食糧不足で困難を経るのが常である。

入山後数年を経れば自己の火田を持ち、それに加えて小作もするものもある。

また、火田民の生活根拠に従って集団火田民と独住火田民に区分することもある。

集団火田民は、移動式火田耕作から発展して生活の安定をえるようになれば定着するようになり、火田民部落が形成される。

これらは、相互扶助をしながら共同生活をするのであるが、定着火田民、または、兼作火田民がこれに属する。

独住火田民となる重要な原因は次の場合である。

①原籍が異なって同一の部落に居住が許されない。②火田適地を人家から遠距離に求めて開墾したものは農耕に近くて便利である。③なにか犯罪をおかして逃亡して火田を耕作し他人との交際を避けるためである。④火田部落から不正行為により追放されていること。⑤火田耕作と同時に阿片、煙草の密植耕作しているので発覚されることを恐れて。⑥日本官吏の取締りを避けるため。⑦社交を好まないか他人の眼を避ける必要性のためである。

それからまた、純火田民―衣食住すなわち生活の全部を国有林貸付林の耕作に全的に依存する火田民もそうである。

この種の火田民は、国有林の起耕を禁止するか、または、退去命令を受けると、ただちにその生計の基礎を失うのである。

一九二九年六月、咸南甲山郡普恵面大坪里で発生した「甲山火田民駆逐事件」すなわち、火田民六十戸に放火して一千余名の火田民を追放した事件が、その一つの例である。

兼作火田民、自己所有の土地を耕作しながら残りの労働力を利用して国有林に火田を耕作する火田民である。また所有耕作地の生産物だけでは生活できない時にも兼作火田民の生活をする火田民は、居住部落より二、三十里離れている場合もあるし、こういう場合には、火田地付近に農事幕（小屋）を張り耕作の時と収穫する時にのみ使用する。

それから移動火田民である。生活を保障する程の土地がない時、移動をやめても、一家親族の有無や、耕作地の地力が消耗した時などにおこる。かれらは、火田の肥瘠、傾斜の緩急、所在地の遠近、取締り等周囲の事情により一カ所にながく居住できなくて移動する。

移動火田民は、純火田民の大部分をしめ、一カ所に四～五年居住してから地力が消耗すれば、また流浪して適地を見つけ山林に火を入れ火田を開墾するのである。

定住火田民は、比較的ながく一カ所に居住する火田民である。

火田地の傾斜が緩慢で土質が肥沃で気候が作物生育に適合し、長期耕作が可能で官憲の取締りも厳しくない場合、その火田耕作者は、自然と定住火田民となる。

また、火田をながらく耕作する目的で土地改良、施肥作物選択などして土質をある程度まで整えると定着生活が保障される。

私有林内兼作火田民のほとんどが、これに属するのである。火田民だけで部落を形成して、二代または三代に渡って火田を耕作する場合もある。

集団火田民は、何人かの家族、または、数十戸の火田民が、小部落を形成して相互扶助をしながら社会生活を営むのである。定着火田民、または兼作火田民がこれに属する。

第四節　火田民の生計

火田民の生活状態は、三つに区分して説明することができる。

第一に、所謂、富豪火田民で大面積の火田を占有し、小作経営までやらせながら裕福な生活をする火田民でやりたい放題である。

かれらは、先ず最初に入山して広大で肥沃な林野を占有して火田耕作を営むもので、たいがい火田部落の首長として対外的には、火田民集団の代弁者となる。

またかれらは、妾をもち、贅沢な生活をし、年中労働をすることなく、穀物は豊富に入り、高金利になやまされることもない(4)。

また、地方によっては、日常官憲の出張時、官憲の接待を引き受けて多額の接待費をつかい、この接待費は、火田部落全体の負担とし火田部落民から徴収する。同時に一般部落民から尊敬を受ける顔役である。しかしこの部類の富豪火田民は、ごく一部にすぎない。

第二、自己火田を耕作して生産した収穫量をもって自家収支を独立的に維持していく程度の生活をする火田民がこれに属する。

かれらは、入山して四～五年が経過したぐらいで火田耕作を、自家労力だけで充当するか一人位の雇用人を使用して耕作する火田民である。こうした部類の火田民は総火田民のほとんど半数をしめる。

第三、生活程度が非常に低い火田民で他人の火田を小作するか、または、自己が起墾した火田を耕作して収穫しても毎年春期になれば他人から金銭か穀類を、長利穀として借金の型で借りる。長利穀（金利が月五～六分、穀類は収穫期に一石に対して一・五石）で借用し、穀類を収穫すると同時に現金または、穀物で元利を合計して支払わなければならない。こうした生活は毎年くりかえされ、春になれば、草根木皮を常食とする極貧階層としてこの社会で最下層であり、非文明の生活をする部類である。

以上のような生活をしている火田民たちは一日も早く火田民生活を清算することが、希望であり、夢なのである。

かれらは、父母、兄弟、親戚と離れて、深山幽谷の人跡まれな山中を転々としながら病苦になやまされ、官憲の取締りにおびえながら社会と離れた孤独な生活に未練を覚えることはないであろう。生活の目途だけたてば、解決されるのは明白である。

火田民の中には、裕福な生活をする、ごく少数の火田民もいるが、それは例外的な存在である。

大部分の火田民は、食糧の自給ができない人たちである。

火田の営農方法が、非常に粗放で作況の豊凶は自然に依存しているので、軽微なる気象的異変があっても収穫量が激減して食糧不足を招来するのである。

こうして、春期に食糧が不足して草根木皮でもって延命するのがかれらの実情である。

この春窮期には、葛の根、松皮（松木の中の白皮）、ヨモギ、ワラビ、ノビル、タンポポ、または、いろいろな山菜などの粥で延命する。

多くの村民が、栄養失調になるのが常である。栄養失調で顔やお腹がはれている子どもたちや老人を見かけることがある。

火田民の火田耕作は、自家労働と家畜に依存しており、高金利の営農資金と長利穀の前貸を受けて耕作に従事しているのが一般的な実情であり、主として食糧作物を耕作するが、時には、大麻、煙草等の特殊作物も栽培する。これが現金収入になる唯一の部門である。

火田民たちは、牛、豚、ニワトリ、蜜蜂等を飼育し、または、養蚕、木炭製造等で副収入をえる。森林地帯においては、伐木労働に従事したり、また牛畜運材に従事して現金収入をえることもある。

火田民の家屋は、丸太を井桁に積み上げて丸太と丸太の間をねり土でぬり、一～二間の温突《オンドル》部屋をつくって寝起きするのである。

かれらの主食は、主としてジャガイモ、トウモロコシ、粟、ソバ等であり、とくにソバは火田民の好物の一つで、ほとんどの火田民の家庭には、麺押し機をもっている。

蜂蜜はかれらの薬用として大事なものであり、客の接待用に使用することが多い。

酒は、ムギ、ジャガイモで焼酒をつくって日常使用するし、甘酒もつくって飲むことが多い。

衣服は、夏期には、手織りの麻布。冬期には、毛皮の服か帽子等を利用することがある。

火田民生活の主な支出は、衣服、塩、その他、副食物である。負債償還も重い比重をしめている。

防寒用として、綿布の衣類を主とするが、犬、その他の野生の動物（鹿、狼、ウサギ等）の毛皮で作った服、帽子、長靴等を使用する。また、火田民生活で燃料は周囲の山林から採取して使用するが、一年間の消費量は約八〜一〇トン位である。

日帝は、朝鮮森林破壊の責任を朝鮮人民の生活習慣に転嫁しようと、温突のせいにしているが、暖をとるための温突に使用したのは、不用になった木片や枝葉、木の根等、廃物を利用したのであって、柴を温突に燃やす民家は、ごくまれなことで、一部の地主、両班たちにそういう傾向があったのである。

朝鮮では、歴史的に、山林は〝無主公山〟地域住民の共同所有、共同利用が伝統的慣習になっていたのである。それを日帝は、「林野調査事業」により、伝統的慣習を破壊してしまった。

第五節　火田民の文化生活

火田民の生活は、ほとんど一般社会から離れた、原始的で単純な生活をしている。

「火田民の生活程度は一般に甚だ低く春先には貯蔵の農産物を食ひ尽して其生を漸く草根木皮に繋げるもの少なからずかかる者にとりては森林令違反の故を以て処刑せらるるも獄舎に於ける衣食は自家に在るよりも却て優れるものあり従て現在の刑罰は必しも彼等に苦痛とならず

火田の故を以て刑余の人となるも彼等の仲間に於ては決して之を侮蔑せず本人も亦之を恥辱とせず(5)」とあるごとく火田民の生活水準をよく証明している。

火田民の衣食住生活の中でもっとも比重の大きいのが食生活である。

火田民生活では、とくに食生活の解決がもっとも大切な問題であるが、支出構成費に表われているごとく、一年間、全支出中食費の比重が、平均八三・一％に達しているし、時には、九〇・八％まで上っている世帯がある。

このようにエンゲル係数が高い状態では、食生活の外の住居環境改善、教育娯楽、休養、保健、人文交流等の文化生活には非常に遠い距離にあるのが実情である。火田民が、この生活を清算したいのは、自己の肉体的な苦痛よりも、子女たちの教育や将来の問題が心配なのである。

第六節　火田民の生活資料

民俗資料保護区に指定された江原道三陟郡道渓邑新里火田村には、火田民の生活相が保存されている。

海抜一、〇〇〇～一、五〇〇メートルに至る北斗山望霜峰等に囲まれていて、村の中央に一〇キロメートル四方の広い丘陵には農耕地（畑）二五ヘクタールがある。

人口は一〇二戸七一七名（男子三七七名）である。小学生一五七名、未就学児童二七〇名である。

ソナンタン（城隍堂）が多く残っており、班及び個人ソナンタンまである。

村には、病気をなおすために、山神のナリモノをする時、司祭役をかねる「ボツジエ」と呼ばれる「ハツケミ」が六名おり、風水師も一名いるという。

姓氏は、慶州金氏、金海金氏、南陽洪氏等各姓が平均に分布しており、十代目になる家門もあるという。

家屋は、ノワチブ（松板屋根）と「クルピチブ」で、これらはみな台所と牛舎がいっしょにつながっている三筒の板子カベとナワで建てた家である。

牛舎が台所に通じているのは山間僻地なので山猫、狼等の野生動物から家畜（牛）を保護し、冬の保温をうるためである。

民俗資料として保護されている民具は、①ナワチブ、②クルピチブ、③コクル、④ホワテ、⑤チエトク、⑥キムチトク、⑦ジユルマク、⑧サルピ、⑨チヨルチヤン、⑩ムルレバンア、⑪ムルバンア等である。

ナワチブは、二百年以上になる赤松を鋸で七〇センチの長さに切り、節切を斧で切り割った小板子である。大きさは各々で二〇～四〇センチ、厚さは五センチ内外に少しずつ並べておき、大きな石でおさえて雨もりがしないようになっている。

クルピチブは、クルピの木の皮で屋根を葺いたもので寿命が長い。

コクルは、照明用具であるが暖房の代りもする。下の部屋の角張ったところを土で円筒のように積み重ね、天井の下で台所に通じるようにする。円筒の下の部分に火口を通して松の樹脂をはさみ、部屋の中を照らし暖房の役割もする。

ホワテイは、火種保存用具としてカマドの横に土で積んだ火具で、火種が消えると家の中に不幸が起こるといって、よく保護し火爐の役割もする。

ホワチエは、萩で作った食糧貯蓄用のツボで萩を大きなツボのようにおなかを円く作り、底を四角い板で塞ぎ、牛の糞をぬった上に土をさらにぬり、かわかしたもので、ダイズ、ジャガイモ等を貯蔵する。

キムチトクは、シナの木の中を完全にくりぬいた後、のりをぬり、汁がもれないようにした丸太の器で蓋五センチ、高さ一五〇センチ位で極度の寒さにも保温がよく、キムチの味も良い。

ジユルマクは、山村のハイノウに似たもので、細い縄をあんで作っているが、穀物を運ぶ時と、また鎌のような道具および昼食を入れるのに使用する。

サルピは、ソルピとも言い、一種の雪靴で雪にうもれるか、すべらないように靴の上にはくようになっている。

この新里火田村の〝民俗資料〟は正月の茶礼と五月十五日のソナン祭、四月の山堂クツ、端午、秋夕、時祭、冠礼、婚礼等が独特な形態で伝来している。

また、この火田村には、三カ所にあるが、深山幽谷に設置していて、同族同志で管理し、子息の繁栄すること、身数を良くすること、牛が良く繁殖するように祈願するのである。三年毎に山クツ（祭り）をする時があるが、これを「サンメチキ」といって、頂上の松の木の枝に台板をつるして家中の男女が飲食物を作り、舞党（ボクチエ）

たちが、酒をつぎ、デヤ、チン、ケンスエプ等を楽器として、ならしながら雑鬼を追い払い、舞堂たちは、読経をして祈願するのである。(6)

新里火田村の生活相は、原始時代の文化形態がよく保存されており、木器文化時代の特色をなしている。火田耕作が、火で始まっているように、火種を貴重にし、疾病治療、祈願形態等をシャーマニズムに依存するのは、それだけ、火田民生活が原始的であることを表現している。

ここに現代文明とは、断絶された先史時代の生活の跡が、そのまま保存されている。

精神的支柱は、山霊神を祀ることによって集団の精神的統一をはかるのである。

日本の神道では、「氏子というのは、氏神をまつる権利と義務をもった地域集団の構成員―と定義することができます。したがって、氏子の義務は、氏神をまつることだと言ってよいでしょう。

氏神というのは、もともとは「氏の神」であって、血縁集団の神でした。しかし、古代においては、血縁集団は一カ所にまとまって住んでいたので、血縁集団はそのまま地縁集団であったわけです。そのため、中世以降は、氏神は地縁集団(地域集団)の神とされたのです。この氏神をまつる地域集団の人々を氏子と呼びます。(7)」

朝鮮の火田民集団の場合は氏神と地縁集団との混合したものである。

精神的な支柱としては山霊神を祀ることによって集団の統一をはかるのである。

日本のように資本主義が発達していても、日本の神道では、「現在、神社にいる巫子は、女性の神官で、神主《カンヌシ》、禰宜《ネギ》、祝《ハフリ》、などの仕事を手伝う補助神職、または員外神職です。しかし、本来の巫女(〝神子《ミコ》〟〝御子《ミコ》〟とも書きます)はシャーマンです。シャーマンは、みづから宗教的エクスタシー(恍惚《こうこつ》)状態にはいって神霊、精霊などと直接接触し、その霊的存在の力を借りて卜占、予言、治病などを行なうことができる特殊な宗教的職能者です。[8]」とある。

火田村における、相互扶助の精神は、その霊的存在の力を借りて強者（全能者）は弱者を救済するという意味である。

注

（1）野本寛一『焼畑民俗文化論』六一五～六二八頁

（2）『火田整理史』山林庁　一七～一八頁

（3）当時全朝鮮農業者戸数は、二、六四一千戸で、耕地面積は、畓が一、三四〇千町歩、田が二、二四九千町歩で、合計三、五八九千町歩となっている。

この中純小作農の戸数が九七一千戸、自作兼小作農戸数が一、〇七三千戸、自作農が五三〇千戸、地主六六千戸となっており、小作面積は田畓一、九一四千町歩に達している。（『火田整理史』山林庁　一九頁）

（4）『火田整理史』山林庁　四三～四五頁

（5）『火田調査報告書』三八頁

（6）『火田整理史』江原道

（7）ひろさちや『仏教と神道』一五〇頁

（8）同前　一四八頁

第二章　日本の朝鮮火田民政策

はじめに

朝鮮における火田耕作の始まりと消滅の歴史的過程、とくに日帝が使用した、「森林令」の第一八条と第一九条は、火田厳禁の強力な手段であった。

しかし、朝鮮の火田民と火田面積は、日帝の植民地支配が進むにつれ増加、拡大していったのである。ここに日帝の朝鮮火田民政策のナゾがある。

日帝は、朝鮮火田民から一歩も譲歩することなく、飴と鞭を巧妙につかいわけながら収奪を強化したのであった。

とくに、瀧々谷事件は、日帝の朝鮮火田民政策の典型的な事件といえよう（後述）。

関北（咸鏡南北道）地方の大洪水に見舞われた罹災民たちが瀧々谷（甲山）に集まり、火田を起こして生活の場としている時、日帝官憲は強権をもってかれら六〇戸の火田民家屋に、放火し焼却してしまうという非人道的な事件を起こしている。

このように、日帝は罹災民を救済するどころか、強圧をもってのぞんだのであった。

火田は、古代より行なわれた伝承的、原始的農法である。

朝鮮では火田、日本では焼畑、中国では火耕と言われている。

日本では、畓を田、田を畑と言っているが、畑という字は、朝鮮、中国の辞典にはない。(1)日本では、幕末まで焼田と言う地目があったし、東北地方の高地では明治時代まで、この農法が存在したと言われている。

火田は、森林や山の斜面を焼き払い、初年にソバ、二年目にヒエかアワ、三年目がアズキ、四年目はダイズなどを作るのが一般的である。また、ジャガイモや野菜も作る。

朝鮮では、三国時代すでに火田が行なわれていたが、高麗時代、李朝時代には盛んに行なわれていた。それは、高麗史、李朝史に火田禁止令が出されているのがよく見られるからである。

しかし、生業として本格的に火田が増加し拡大したのは、日帝による「土地調査事業」(一九一〇～一八年一一月完了)が強行されてからであり、また「林野調査事業」(一九一六～二四年)が敢行されてからである。

この「土地調査事業」では、一、五二七千戸の農家から五〇八、六六二町歩に達する土地と、「林野調査事業」では、朝鮮人縁故林一五、八八三町歩の林野を収奪したのである。(2)

日帝による「土地調査事業」と「林野調査事業」の強行により、広大な土地と林野を奪われた朝鮮の自作農、小作兼自作農の大部分は、生活の糧を求めて、先祖代々住み慣れた故郷を離れ、流浪の旅に出なければならなかったのである。

かれらは、労働力の供給の場として日本の工業地帯、土木工事現場へ移動したり、耕作地を求めて中国の東北地方へ移動したり、または、国内では深山奥地に入り火田を開始し耕作するのであった。

火田民たちを、植民地圧政からの逃避者たち、即ち遁世家たちが深山奥地に入り、いわゆる自由を思う存分満喫している者と考える人たちもいるが、主流はあくまでも生活の糧を求めて移住してきた、土地・林野を収奪された貧農民たちの集団である。

朝鮮火田民の特性として、日帝の植民地政策の圧政から逃避し、政治的、思想的な強制を逃れて深山奥地で共同体的な生活にメリットを求める者も一部にいたが、主流はあくまでも生活の糧をえるための経済的なものであった。

それは、日帝の植民地収奪が進むにつれて当然のことであるが、火田の面積も、火田民の数も拡大していったのである。

しかし、第二次大戦の終戦と同時に、朝鮮は日帝の植民地支配から解放され、共和国（北半部）では一九四六年四月五日の歴史的な「土地改革法」の実施により、火田は清算されたのである。

しかし、南朝鮮（韓国）においては、日帝時代と同様に火田が行なわれていたのである。

韓国の慶尚北道、江原道をはじめ、各道では火田が一九七九年まで行なわれていたが、朴政権下で、火田民を「北のスパイ」云々しながら、武力で禁止し、牧草地、牧場に転換したりして整理したのである。

ところが、今日も、再冒耕と再移住、調査漏落火田地が、完全に解消されたとはいえない状態がつづいている。

第一節　朝鮮総督府の火田民政策

日帝は「林野調査事業」により、広大なる朝鮮の林野を収奪するとともに、無尽蔵なる朝鮮森林を乱伐して荒廃に導いた。

韓・日併合当時の韓半島の山を朝鮮総督府が調査した「林野区分調査書」、「林野調査報告書」等により、大観すれば、

北韓八郡及東北方脊柱山脈地帯の原生林等	約五、三〇〇千町歩
公有林	〃一、〇〇〇
寺有林	〃　二〇〇
墓地林	〃三、一〇〇
無主公山（部落民入会林）	〃一、二〇〇
私有的縁故林	〃五、四〇〇

以上の通りである。(3)

この森林の大乱伐は、綿密な計画の下に推進された。

それは、

伐木業者

朝鮮総督府所属九個営林署

三井物産　住友吉左衛門　其他　日本国大財閥達

王子製紙化学会社　北鮮製紙会社　其他　多数　日本人　伐木業者達

伐木用人夫（伐木労働者）

主に火田民である。

火田民の指導方針

一、八個郡区域内に居る火田民三、四九九一戸、二〇一、二〇〇名を対象者とする。

二、火田民の現地耕作をそのまま認定する。

三、火田民の耕地が不足する場合には必要な面積を補給する。

四、火田民毎五〇〇戸に一個指導所を置く(4)。

このように、「森林令」の第一八条と第一九条はあってないようなものである。

日本は、東拓移民（日本農民の朝鮮への移住）である。

「土地調査事業」「林野調査事業」により収奪した広大なる土地と林野は、日本国大財閥、都市人、村夫たち、国立大学の大学演習林に、また、東拓移民として朝鮮に渡った日本農民たちに、貸付け、払下げ等の形式で無償で譲渡したのである。

こうして、当時、東拓移民との交換に朝鮮火田民を旧満州方面へ移住させる計画を進めていたのである。

「間島（中国東北地方―筆者注）方面へ移住ヲ奨励スルコト
……支那政府ト直接商議ノ上相当地域ヲ定メ移住後ハ彼等移住民ノ生命財産ヲ保証スル機関ヲ設ケ彼等ヲ保護スルニ於テハ朝鮮林野ト関係ヲ断チテ火田ノ整理ヲナスコトヲ得ベシ(5)」となっている。

また、

「蓄馬台地の火田民は、漂動の結果常に満洲及間島に流出する傾向が多い(6)」

以上のごとき結果、朝鮮の肥沃で便利度の高い土地の大部分が、日本人の所有となっていったのである。その結果、朝鮮山林の総面積の約三分の二は、日本人の所有であった。

一九二〇年代の終り頃までは、朝鮮火田民の満州移民計画が具体化され、一部は実行にうつされていたが、日本の中国への全面戦争、第二次大戦へと拡大されるようになり火田民政策にも一部の変更が見られた。

それは、朝鮮の材木資源の必要性が急に増大したのである。

中国各地に兵舎の建設材として、また軍艦建造にも副材として莫大なる木材の需要が提起されたからである。

朝鮮内の材木資源の獲得には常備、莫大なる労働力が必要なわけである。

結局、朝鮮の伐木労働力として火田民をいつでも必要とあらば大々的に動員可能な体制にしておくことであった。

これは、朝鮮総督府官報に掲載された林野貸付け、払下げ等行政処分に関

火田民の家屋と生活相

火田耕作状況調（一九二四年九月末現在）

種別	火田のみ耕作する者			塾田と火田と併耕する者			合計		
道名	面積	戸数	人口	面積	戸数	人口	面積	戸数	人口
京畿道	九一七・〇〇町	六七七	二、八〇一	一、七六九・〇〇町	三、〇五〇	一三、六五一	二、六八六・〇〇町	三、七二七	一六、四五二
忠清北道	一、四七三・一五	一、一四一	四、五六三	六〇二・一三	二、六九五	一一、四四六	二、〇七五・二八	三、八三六	一六、〇〇九
忠清南道	三四・〇〇	一四九	六三八	八一・〇〇	三〇五	一、二五〇	一一五・〇〇	四五四	一、八八八
全羅北道	五九〇・九四	二、三五七	一一、四四六	六九八・五七	三、八五〇	一六、一一三	一、二八九・五一	六、二〇七	二七、五七八
全羅南道	二八二・八六	一、三六一	六、五四三	二、二六一・四六	四、五二八	二〇、〇三七	二、五四四・三二	五、八八九	二六、五八〇
慶尚北道	二六八・〇〇	五〇七	二、六八三	一、二〇二・〇〇	三、一六二	一三、〇二六	一、四七〇・〇〇	三、六六九	一五、七〇九
慶尚南道	一三三・〇〇	四〇三	一、九三八	九五・〇〇	六六六	二、九〇四	二二八・〇〇	一、〇六九	四、八四二
黄海道	三、三一三・九九	三、六三五	一五、一五八	一〇、七七一・二六	八、六六五	三八、九一八	一四、〇八五・二五	一三、三〇〇	五四、〇七六
平安南道	一四、九六一・〇〇	四、七八三	二五、六一五	二六、一二一・〇〇	一六、三九四	八五、〇〇七	四一、〇八二・〇〇	二一、一七七	一一〇、六二二
平安北道	三三、六七九・〇〇	一九、八一七	九八、六六一	七七、九八六・〇〇	三六、一三八	一七九、六〇一	一一二、六六五・〇〇	五五、九五五	二七八、二六二
江原道	二四、一八四・〇〇	一三、〇二八	五一、九七七	三三、二七六・〇〇	三〇、八七六	一五三、〇六〇	五七、四五一・〇〇	四三、九〇六	二〇五、〇三七
咸鏡南道	三一、一〇二・〇〇	一一、〇〇九	五五、九四五	五四、〇九五・〇〇	三四、〇七五	一九二、七八六	八五、一九七・〇〇	四五、〇八四	二四八、七三一
咸鏡北道	一、五三六・〇〇	八七六	五、四〇一	四、三二八・〇〇	五、四九二	三三、一九三	五、八六四・〇〇	六、三六八	三八、五九四
計	一二二、四六四・九四	五九、七四三	二八三、三六九	二一三、二七七・四三	一四九、八九八	七六一、〇一一	三三五、七四二・三七	二〇九、六四一	一、〇四四、三八〇
営林廠	二九、三四〇・〇〇	五、五二三	二九、〇六七	四六、九一八・七八	一四、八八〇	八一、六九四	七六、二五八・七八	二〇、四〇二	一一〇、七六一
合計	一四一、八〇四・九四	六五、二六五	三一二、四三六	二六〇、一九六・二一	一六四、七七八	八二七、七〇五	四〇二、〇〇一・一五	二三〇、〇四三	一、一五五、一四一

各道中火田面積の広大にして火田民戸口の多きは、平安北道を第一位とし、咸鏡南道、江原道、平安南道、黄海道等がこれにつぎ、また営林廠管内の咸南７郡、咸北２郡、平北２郡にも多数の火田耕作者がある。

日本国大財閥・都市人・村人たちに分配した数例(7)

山の所在地 道	郡	面	山の面積（町歩）	許可年月	官報日字	日本人の住所	日本人の氏名
慶北	迎日	北竹南面	二、五三八 松 二二六、二五〇本	一九二二年四月	一九二二年四月七日	東京駿河町	三井合資会社
黄海	海州	検丹	二、六八三	二二 九	二二 九 九	〃	〃
黄海	金川	東	四六一	一三 三	一三 三	〃	〃
江原	平康	南	五五三	二四 九	二四 九	〃	〃
京畿	漣川	官仁	三、五二一	二四 一二	二五 一	〃	〃
咸南	高原	水洞	七、一五四	二三 四	二三 四	大阪府	住友吉左衛門
咸南	高原	水洞	六、三五〇 二九四、三四八本	二三 四	二三 四	〃	〃
平南	价川	北	九、六〇七	二三 一二	二三 一二	〃	〃
咸北	鏡城	朱南	六、〇二七	二三 五	二三 三	〃	〃
平南	价川	北東	一、二三五	二四 九	二四 一〇	〃	〃
忠南	大田	九万	二、三一九	二五 四	二五 九	〃	〃
慶北	英陽	日月	二、八五七	二六 四	二六 四	〃	〃
咸南	永興	福興面	一、五〇二	二六 六	二六 六	〃	〃
全南 江原	和順 平康	寒泉 木田	五、三六〇	二七 一	二七 一	〃	〃
江原	伊川	伊川	二、三五九	二七 三	二七 四	〃	〃
平南	价川	北	三、五六七	二七 五	二七 五	〃	〃

咸南	定平	高山	一〇、六〇二	一九二七年七月	一九二七年七月	〃	〃
慶北	盈徳	蒼水	八六〇	二八 四	二八 四	〃	〃
江原	伊川	伊川 龍浦	三、〇九三	二八 四	二八 四	〃	〃
慶北	英陽	首比	六五二	二八 七	二八 七	〃	〃
平南	徳川	蠶上	一、六一九	二四 一	二四 一	〃	〃
黄海	黄州	州南	三四、〇四七	二二 七	二二 七	東京有楽町	東洋拓殖株式会社
咸南	利原	南	七、三七六	二三 七	二三 七	〃	〃
京畿	楊平	龍門	三、〇三一	二五 三	二五 五	〃	〃
咸南	徳原	北城	一〇、〇九九	二七 九	二七 九	〃	〃
黄海	平山	宝山 安城	二、六九二	二八 五	二八 六	〃	〃
〃	鳳山	文武 徳在					
黄海	平山		九七三	二八 一〇	二八 一一	〃	〃
黄海	鳳山	土城面	三、三六三	二六 三	二六 三	〃	〃
咸北	城津	国有林 二五筆	六、七七三	二一 二	二一 二	〃	〃
黄海	瑞興	栗里	四二六	二一 八	二一 八	長野県諏訪郡平野村	今井五介
黄海	瑞興	梅陽	三二六	二〇 一二	二〇 一二	〃	〃
江原	准陽	准陽	四五三	二三 四	二三 四	京都市常葉町東本願寺教主	大谷光演
江原	准陽	安豊	二、六五七	二三 四	二三 四	〃	〃
江原	准陽	龍谷	九〇二	二三 四	二三 四	名古屋市矢場町	愛知産業会社
〃	〃	蘭谷 新坪	二四五	〃	〃	〃	〃

平南	寧辺	小白	八二六	一九二三年六月	一九二三年六月	東京都日本橋区	朝鮮産業会社
全北	高敞	高敞	一、四三一	二三 九	二三 九	新潟県三嶋郡腕野村	川崎原太郎
慶北	迎日	神光	八六八	二一 八	二一 八	三重県桑名郡大山田村	諸戸清六
慶北	青松	県東	二、四六三	二三 一	二三 二	兵庫県穴栗郡富栖村	小林善太郎
黄海	殷栗	南部	一、三三〇	二三 一	二三 二	群馬県碓氷町	半田善次郎
〃	瑞興	九圃	六、九二三	二三 三	二三 三	長野県諏訪村	片倉殖産会社
京畿	高陽	碧渓	三九五	二三 八	二三 九	名古屋市蔡町	大宝農科会社
〃	金川	西北	二、五七五	二三 九	二三 九	群馬県碓氷町	半田善三郎
黄海	海州	羅徳	六、七三一	〃	二三 九	新潟県長岡市	川上佑之介
咸南	定平	府内里	五、三八九	二三 九	二三 九	京都市烏丸通	三角興業会社
慶北	英陽	日月	一、八一三	二三 一一	二三 一二	兵庫県姫路市	山陽殖産会社
〃	金泉	甑山	五八五	二三 一二	二三 一二	福岡県中泉町	神為惣吉
〃	金泉	甑山	一、四三五	二三 一二	二三 一二	茨城県茨城郡河和田	高倉半介
黄海	遂安	大坪面	二、一五七	二三 五	二三 六	新潟県長岡市	鮮満拓殖会社
全南	長興	南上	六六七	二三 一二	二三 一二	長野県諏訪郡平野村	今井五介
黄海	遂安	公浦	三、〇二六	二三 一二	二三 一二	東京青山	岩崎俊弥
慶南	金海	慕山 龍池	九三八	二四 一	二四 一	山口県厚狭郡船木町	蔵重豊蔵
咸北	会寧	花豊	三、七六四	二四 四	二四 五	東京日本橋呉服町	山下合資会社
慶北	盈徳	薬水	一、二〇五	二四 四	二四 五	兵庫県加古郡別府村	多木米次郎
咸南	洪原	龍川	四、五六二	二四 五	二四 五	東京京橋区銀座	山口勝蔵
黄海	長淵	薪花	一、七八四	二四 六	二四 六	群馬県碓氷郡厚木町	半田善四郎
江原	平康	輸津	三、九八三	二四 八	二四 八	大阪東区和泉町	田中友吉

全北	茂朱	安城	三五八	二〇 六	二〇 六	静岡県磐田郡中野町	神谷惣吉
慶南	蔚山	温陽	一、一七七	二〇 三		広島県福山市深津町	藤井興一右衛門
江原	金化	岐梧	五、六八九	二四 九	二四 九	東京中渋谷四二五	古我貞周
慶北	青松	青松	五、六八九	二四 九	二四 九	〃	〃
全北	茂朱	長水	二五、八八二	一三 九	一三 一〇		東北帝国大学
江原	全化	岐梧	五、六九二	二五 六	二五 六	東京渋谷町	古賀合名会社
咸北	北青	佳会	七、二一九	二六 五	二六 五	福井県敦賀郡敦賀町	大和田荘七
咸北	吉州	長白	一四、六九五	二六 四	二六 四	東京日本橋呉服町	山下合資会社
江原	江陵	連谷	七四五、伐木七〇、九二五尺締	二六 七	二六 七	山口県柳井町	柳井木材会社
京畿	漣川	嶺攻面	三五三	二五 一	二五 一	群馬県碓氷郡厚木町	半田善四郎
全南	長興 康津	南上 七良 大国	二、四〇七	二七 三	二七 三	長野県諏訪郡	片倉殖産会社
江原	春川	北上	二、二三三	二七 八	二七 八	東京芸区高	武鶴次郎
全南	長興	夫山	九四四	二八 五	二八 六	福岡県博多下新端町	藤伍兵衛
平北	厚昌		一、三一六	二八 八	二八 八	東京	王子製紙会社
平南	安辺		七、五三四 一七、〇〇〇尺締	二八 八	二八 九	大阪市東区備後町	配村林業会社
江原	洪川	北方	一、三四三	二八 九	二八 九	神戸市湖石町	株式会社中村組
咸北	会寧	連谷	六、七二八	二八 八	二八 一〇	山口県玖河郡柳井町	前田春水
咸南	安辺	新芽	三、四七九	二八 一二	二九 一	大阪市東区	配村林業会社
全南	海南	北平	四、一一九	二九 一	二九 一	東京麹町	小川平吉 青森盛太郎

咸北	鐘城	豊谷	七、〇八三	一九	三	一九	三	東京麹町区	山下合名会社
咸北	城津	鶴城 鶴上	九、七五七	一九	八	一三	八	東京麹町区大手町	甲子不動産会社
平南	徳川	徳川							
平南	陽徳	東陽	二、七四一	一八	八	一八	八	神戸市明石町	株式会社中村組
慶北	奉化	大白山 西部	三五六、五三九尺締	一三	一二	一三	一二	東京	荒海泰助

する記事によるものである。(一九二〇年以後)

この火田民の指導方針に、「伐木用人夫(労働者)は、主として火田民、八個郡区域内に居る火田民三四、九九一戸、二〇一、二〇〇名を対象者とする。」となっている。(9)

その方針の第一は、火田民を日本の財閥、日本の林業資本家の朝鮮森林伐採のための低賃金労働力の供給源として、常時、確保することである。

それ故に、火田は「森林令」第一八条と第一九条により、その火入れが厳禁されていたにもかかわらず、年々、火田は広くなり、火田民の数は増加したのである。

すなわち火田民は、日本の大財閥(三井物産、住友等と朝鮮内日本人群小伐木業者たち)の伐木作業は、火田民という特攻的前衛隊を先頭に本格的に推進したわけである。

したがって、火田民の戸数と人員数が、朝鮮農民全体の一〇%に達する一大勢力を形成するようになったのである。

火田民	一二六九、九〇〇戸	一、三九九、四〇〇人	(依施政二五年史)

一般農民　二、五九八、六六九戸　一四、一八二、二二一人　（依統計年報）

「森林令」（一九一一年六月二〇日公布）

第一八条　警察官吏の許可を受くるに非らされは森林又は之に接近する土地に火入を為すことを得す

第一九条　他人の森林に放火したる者は十年以下の懲役に処す

自己の森林に放火したる者は三年以下の懲役又は三百円以下の罰金に処す因て他人の森林を焼燬したる者は五年以下の懲役に処す(10)

「土地調査事業」、「林野調査事業」により土地と林野を収奪された朝鮮農民たちは、日本人の大小伐木業に伐木労働者として雇用されるのである。

しかし、その労賃が限界効用にも満たないひどいものであったので、不足する生計費を得るために、火田に従事せざるを得なかったわけである。(11)

『施政二五年史』に掲載された火田民の数(12)

	全　国	北部朝鮮八郡
火田耕作戸数	二六九、九〇〇戸	三四、九九一戸
火田耕作人口	一、三九九、四〇〇人	二〇一、二〇〇人
火田耕作面積	一二四、〇〇〇町歩	七六、八〇〇町歩

火田耕作戸数二六九、九〇〇戸、火田耕作人口一、三九九、四〇〇人、火田耕作面積一二四、〇〇〇町歩と朝鮮全農民数の一〇％を占める高い比率までになっていた。

「森林令」により、火田の火入れは、該当地域の警察署長の許可をえなければならなくなっていた。

それにもかかわらず、火田は年々増加してきたし、さらに増加の傾向にあるのは、日帝の火田政策の収奪の苛酷さとともに、その両面性すなわち飴と鞭の政策を使い分けながら収奪を遂行していったことを物語っている。

こうして結果的に朝鮮の火田民たちは、日帝の計画的な朝鮮森林収奪に低賃金労働者としてすなわち、前衛部隊として酷使されたあげくのはては、朝鮮森林荒廃化の責任まで負わされるという、日帝の収奪に巧妙に利用されたのである。(13)

その二は、①火田民が開拓した火田は、何年かの後には朝鮮総督府の所有地となり、課税収入の対象となる。したがって、日帝は資本投下することなく開墾してくれるので好都合なわけである。

②火田民たちは、朝鮮総督府の植林作業の地拵ならし作業をしてくれるから植林に便利である。

火田が造林に有利な点を、佐々木高明氏は『日本の焼畑』（一四八頁）で、次のように指摘している。

「造林の地拵えをおもな目的とする焼畑」の「利益なる点」として、

(1)　苗木植付に（特別の）地拵えを要しない。

(2)　（植林の保護）作業が容易である。

文化の恩恵から疎外された火田民の生活相

(3)　枯損なく補枝数を減じ得る。
(4)　下伐を要しない。
(5)　植付当時より（作物が）林地を覆い乾燥せしめない。
(6)　耕作することより林木の生育良好である。
の六点をあげ、

「殊に(1)ないし(4)の利点は著しく造林費を軽減するもので、静岡県地方の例によってみるに、地拵えより下刈りまでに要する経費は普遍造林費の五分の一にて十分といわれている。」ことを指摘している。

つまり、《林業前作農業》の存在は、山地斜面における食糧生産の場を確保しつつ、造林をおこないえるという基礎的条件のほか、地拵えしてから下刈りにいたるまでの、造林経費が軽減されるという経済的利点と、作物の耕作によって植栽した造林樹の生育が、直接に植樹した場合に較べて、きわめて良好であるという技術的利点の二つによって、その存在が支えられてきたということができるのである。

その三は、日本の資本家や日本人の大々的な朝鮮森林乱伐、荒廃化の責任を、全面的に朝鮮人民の温突使用の慣習と、朝鮮農民の火田耕作に転嫁したことである。

しかし、森谷克己教授は『韓国森林調査書』を作成した日本人技師たちが、「火田の侵墾は大森林に対しては到底不可能である。[14]」と指摘したことを認めている。

「火田民の弱い力では直幹高数十～百尺胸高周囲七～十六尺の巨樹が密立した大原生林を燃やして火耕することは不可能なことであり、また山火は二十年生程度の松木であってもその枝葉は燃やすが幹木は燃えないというのが老古たちの常識である。」[15]といっている。

すなわち、大原生林の巨樹には火田の影響がないと、火田民の火入れが森林を燃やし荒廃の原因ではないと否定しているのである。

以上見てきたごとく、日帝の朝鮮火田民政策は三つのメリットのもとに、構造的におこなわれてきたことがわかる。

瀧々谷（甲山）火田民事件について

一九二八年の秋、関北地方（豊山、北青、吉州、洪原、明川、三水、甲山）に大洪水があって多数の水害罹災民が発生した。

この水害罹災民たちは、恵山鎮営林署管内「国有林」に入り、自力でもって火田の開墾に着手して、生きるための希望としたのである。この数は一九二九年四月までに五、三〇〇余人に達した。

この水害罹災民たちは、瀧々谷地方に火田の開墾を許可して欲しい旨の〝陳情書〟を営林署長、甲山郡守、咸鏡南道知事、総督にまで提出して行政的手続きも取っていたのである。

しかるに、日帝官憲は官の方で指定した地域でないというので中止を命令したが、明日の生活に困窮している罹災民たちとしては、すでに開墾に着手していることだし、またこの瀧々谷地域が火田に有利な諸条件も備わっていたので、ここでの火田を許可して欲しいと交渉したのである。

瀧々谷火田民事件とは日帝が、この地域は木材の蓄積が豊富であるので、「森林令」違反を云々し、六〇余戸の火田民家屋を放火焼却した事件のことである。

普通一般的には、このような大水害による罹災民たちを国家的に救済するのが常識であるが、日帝の植民地強圧政治は、救済どころか自力でもってお互いに協力して生業を起こそうと火田を開墾し、種子まきまですませた火田民もいたということであるのに、ただ「森林令」をかざして暴力で対処したのである。

この事件で見るごとく罹災民であろうが、何であろうが基本的生存権までも強権をもって対処したのである。その後、新幹会などが社会問題として抗議集会を開き反対運動を展開した。(16)

林根周の論文は、当時の官立水原高等農林学校の教授という立場もあって、朝鮮総督府の味方に立っているが、この瀧々谷火田民事件の実態把握の参考のために紹介しておこう。

瀧々谷火田民事件とは既に周知の通り、昭和四年恵山鎮営林署管内に於て火田民の為社会思想問題を惹起し、天下の耳目を聳動するに至った重大事件であって、本件は実に一地方の局部的問題に止まらず、将来朝鮮火田整理の実施に関係する事甚大なるべきを思ひ、茲に其の大要を述べ聊か参考に資し度いのである。

昭和三年秋季に関北大水害にあって豊山、北青、吉州、洪原、明川、三水、甲山地方に甚大なる水害罹災民発生事件は今尚記憶に新しい処である。之等罹災民中恵山鎮営林署管内国有林に潜入し、火田開墾に着手せんとしたもの実に翌年四月迄五、三〇〇余人を算するに至ったのである。斯の如き多数火田民の開墾防止を首尾よく実行するには、当時の保護員にては到底容易なる事にあらず、且つ水害の為家財道具を残さず流失し、放逐しても行く道なき惻隠の情に堪えざる点もあり、尚又之等のものは一文の資金なく、仮令恵山鎮より追ひ出しても何処かの国有林に入り込み、火田耕作に従事すべく余儀なき運命に遭遇したるものであるから、彌縫糊塗を講ずるより寧ろ根本方針を確立の上、之等多数天災民を救済善導すると共に国有林保護をも有利に導かんとしたのである。其の結果、当時総督府の関口事務官一行と恵山鎮営林署員と全管内に亘り新入山者を共同調査の上、昭和三年九月以降入山せる水害罹災民中他に生活の術なき事情万已む得ざるものに限り、優良林分に接せず比較的野原の農耕適地に所謂一時火田耕作黙認区域を定め、他に於て既に耕作に着手し播種を了したるものも黙認区に収容させ、国有林の被害を最小ならしめんと全力を傾注したのである。然るに瀧々谷地方に潜入せるものは、同時に収容地を指定して貰ひ度い旨の陳情書を営林署長、咸南道知事、甲山郡守、総督に迄提出して一致団結の上絶対に瀧々谷を離れずして頑張ったのである。斯くては折角の官の既定方針も破綻を来し、且つ官の威令も地に落ちるの状態となるを以て、営林署は初意を毫も譲歩せず警察官憲と連絡を密にし、以て飽迄初志貫徹に邁進したのである。其の最後の手段として官指定の収容地に移転を絶対命令したるも、之に応ぜざる六〇余戸に対しては、家と見る程もなき小屋より小量宛の穀類と其他の家具を外に運搬し置き、其の空家は家主各自の手（勿論強制的にも解釈される）にて、点火焼失せしめたのである。之が社会各方面の思想団体に一大ショックを与え、火田民に関する未曾有の大問題を勃発せしめたのである。

此の事件の経緯につき考へるに、瀧々谷は既に播種迄了したる同地入山火田民にとっては勿論有利であり、又地質も非常に肥沃であった。然し其の周囲には幾百万尺締の森林蓄積があり、若し瀧々谷に火田耕作を放任せんか森林火災を誘発し、此の大なる蓄積を烏有に帰せしむるに至るやも知れず、国有林経営上支障至大と認め、官では収容地を他に指定したのである。又法規を率直に適用すれば其火田民全部は森林令違反者なるも之を特に容認し、剰へ替地迄を提供するに不拘、反対し大なる社会問題迄起したのは、仮令官に於て手続上手落の点ありたるにせよ、官の誠意に対し不当と云うべきである。結局は官経費の犠牲を払って官予定計画通り実行したが、本事件は実に階級の如何を問わず、居住権に蹂躙を加へ移転を強要する事は、畢竟好結果を収むる能はざるの好亀鑑である。故に将来火田整理実施の場合は深心注意を払ひ、前轍をふまぬやうせねばならぬ。(17)

第二節　各道の火田面積と火田民数

火田民には、火田のみを耕作する者と、熟田と火田とを併耕する者との二種あり、概して前者は中部以北の高山地帯における火田民に多く、後者は南部地方の山地住民及び山麓生活者に多いようである。

一九二四年九月末現在の調査によると、

火田のみを耕作する者は、

面積　一四一、八〇四町歩

戸数　六五、二六五戸

人口　三一二、四三六人にして

朝鮮内日本人たちに分配した数例(8)

山の所在地 道	郡	面	山の面積（町歩）	許可年月		官報日字		日本人の住所	日本人の氏名
済州	済州	済州	八〇、〇〇〇本	一九二二	五	一九二二	五	済州邑	梅林虎次郎
京畿	水原	花山	胸高直径五尺程度 一二、一一三本	二三	一〇	二三	一〇		李王職
全北	全州	伊東	赤松一五、七五三本	〃		〃			〃
咸北	城津	鶴西	四、七六二	二一	七	二一	八	京城	中村組
全南	務安	黒山西	六五二	二〇	九			全南木浦府室町	桂山渉之助
京畿	楊平	江上	五六三	二〇	一〇			高陽郡漢芝面杏堂	土橋単次
慶北	青松	青松	一、五二九	二三	一	二三	一	京城	不二興業
〃	〃	安徳	一、五一八	〃		〃		〃	東山産業
〃	〃	西	八五六	〃		〃			朝鮮栽植農園
慶北	奉化	春陽	四四八	二三	五	二三	五	大邱東城町	島龍三
〃	金泉	甑山	六〇一	二三	一二	二三	一二	〃	〃
〃	英陽	石保	九八八	〃		〃		慶州邑	光成勝一
京畿	漣川	積城	六七〇	二四	九	二四	九	京城旭町	井上久蔵
慶南	金海	下東	一、二四〇	二六	五	二六	五	金海郡下東面	内田竹三郎
忠北	槐山	七星	一、七七五	二八	六	二八	六	京城府漢江通	津田辰次郎

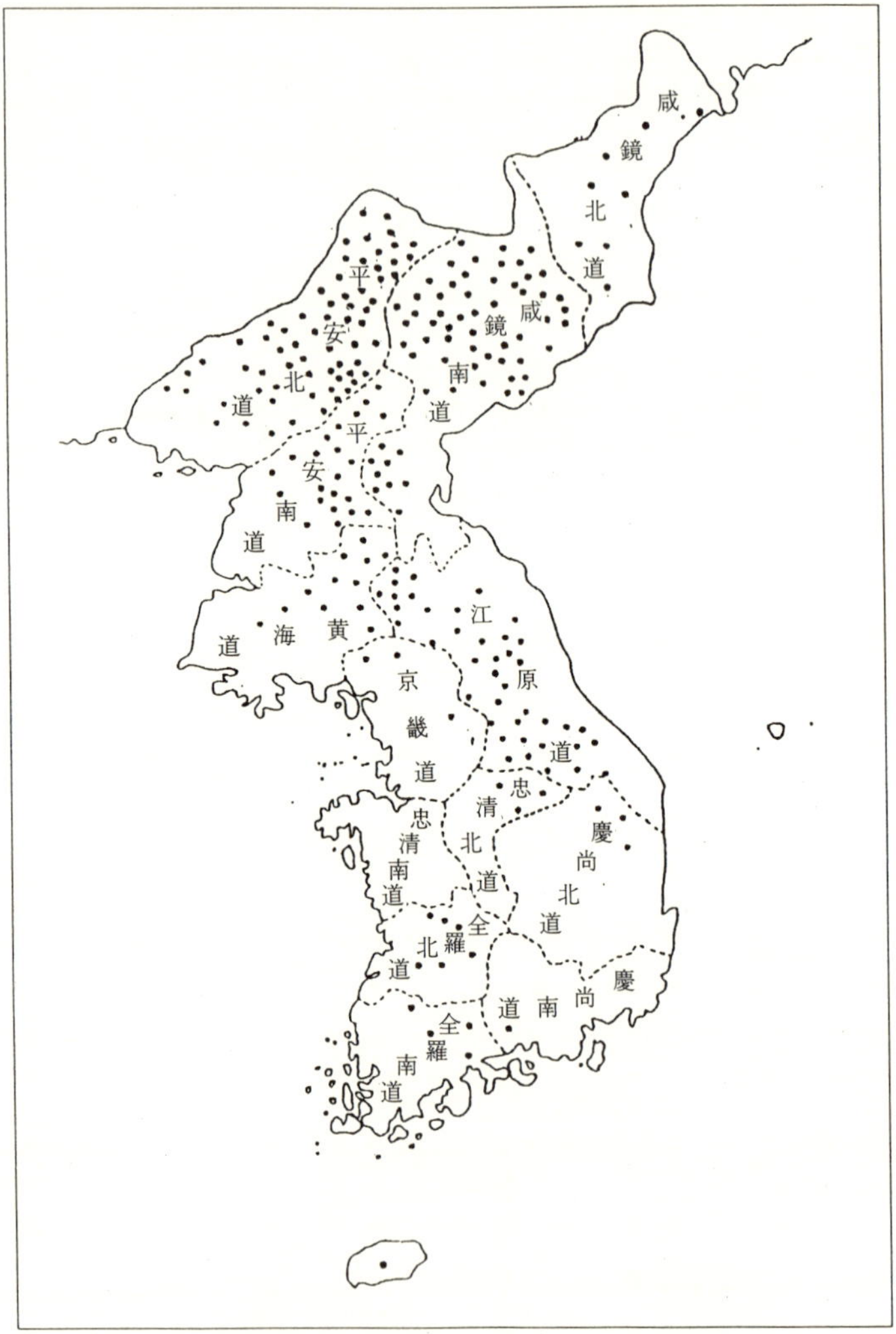

火田耕作者分布図（点1個は5千人を示す）

熟田と火田とを併耕する者は、
面積　二六〇、一九六町歩
戸数　一六四、七七八戸
人口　八二七、七〇五人あり
以上を合計すると、
面積　四〇二、〇〇一町歩
戸数　二三〇、〇四三戸
人口　一、一五五、一四一人に達し
面積においても戸口においても実に重要な地位を占めている。
ここで今、各道別及び営林廠管内の火田耕作状況を調べ次節に示す。

第三節　火田の慣習

火田の慣習に関しては、以前臨時土地調査局において、火田及び休閑地に就いて、耕作、小作、売買、典当、相続等の慣習を、咸鏡南道並びに咸鏡北道の諸郡にわたって調査したものがある。

該当地方の事情はほぼ他の地方の火田慣習に相似ているようであるから、参考のため「火田の現状」調査資料第一五輯（朝鮮総督府）を引用することにした。

一　火田の慣習

甲山郡

㈠　火田の起耕、小作、売買、典当、及び相続に関する慣習

(イ)　起耕　本郡の山野は国有地である場合といえども火田耕作については何等の制限なくただ火入れの際、火入れ者の不注意、その他のため失火し、大面積の森林を焼く場合多く、近年警察官憲においてなるべく火入れを許可しない方針を採り、単に下草を苅除して耕作し、しかし、土地僻遠で交通不便な場所において、無許可で火入れする者がある。

(ロ)　小作　火田を起耕するのに適する土地が広汎にして、且つ必要に応じて自由に耕作し得るを以て別に小作するものなし。

(ハ)　売買　部落付近を除く外は多く行なわれず、価格は一日耕（約一、二〇〇坪）に付き最高金十円（稀なり）、中金二円五十銭、下金一円以内にして下大部分を占める。

(ニ)　典当　地価至廉なるを以て、典当物件として不適当なる為殆どなし。

(ホ)　相続　一般の土地に同じ。

(二)　結税負担に関する慣習　本道に於ては前年、火田は国有と認め結数連名簿より削除されたれども、現に田として登録せられたる二円結価（本郡の土地には結価、二円及び四円の二種あり）の土地中に幾分の火田は含めり、しかして之等は比較的地味良好にして永年に亘り輪耕し、従って地税負担地は一定せり、此の外の火田は地税を負担せず。

(三)　休耕中他人の占有耕作に関する慣習　休耕中といえども地主に於て放棄せるものを除く外、無断にて他人之を占有し耕作することを得ず、而して地主に於て放棄せるものとは、①地主に於て放棄せる旨声明せるもの及び、②火田耕作の目的を以て他より移住し来たり、一定の期間耕作の後更に他に移れる場合の土地等なり。

(四)　参考事項

(イ)　火田と他耕作地との割合　本郡は山岳重畳し平地甚だ少なく、耕地の大部分は山腹の緩傾斜地に存在し、火田は半以上を占める。

(ロ)　火田耕作者　火田のみを耕作せる者全数の二割以上に達し、その他は熟田、火田を交も耕作せり。

(ハ)　耕作方法　大部分牛耕なり。

(ニ)　肥料　施肥せず。

(ホ)　産出物　気候寒冷にして一年の半以上は氷雪に鎖され、且つ降霜早き為産物は燕麦、馬鈴薯等なりとす、殊に馬鈴薯は他の平坦地に産出せるものに比して味甚だ美なり。

(ヘ)　中等火田の産出額　一日耕に付き、馬鈴薯は八石乃至十石（内約三石は種子として必要）、燕麦は三石（内

約四斗は種子として必要）

(ト)　火田のみを耕作せる場合の面積　約五日耕なり。

(チ)　火田耕作の為移住者　火田耕作の為年々他（主として海岸方面）より移住し来るもの多し、彼らの内には自己の産出せるものを食い余りは之を売却し、数年後多少の貯蓄を生ずるに及び帰郷する者あれども、大部分は土着するを常とす、要するに生活の安慰なるより生ずる現象なり。

（一九一六年五月五日報告）

三水郡

(一)　火田の起耕、小作、売買、典当、及び相続に関する慣習

(イ)　起耕　本郡の山野は国有地である場合といえども火田耕作については何等の制限なくただ火入れの際、火入れ者の不注意、その他のため失火するを以てなるべく火入れを許可せざる方針を採れり、故に単に下草を苅除し耕作せるも、土地僻遠にして交通不便なる場所に於ては無許可にて火入れする者がある。

(ロ)　小作　火田を起耕するのに適する土地が広汎にして、且つ必要に応じて自由に耕作し得るを以て別に小作するものなし。

(ハ)　売買　部落付近を除く外は、多くは行なわれず、価格は一日耕（約一、二〇〇坪）に付き最高金十円（稀なり）、中金二円五十銭、下金一円以内にして下大部分を占める。

(ニ)　典当　地価至廉なるを以て、典当物件として不適当なる為殆どなし。

(ホ)　相続　一般の土地に同じ。

㈡　結税負担に関する慣習　本道に於ては前年、火田は国有と認め結数連名簿より削除せられたれども、現に田として登録せられたる二円結価（本郡の土地には結価、二円及び四円の二種あり）の土地中に幾分の火田は含めり、しかして之等は比較的地味良好にして永年に亘り輪耕し、従って地税負担地は一定せり、此の外の火田は地税を負担せず。

㈢　休耕中他人の占有耕作に関する慣習　休耕中といえども地主に於て放棄せるものを除く外、無断にて他人之を占有し耕作することを得ず、而して地主に於て放棄せるものとは、①地主に於て放棄せる旨声明せるもの及び、②火田耕作の目的を以て他より移住し来たり、一定の期間耕作の後更に他に移れる場合の土地等なり。

㈣　参考事項

(イ)　火田と他耕作地との割合　本郡は山岳重畳し平地甚だ少なく、耕地の大部分は山腹の緩傾斜地に存在し、火田は半以上を占める。

(ロ)　火田耕作者　火田のみを耕作せる者全数の二割以上に達し、その他は熟田、火田を交も耕作せり。

(ハ)　耕作方法　大部分牛耕なり。

(ニ)　肥料　施肥せず。

(ホ)　産出物　気候寒冷にして一年の半以上は氷雪に鎖され、且つ降霜早き為産物は燕麦、馬鈴薯等なりとす、殊に馬鈴薯は他の平坦地に産出せるものに比して味甚だ美なり。

(ヘ)　中等火田の産出額　一日耕に付き、馬鈴薯は八石乃至十石（内約三石は種子として必要）、燕麦は三石（内

約四斗は種子として必要)

(ト) 火田のみを耕作せる場合の面積　約五日耕なり。

(チ) 火田耕作の為移住者　火田耕作の為年々他(主として海岸方面)より移住し来るもの多し、彼らの内には自己の産出せるものを食い余りは之を売却し、数年後多少の貯蓄を生ずるに及び帰郷する者あれども、大部分は土着するを常とす、要するに生活の安慰なるより生ずる現象なり。

(一九一六年五月一五日報告)

豊山郡

(一) 火田の起耕、小作、売買、典当、及び相続に関する慣習

(イ) 起耕　本郡の山野は国有地である場合といえども火田耕作については何等の制限なくただ火入れの際、火入れ者の不注意、その他のため失火し、大面積の森林を焼く場合多く、近年警察官憲においてなるべく火入れを許可しない方針を採り、単に下草を苅除して耕作し、しかし、土地僻遠で交通不便な場所において、無許可で火入れする者がある。

(ロ) 小作　火田を起耕するのに適する土地が広汎にして、且つ必要に応じて自由に耕作し得るを以て別に小作するものなし。

(ハ) 売買　部落付近を除く外は多く行なわれず、価格は一日耕(約一、二〇〇坪)に付き最高金十円(稀なり)、中金二円五十銭、下金一円以内にして下大部分を占める。

(ニ) 典当　地価至廉なるを以て、典当物件として不適当なる為殆どなし。

(ホ) 相続　一般の土地に同じ。

(二) 結税負担に関する慣習　本道に於ては前年、火田は国有と認め結数連名簿より削除せられたけれども、現に田として登録せられたる二円結価（本郡の土地には結価、二円及び四円の二種あり）の土地中に幾分の火田は含めり、しかして之等は比較的地味良好にして永年に亘り輪耕し、従って地税負担地は一定せり、此の外の火田は地税を負担せず。

(三) 休耕中他人の占有耕作に関する慣習　休耕中といえども地主に於て放棄せるものを除く外、無断にて他人之を占有し耕作することを得ず、而して地主に於て放棄せるものとは、①地主に於て放棄せる旨声明せるもの及び、②火田耕作の目的を以て他より移住し来たり、一定の期間耕作の後更に他に移れる場合の土地等なり。

(四) 参考事項

(イ) 火田と他耕作地との割合　本郡は山岳重畳し平地甚だ少なく、耕地の大部分は山腹の緩傾斜地に存在し、他の耕地より火田多し。

(ロ) 火田耕作者　火田のみを耕作せる者全数の二割以上に達し、その他は熟田、火田を交も耕作せり。

(ハ) 耕作方法　大部分牛耕なり。

(ニ) 肥料　施肥せず。

(ホ) 産出物　気候寒冷にして一年の半以上は氷雪に鎖され、且つ降霜早き為産物は燕麦、馬鈴薯等なりとす、殊に馬鈴薯は他の平坦地に産出せるものに比して味甚だ美なり。

(ヘ) 中等火田の産出額　一日耕に付き、馬鈴薯は八石乃至十石（内約三石は種子として必要）、燕麦は三石（内約四斗は種子として必要）

(ト) 火田のみを耕作せる場合の面積　約五日耕なり。

(チ) 火田耕作の為移住者　火田耕作の為年々他（主として海岸方面）より移住し来るもの多し、彼らの内には自己の産出せるものを食い余りは之を売却し、数年後多少の貯蓄を生ずるに及び帰郷する者あれども、大部分は土着するを常とする。

新興郡

(一) 火田の起耕、小作、売買、典当、及び相続に関する慣習

(イ) 起耕　火田の起耕に二つあり、①は火入れ許可を得て秋期に於て火入れを為し、翌年耕耘し播種して収穫するものと、②は秋期に於て雑木、雑草を伐採して翌年春期に於て焼き去り而して耕耘するものとあり、官憲において火入れ許可を為すべき土地は元結数連名簿に登録せられたる土地、即ち還起の状態に在る土地たることを面長に於て証明したるものに限るというも実際は然らず、火田濫耕の結果連名簿の整理甚だ困難にして実地と符合せず、還起ならずして殆ど新起たりという、耕作は短きは三年、長きも五年を超過せず、最初は燕麦を耕作し地力消耗するものに至りて、馬鈴薯を栽培す、本郡にありては農作物は殆ど此の二種に限る。

(ロ) 小作　小作の慣習なく、新たに移住し来るものは、地主の承諾を得て起耕し小作するが如きも、其の間何等の契約あることなし。

(ハ) 売買　火田が単独に売買の目的物たる慣例殆どなし、多くは垈及び家屋又は普通田に包含して売買せらる、極めて少数の例に就き売買価格を挙げれば、起耕後二年のもの一日耕二円位の相場なり。

(ニ) 典当　典当の目的物に供せし例なし。

(ホ) 相続　普通田と同様一般に相続行なわれる。

(二) 結税負担に関する慣習　当初、結数連名簿に登録したるものは、その後の異動又は休耕とを問わず、当初の付結額は依然納入告知書に依りこれを徴収す、東上面のみ四円結価を付し、他の七面は最低結価たる二円結価を付す、一結の広さは十日耕即ち二万坪内外なり、東上面のみ四円結価たるは同面が元長津郡の所属にして、同郡に於ては火田の一筆地は所々に散在して面積広く、優に普通田の四円結たる土地に匹敵するが故なり。

(三) 休耕中他人の占有耕作に関する慣習　休耕中に於て必ず前地主の承諾を得ざるべからず、若し地主不在の時は洞の重立ちたる者の承諾を得て起耕すという、休耕中に燕麦を播種する者に限り地主の承諾を得ざるも差し支えなき稀有の例ありと、但し一年以上を経過する能わず之却って地力増加して燕麦を耕作するに適すればなりという。

（一九一六年五月一〇日報告）

長津郡

(一) 火田の起耕、小作、売買、典当、及び相続に関する慣習

(イ) 起耕　火田の起耕に二つあり、①は火入れ許可を得て秋期に於て火入れを為し、翌年耕耘し播種して収

穫するものと、②は秋期に於て雑木、雑草を伐採して翌年春期に於て焼き去り而して耕転するものとあり、官憲において火入れ許可を為すべき土地は元結数連名簿に登録せられたる土地、即ち還起の状態に在る土地たることを面長に於て証明したるものに限るというも実際は然らず、火田濫耕の結果連名簿の整理甚だ困難にして実地と符合せず、還起ならずして殆ど新起たりという、耕作は短きは三年、長きも五年を超過せず、最初は燕麦を耕作し地力消耗するものに至りて、馬鈴薯を栽培す、本郡にありては農作物は殆ど此の二種に限る。

(ロ) 小作　小作の慣習なく、新たに移住し来るものは、地主の承諾を得て起耕し小作するが如きも、其の間何等の契約あることなし。

(ハ) 売買　火田が単独に売買の目的物たる慣例殆どなし、多くは垈及び家屋、又は普通田に包含して売買せらる、極めて少数の例に就き売買価格を挙げれば、起耕後二年のもの一日耕（二千坪内外）二円の相場なり。

(ニ) 典当　典当の目的物に供せし例なし。

(ホ) 相続　普通田と同様一般に相続が行なわれる。

(二) 結税負担に関する慣習　当初、結数連名簿に登録したるものは、その後の異動又は休耕とを問わず、当初の付結額は依然納入告知書に依りこれを徴収す、而して其の結価は光武十年に一日耕精燕麦旧桝一斗、当時の時価に換算して二十一銭となり、十日耕（二万坪内外）を一結としたる結果、結価二円十銭たりしを、一九一六年地税令改正の際四円に陞し今日に至る、本郡は連名簿に一筆として登録せられたる火田といえども実地は所々に散在して数筆に分かれ、其の面積も亦広濶にして、優に普通田の四円結価たる土地に匹敵して猶予ありという。

㈢　休耕中他人の占有耕作に関する慣習　休耕中に於ては必ず前地主の承諾を得ざるべからず、若し地主不在の時は洞の重立ちたる者の承諾を得て起耕す、休耕中に燕麦を播種する場合に限り地主の承諾を得ざるも妨げなき稀有の例ありと、但し一年以上を経過すべからず、之れ却って地力増加して燕麦を作るに適すればなりという。

㈣　参考事項

(イ)　休耕地に雑林の養成　近来森林令励行の結果、一般に薪炭を得るに稍々困難なる為、休耕中の火田雑林を養成する傾向あり、而して今回の申告書にも斯かる林野を包含するものあるを認めらる。

(ロ)　火田の筆数　火田は連名簿に一筆として記載されたる土地といえども、実地は尚数筆に分かれ所々に散在するもの多く之れ結税負担を補足せんが為濫耕するに依る。

(ハ)　山腹の火田耕作を廃止せざる理由　近来濫に火入れを許可せざる結果従来の火田を維持し、肥料を施して耕耘せざるべからず、肥料運搬の困難と雨期に於て肥料の流失する処ある為山腹の火田は自然に減少する筈なるも、尚其の困難は嘗めつつ耕耘するは一に気候の関係に基ずく、元来降霜は川辺若しくは湿地に早く、水気の充分ならざる山地に於て却って遅れ霜害少なし、其れ故に山腹の火田耕耘今に至るも衰えず。

（一九一六年五月一〇日報告）

二　休閑地の慣習

茂山郡

㈠　休閑地の起耕、小作、売買、典当、相続に関する慣習

㈠　起耕　往時合併以前までは国有地内は自由に起耕し、政府は毎年旧六月には陸結と称し、新たに起墾せし休閑地に対し結税を賦課し来たりたるも、現時はみだりに許可無くしては国有林を起耕することを得ず、為に国有地自由起耕の慣習は跡を絶てり、民有地は如何なる処にても往時より現時に至る迄、地主の許可無くしては起墾することを得ず。

㈡　小作　小作する者皆無なり。

㈢　売買　普通熟田と同様に売買するも、特に休閑地のみの売買に関する慣習なし。

㈣　典当　典当に入れし者一人も無し。

㈤　相続　普通熟田と同様に相続するも、特に休閑地のみの売買に関する相続なし。

㈡　休閑地の結税負担に関する慣習　現時は熟田、休閑地の別無く総て二円結なるも、休閑地は其の休耕年数に比例して、結数を減ずるものとす、例えば隔年耕のものは二円結の半額、一年耕二年休のものは二円結の三分の一を負担するが如し。

㈢　休耕中他人の占有耕作に関する慣習　休耕中といえども前耕作者が其の休閑地付近に居住する時は、其の許可を得るにあらざれば自由に再耕することを得ず、然し前耕作者が遠隔の地に居住するか又は行方不明の

場合は許可無くして再耕することを得る。

鐘城郡

㈠ 休閑地の起耕、小作、売買、典当、相続に関する慣習

(イ) 起耕　往時合併以前までは国有地内は自由に起耕せしが、政府は毎年旧六月には陸結と称し、新たに起墾せし休閑地に対し結税を賦課し来たりたるも、現時はみだりに許可無くしては国有林を起耕することを得ず、為に国有地自由起耕の慣習は跡を絶ちたり。民有地は如何なる処にても往時より現時に至る迄、地主の許可無くしては起墾することを得ず。

(ロ) 売買　普通熟田と同様に売買するも、特に休閑地のみの売買に関する慣習なし。

(ハ) 典当　典当に入れし者一人も無し。

(ニ) 相続　普通熟田と同様に相続するも、特に休閑地のみの売買に関する相続なし。

㈡ 休閑地の結税負担に関する慣習　現時は熟田、休閑地の別無く総て二円結なるも、休閑地は其の休耕年数に比例して、結数を減ずるものとす、例えば隔年耕のものは二円結の半額、一年耕二年休のものは二円結の三分の一を負担するが如し。

㈢ 休耕中他人の占有耕作に関する慣習　休耕中といえども前耕作者が其の休閑地付近に居住する時は、其の許可を得るにあらざれば自由に再耕することを得ず、然し前耕作者が遠隔の地に居住するか又は行方不明の場合は許可無くして再耕することを得る。

富寧郡

㈠　休閑地の起耕、小作、売買、典当、相続に関する慣習

㈎　起耕　往時合併以前までは国有地内は自由に起耕し、政府は毎年旧六月には陞結と称し、新たに起墾せし休閑地に対し結税を賦課し来たりたるも、現時はみだりに許可無くしては国有林を起耕することを得ず、為に国有地自由起耕の慣習は跡を絶ちたり、民有地は如何なる処にても往時より現時に至る迄、地主の許可無くしては起墾することを得ず。

㈺　小作　小作する者皆無なり。

㈏　売買　普通熟田と同様に売買するも、特に休閑地のみの売買に関する慣習なし。

㈡　典当　典当に入れし者一人も無し。

㈭　相続　普通熟田と同様に相続するも、特に休閑地のみの相続に関する慣習なし。

㈡　休閑地の結税負担に関する慣習　現時は熟田、休閑地の別無く総て二円結なるも、休閑地は其の休耕年数に比例して、結数を減ずるものとす、例えば隔年耕のものは二円結の半額、一年耕二年休のものは二円結の三分の一を負担するが如し。

㈢　休耕中他人の占有耕作に関する慣習　休耕中といえども前耕作者が其の休閑地付近に居住する時は、其の許可を得るにあらざれば自由に再耕することを得ず、然し前耕作者が遠隔の地に居住するか又は行方不明の場合は許可無くして再耕することを得る。

会寧郡

㈠　休閑地の起耕、小作、売買、典当、相続に関する慣習

(イ) 起耕　自己の所有地内にして幾分にても、収穫し得る処は既に起耕、耕作し居りて国有地内、又は他人の土地内に進んで起耕する者無し、是れ人口少なくして耕地多きが為なり。

(ロ) 小作　小作する者皆無なり。

(ハ) 売買　普通熟田と同様に売買するも、特に休閑地のみの売買に関する慣習なし。

(ニ) 典当　典当に入れし者一人も無し。

(ホ) 相続　普通熟田と同様に相続するも、特に休閑地のみの相続に関する慣習なし。

(二) 休閑地の結税負担に関する慣習　現時は熟田、休閑地の別無く総て二円結なるも、休閑地は其の休耕年数に比例して、結数を減ずるものとす、例えば隔年耕のものは二円結の半額、一年耕二年休のものは二円結の三分の一を負担するが如し。

(三) 休耕中他人の占有耕作に関する慣習　自己の耕作面積充分なるを以て他人の一旦耕作せし休閑地を再耕する者無し。

慶興郡

(一) 休閑地の起耕、小作、売買、典当、相続に関する慣習

(イ) 起耕　往時合併以前までは国有地内は自由に起耕し、政府は毎年旧六月には陞結と称し、新たに起墾せし休閑地に対し結税を賦課し来たりたるも、現時はみだりに許可無くしては国有林を起耕することを得ず、為に国有地自由起耕の慣習は跡を絶ちたり。民有地は如何なる処にても往時より現時に至る迄、地主の許可無くしては起墾することを得ず。

(ロ) 小作　小作する者皆無なり。

(ハ) 売買　普通熟田と同様に売買するも、特に休閑地のみの売買に関する慣習なし。

(ニ) 典当　典当に入れし者一人も無し。

(ホ) 相続　普通熟田と同様に相続するも、特に休閑地のみの相続に関する慣習なし。

(二) 休閑地の結税負担に関する慣習　現時は熟田、休閑地の別無く総て二円結なるも、休閑地は其の休耕年数に比例して、結数を減ずるものとす、例えば隔年耕のものは二円結の半額、一年耕二年休のものは二円結の三分の一を負担するが如し。

(三) 休耕中他人の占有耕作に関する慣習　休耕中といえども前耕作者が其の休閑地付近に居住する時は、其の許可を得るにあらざれば自由に再耕することを得ず、然し前耕作者が遠隔の地に居住するか又は行方不明の場合は許可無くして再耕することを得る。

穏城郡

(一) 休閑地の起耕、小作、売買、典当、相続に関する慣習

(イ) 起耕　往時合併以前までは国有地内は自由に起耕し、政府は毎年旧六月には陞結と称し、新たに起墾せし休閑地に対し結税を賦課し来たりたるも、現時はみだりに許可無くしては国有林を起耕することを得ず、為に国有地自由起耕の慣習は跡を絶ちたり、民有地は如何なる処にても往時より現時に至る迄、地主の許可無くしては起墾することを得ず。

(ロ) 小作　小作する者皆無なり。

(ハ)　売買　普通熟田と同様に売買するも、特に休閑地のみの売買に関する慣習なし。

(ニ)　典当　典当に入れし者一人も無し。

(ホ)　相続　普通熟田と同様に相続するも、特に休閑地のみの相続に関する慣習なし。

(二)　休閑地の結税負担に関する慣習　現時は熟田、休閑地の別無く総て二円結なるも、休閑地は其の休耕年数に比例して、結数を減ずるものとす、例えば隔年耕のものは二円結の半額、一年耕二年休のものは二円結の三分の一を負担するが如し。

(三)　休耕中他人の占有耕作に関する慣習　休耕中といえども前耕作者が其の休閑地付近に居住する時は、其の許可を得るにあらざれば自由に再耕することを得ず、然し前耕作者が遠隔の地に居住するか又は行方不明の場合は許可無くして再耕することを得る。

慶源郡

(一)　休閑地の起耕、小作、売買、典当、相続に関する慣習

(イ)　起耕　往時合併以前までは国有地内は自由に起耕し、政府は毎年旧六月には陞結と称し、新たに起墾せし休閑地に対し結税を賦課し来たりたるも、現時はみだりに許可無くしては国有地を起耕することを得ず、為に国有地自由起耕の慣習は跡を絶ちたり、民有地は如何なる処にても往時より現時に至る迄、地主の許可無くしては起墾することを得ず。

(ロ)　小作　小作する者皆無なり。

(ハ)　売買　普通熟田と同様に売買するも、特に休閑地のみの売買に関する慣習なし。

㈡　典当　典当に入れし者一人も無し。

㈭　相続　普通熟田と同様に相続するも、特に休閑地のみの相続に関する慣習なし。

㈡　休閑地の結税負担に関する慣習　現時は熟田、休閑地の別無く総て二円結なるも、休閑地は其の休耕年数に比例して、結数を減ずるものとす、例えば隔年耕のものは二円結の半額、一年耕二年休のものは二円結の三分の一を負担するが如し。

㈢　休耕中他人の占有耕作に関する慣習　休耕中といえども前耕作者が其の休閑地付近に居住する時は、其の許可を得るにあらざれば自由に再耕することを得ず、然し前耕作者が遠隔の地に居住するか又は行方不明の場合は許可無くして再耕することを得る。

以上は咸鏡北道に於ける火田の慣習であるが、尚火田の所有権及び之に対する課税に関しては、度支部長官より各道長官宛左記の如き通牒を発して其の取扱方を明らかにして居る。

火田整理に関する件(18)

平安北道長官照会に係る首題の件左記の通り相成り度尚右の外従来地税を徴収せる火田に付いては追って何分決定の上通牒の筈に付き従前の通り課税方取扱相成り度及び通牒候也。

記

問　現に火田と称せる中の熟田及び地域を限定して輪耕する火田は国有地を開墾したるものといえどもこ

の際慣行に依り起墾者又は起墾者より耕作権を得たる者の所有権を認め陞物正結を付すること。
答　見込みの通り、但し旧森林法施行以後開墾したるもの及び禁山、封山内に在るものは熱田といえども其の私有を認めざる義と御承知相成り度。

火田取扱方に関する件「抜粋」[19]
平安北道長官照会に係る首題の件左記の通り相成り度及び通牒候也。
記
火田たると否との区分は結数連名簿に火田と朱気する取扱に依り明かなるが故に特に帳簿を設け課税の取扱を為すに及ばず。
但し火田は私有の所有を認められたるものにあらざるを以て不動産証明令に依る土地所有権の認証を為し得ざるは勿論とす。

注
（1）文定昌『軍国日本朝鮮占領三十六年史』上　四四五頁
（2）同前　一六五～一八二頁
（3）同前　四三二頁
（4）同前　四五三頁
（5）『火田整理に関する参考書』（山林部）七〇頁

（6）同前　一五一頁
（7）文定昌「日本国大財閥・都市人・村夫たちに分配した数例」『軍国日本朝鮮占領三十六年史』上　四二六～四三〇頁
（8）同前「朝鮮内日本人たちに分配した数例」四三一頁
（9）文定昌『軍国日本朝鮮占領三十六年史』上　四五三頁
（10）制令第十号　官報　明治四四年六月二〇日
（11）文定昌『軍国日本朝鮮占領三十六年史』上　四四八～四四九頁
（12）同前　四四七頁
（13）同前　四五四頁
（14）京城帝大法文学会『朝鮮社会経済史研究』四二五頁
（15）同前　一二三頁
（16）水野直樹「新幹会運動に関する若干の問題」『朝鮮史研究会論文集』十四
（17）林根周「朝鮮林政より見たる火田問題」『水原高等農林創立二十五周年記念論文集』抜粋　昭和七年
（18）官通牒　第一三四号　各道（除平北）長官宛　度支部長官通牒　大正二年五月十日
（19）税　第一九八三号　各道（除京畿、慶北、平南）長官宛　度支部長官通牒　大正二年一一月二六日

第三章　朴正煕政権下の火田政策

第一節　火田整理事業について

朴正煕は、一九六一年五月一六日、軍事クーデターを強行して政権を掌握し、一九六三年一〇月一五日には、「大統領選挙」なるものを捏造し、「大統領」の地位を獲得した。

こうして、できあがった朴正煕は、軍事独裁政権を続けた。

朴正煕は、軍事政権の座についてから五年ちかくも火田民問題には、なんら関心を示したことがなく、これという仕事もしたことがなかった。

「韓国」政権が、朴政権をもふくめて、火田民問題と関連することについて仕事をしたことといえば、それは「山林保護臨時措置法」(一九五一年九月二一日)法律第二一八号制定、公布と、また、「林産物取締りに関する法律」(一九六一年六月二日)法律第六三五号公布、それから「山林法」(一九六一年一二月二七日)法律第八八一号を公布したことだけである。

それが、一九六六年からは、火田民問題に特別な関心を示し、「火田整理に関する法律」を制定、公布したのである。

これは、北の共和国との軍事的対立を激化させながら、山地、林野のしめる比重の高い江原道、慶尚北道、忠清北道地域の火田民をスパイ問題と絡ませて一気に清算しようという魂胆からである。「売国的韓日条約」の締結により、日本から幾分かの「援助資金」（賠償）なるものが流入して財政的に少々余裕ができたからである。

当時、韓国では、火田民は、「共匪の隠蔽物となり、国防上にも大きな問題を惹起しているのである」[1]とか、また「武装共匪侵透事件、三陟蔚珍地区（一九六八年一一月二日）に武装共匪が一一七名も侵透した」[2]とか、大げさな宣伝が展開されていた。

このように、スパイ事件、間諜団事件、「反共モデル部落」の設置（一九七〇年三月一七日）[3]等々毎日のごとく、テレビ、ラジオ、新聞、雑誌をにぎわした時期である。

朴政権が火田整理に本腰で着手したのは、「火田整理に関する法律」が制定、公布されてから七、八年後のことである。

そこで、京郷新聞[4]は（一九六八年一〇月一二日）「漠然とした定着（火田民）対策」との題目の下に、「八千の火田民たち行先なく、移住費等予算もなくせきたてるだけ」と書き、また、東亜日報[5]（一九六八年一一月二七日）は、「牛歩、火田民移住予算なく、今年の実績わづか二〇家口」と報じている。

日帝時代（一九二四年九月の火田調査に依れば）、朝鮮の火田総面積は、北半部（共和国）が約二三五、一五二・〇三町歩、南半部（韓国）が約一六六、八四九・一二町歩で南北合計四〇二、〇〇一・一五町歩となっている。

このように日帝時代、共和国（北半部）地域の火田面積は、全朝鮮の火田総面積の約七〇％以上をしめていたのである。

しかし、共和国では、歴史的な「北朝鮮土地改革に関する法令」（一九四六年三月五日）[6]の実施により、一九四六年の末までに火田民、火田問題は完全に解決、清算されたのである。

1973年度火田実態調査道別集計表[7]

区分 道別	火田地			火田家口		
	計	山林復旧	農耕地化	計	移 住	現地定着
計	ha 41,132	ha 25,490	ha 15,642	戸 134,817	戸 6,597	戸 128,220
京 畿	1,711	1,584	127	3,354	443	2,911
江 原	13,581	10,791	2,790	39,141	3,451	35,690
忠 北	11,305	5,883	5,422	36,893	1,187	35,706
忠 南	76	41	35	345	30	315
全 北	4,889	2,604	2,285	25,459	37	25,422
全 南	206	32	174	1,090	—	1,090
慶 北	8,291	4,285	4,006	23,977	1,449	23,528
慶 南	1,073	270	803	4,558	—	4,558
濟 州	—	—	—	—	—	—

共和国では、この歴史的な成果を基礎として一九五八年には、「農業協同化」事業が完成され、社会主義への道を歩きだしたのである。

朴政権は、先ずこの「火田整理に関する法律」を武器として火田整理を開始するのであるが、一九七三年に始めて南半部（韓国）の全火田の実態調査を実施した。

この火田実態調査の結果は、次の道別集計表のごとく、火田地は、計四一、一三二ヘクタール、火田家口は計一三四、八一七戸となっている。

すなわち、韓国の火田地の面積は、約七五、四三九ヘクタールで日帝時代のそれよりも約七、六八九ヘクタールが増大していたのである。

これは、日帝の植民地支配から解放されて約三〇年という年月の間、韓国の為政者たちは、農業・農林政策をどのようにしてきたのか、まったくあいた口がふさがらない。

朝鮮半島において当時火田、火田民問題は農林経済の

1974年度火田実態再調査結果[8]

道別	火田地			火田家口			
	計	山林復旧	農耕地	計	移住	移転	現地定着
計	ha 75,439	ha 52,150	ha 23,289	戸 203,780	戸 12,272	戸 1,970	戸 189,538
京畿	2,925	2,108	817	5,525	621	98	4,806
江原	19,065	18,656	409	45,642	5,628	343	39,671
忠北	21,918	13,070	8,848	48,633	1,662	646	46,325
忠南	843	675	168	3,925	71	114	3,740
全北	4,990	2,656	2,334	25,917	57	8	25,852
全南	315	141	174	1,815	—	—	1,815
慶北	23,739	14,260	9,479	66,771	4,578	761	61,432
慶南	1,644	582	1,062	5,552	—	—	5,552
濟州	—	—	—	—	—	—	—

バロメーターともいえるものである。

この火田面積の増大というのは、勿論、火田民の増加を意味するものであり、農民経済の破綻がもたらした結果であるからである。

それがまた、この実態調査は、乱雑で不正確な点が多く、信憑性にかけていた。

そこで、火田整理事業は、一九七三年の実態調査結果にしたがって、先ず江原道を試験的事業として実施する一方、一九七四年七月一日より、年末までの間に火田の実態を再調査したのである。

その結果は、韓国の火田地の総面積と、火田民の総家数は、約三〇年前の、日帝時代より、さらに増大していたのである。

すなわち、火田地は、四一、一三二ヘクタールから七五、四三九ヘクタールに、三四、三〇七ヘクタールが増大したし、火田家口数は、一三四、八一七戸から二〇三、七八〇戸に、六八、九六三戸が増加していた。

これは、最初の調査過程にて、一線機関の調査関係公務員が疎忽にした点もあったが、主な原因は、調査対象が全国の広闊なる山中奥地にわたっていることと、火田耕作者たちが故意に調査を忌避するか、調査過程で漏落するなどの事例が多く、綿密な調査を実施すれば、その度ごとに、物量が追加発生するのは、不可避の実情となったのである。

結果として、火田民の不平、不満がこのような形で表現したのはいうまでもないのである。

一九七四年下半期に再調査した、火田実態調査結果の、道別集計は、次のごとくである。

再調査集計した火田地七五、四三九ヘクタールに対して所有別と道別内容を調べてみると、国有林は、一七、二六四ヘクタール（山林復旧一四、六〇八ヘクタール、農耕地化二、六五六ヘクタール）で総火田地の二三％をしめており、これを、道別には、江原道が七、四九五ヘクタールでもっとも多く、その次が慶尚北道四、〇四四ヘクタール、それから忠清北道二、六九七ヘクタールの順となっており、これら三カ道が全体面積の八二％をしめている。

火田の再冒耕、再移住は、火田民の生活の安定を保障することなく、いくら強行手段（軍部隊の動員、警察力行使、航空機、ヘリコプター投入等）をもってしても、これは、キツネとタヌキの化かし合いになることは、さけられない。

韓国の火田整理事業は、朴政権の「開発独裁」が成功へ導いたと受け取るのは早合点になるであろう。

古今東西の火田の歴史をひもとく時、火田は、原始的、伝統的な農法で「火田、焼畑、火耕」農法として発動するが、農業の発展段階別にみると歴史のある段階で発展的に清算、消滅されるべきものである。世界諸国の農法の歴史がこれを証明している。

それは、短期間に完全に解決、清算された共和国（北半部）の火田整理の歴史をみても、農民・農林問題が円満に解決されれば、自然と解決されるべきものであることを証明している。強行手段（武力）を利用して、一応火田を整理したとしても再冒耕、再移住の問題が残るのは当然である。

以上のごとく「再冒耕及再移住の取り締りマニュアル」は厳格に具体的に作成されていて、軍事政権らしい。しかし、火田民も農民であり、国民である。生活する権利は、保障されなければならない。

この場合、火田民の家計でエンゲル係数が九〇を超えていることに対しては、政府は責任をはたしたとはいえない。

これでは、文化生活も、健康も無に等しく病にでも罹れば終りである。

このように邑、面、警察支派出所、部落、山林契が合同で、毎月一回以上火田地を巡視（巡山）監督する一方、指定された邑、面、面保護区の筆地別責任担当公務員は、全地域に対して巡視する取締り及予防体制を確立しているが、こうなると、火田民たちは日常的に監視されている犯罪者である。

朴正熙政権の火田整理事業は、一九七四～七九年までの約六年間に完全に清算されたと、バラ色にえがかれている。

一部の論者たちは、これを朴正熙政権の「開発独裁」の成果として称賛しているが、しかし再冒耕、再移住は、後を断たないし、いろいろと理由、条件はあると思われるが、調査の過程で「漏落火田地の発見」もおびただしく、完全に清算されたと断言できないのが現実である。「開発独裁」が成果をあげるのは、歴史のほんの瞬間的な一コマのことであって、永遠につづく真理となるものではない。

もしも「開発独裁」なるものが真理であるとすれば、人類が幾世紀の間、高貴な代価を支払って勝ち取った民主主義は、基本的人権はどうなるであろう。

今日韓国では、朴正熙「政権」は、朝鮮の歴史上にも、世界的にも例のない人権弾圧を展開した暴君であったと言われている。

韓国の歴史研究家たちは、朴正熙の記念館建設とこれに対しての国庫支出に反対する運動を展開している。(9)

第二節　火田の整理過程

火田を整理するということは、一言でいえば、火田民が開墾して火田耕作をしている火田地を、政府が回収し、傾斜二〇度を基準として傾斜度二〇度以上の地域を造林して山林化し、二〇度以下の地域を農耕地化することである。

火田整理事業を通じて一般的な輿論はいろいろあるが、この事業の直接対象者である火田民本人の立場から、その間の陳情書、嘆願書、請願書等を通じていくつかの類型別に分けて紹介すると次のごとくである。

㈠　火田の継続耕作を要求

長期間火田耕作により延命してきたのに山林復旧を決定して火田地からおりるようにといわれると生計が困難

なので、従前のように継続して火田を耕作するように許容してくれることを要求している。

㈡　申告火田地の他人払下げを是正要求

耕作している火田を申告したのに、その火田地が国有林であるというので他の個人に払下げられ、その払下げを受けた者が火田耕作を禁止するので、これを是正して継続できるように措置してくれることを要求

㈢　支給代土の地主横暴の是正要求

移住火田民が代土の支給を受けて桑田に造成したのに、突然地主という人が現われ土地使用料と代地（移住住宅）使用料を支払うように要求するのでこれを是正してくれることを要求

㈣　生活対策要求

火田民移住対象者から除外されており、火田は山林として復旧するようになったので生計が漠然となり、火田を耕作するか、または他の仕事に就業斡旋してくれることを要求

㈤　申告火田面積の差異是正要求

火田申告時に目測で面積を計って申告したが、申告後実測をした結果、面積の差異が確認されたので、既に申告した面積を実測した面積に是正してくれることを要求

㈥　農耕地化対象火田の造林是正要求

傾斜二〇度未満の農耕地化される火田に造林を実施して山林に復旧するというのが、法に従って継続耕作できるように措置してくれることを要求

㈦　火田地優先造林是正要求

傾斜二〇度以上の火田地で山林復旧対象であることは事実であるが、周囲の無立木地が広いにもかかわらず、あえて耕作中にある火田地に先ず造林を実施するというのは理解できないし、周囲の無立木地造林が完了するまででも火田耕作を許容してくれることを要求

以上のごとくであるが、中でも圧倒的に多いのは、㈠の火田を継続的に耕作させて欲しいということであり、㈣の生活対策を樹立して欲しいという要求であった。

結論的には、火田整理事業は、その主人公である火田民自身が、主動的に立上る条件をつくることであったのである。(10)

朴正熙政権が、火田問題について関心を示しはじめたのは、一九七〇年代からである。

一九七四年から火田整理事業を始めるのであるが、この時は、全国火田の把握のための火田の実態調査の実施と、先ず江原道一道だけの、整理事業を試験的に施行したのである。

本格的に全国的範囲で施行したのは一九七四~七九年までの六年間である。

それ故に一九七四年以前にも火田整理事業の実績は多少あるが、本稿では、一九七四~七九年までの約六年間の朴政権の火田整理事業を中心に論及する。

この期間の総実績は、整理面積、総一二六、五五三ヘクタールで、このうち、火田地の整理実績は一〇七、二二一ヘクタール(山林復旧七四、一七三ヘクタール、農耕地化三三、〇四六ヘクタール)である。

それから公認地の山林化は、八、二九一ヘクタールで一定線造林は、七、〇七六ヘクタールで、一定線以上の残存桑田は、三、三九二ヘクタールが火田整理五カ年計画期間の実績である。

一九七三年以前に実施した火田整理事業実績は二〇、九〇九ヘクタールで火田整理が一七、四二三ヘクタール（山林復旧一一、九〇〇ヘクタール、農耕地化五、五二四ヘクタール）、公認地山林化は三四ヘクタール、一定線以上の残存桑田が三、五〇三ヘクタールとなっている。

火田整理事業の総実績（事業実施以来一九七九年まで）を道別にみると、

京畿道は、六、九三〇・三二ヘクタール（火田地六、七四三・九七ヘクタール、公認地山林化一一ヘクタール、一定線造林一一、二七〇ヘクタール、一定線以上の残存桑田現況六二・六五ヘクタール）と大部分が、山林復旧（四、八九五・七一ヘクタール）と農耕地（一、七五六・二五ヘクタール）であり、山林復旧が、全体の七〇・六％、農耕地が二五・三％をしめる。

江原道は、（公認地山林化、一定線造林、既存桑田造成包含）四六、七四一・九〇ヘクタール（火田地三六、九〇二・〇八ヘクタール、公認地山林化六、五四九・〇六ヘクタール、一定線造林九六四・四八ヘクタール、一定線以上の残存桑田現況二、二六八・五一ヘクタール）に大部分が山林復旧と農耕地であり、他道に比して公認地山林化と一定線造林および一定線以上の残存桑田（現況）が多い。

全火田整理実績中、山林復旧は、三四、七六八・三六ヘクタールで七四・四％であり、農耕地化は、一、七二四・六三ヘクタールと二・三％、公認地山林化は一四％である六、五四九・〇六ヘクタールであり、一定線造林二％、一定線以上の残存桑田は、二、二六八・五一ヘクタールで四・八％である。

忠清北道は、（公認地山林化、一般造林、既存桑田包含）二九、三一四ヘクタール（不要存国有林三、八一五ヘクタール、公有林五、二一五ヘクタール、私有林二〇、二四八ヘクタール）を整理したし、事業別内訳は、火田地二七、二〇一ヘクタール、公認地五三〇ヘクタール、一定線造林四二三ヘクタール、一定線以上の残存桑田一、一六〇ヘクタールである。

火田地整理の中、山林復旧は一七、四五二ヘクタールで五九・五％、農耕地は九、七四九ヘクタールで三三・三％であり、総火田整理の九二・八％である。

忠清南道は、総七、七八三ヘクタール（公認地山林化、一定線造林、既存桑田造成包含）（不要存国有林四四一ヘクタール、公有林三二〇ヘクタール、私有林三、〇五三ヘクタール）に火田地三、九七三ヘクタール（山林復旧三、二一六ヘクタール、農耕地五五六ヘクタール、集団農耕地二〇一ヘクタール）、公認地三、六三七ヘクタール、一定線造林一一五ヘクタール、一定線以上の残存桑田現況（果樹）五八ヘクタールである。

総火田整理中、火田地が九五・四％であり、その中、山林復旧が七五・五％であり私有林からなっている。

全羅北道は、総一四、二〇七・三七ヘクタール（要存国有林九四・三二ヘクタール、不要存在国有林九四三・〇三ヘクタール）（公認地山林化、一定線造林、既存桑田造成包含）（公有林八三一・一六ヘクタール、私有林二、七一五・五一ヘクタール）が整理され、その中で火田地整理は一三、五二一・〇一ヘクタールであり、その中、山林復旧五、六七四・五七ヘクタール、農耕地化七、二四三・七六ヘクタール、集団農耕地六〇二・六八ヘクタール、公認地山林化七九・八九ヘクタール、一定線造林四一一・〇七ヘクタール、一定線以上の残存桑田一九五・四〇ヘクタールである。

山林復旧は全体の三九・六％で、農耕地が五一・三％で比較的比重が大きい。

全羅南道は、総一二、五一四ヘクタール（公認地山林化、一定線造林、既存桑田造成包含）（不要存国有林七九一ヘクタール、公有林三二一ヘクタール、私有林一一、四〇三ヘクタール）が整理され、その中で火田地整理は七、六八九ヘクタールである。

その中、山林復旧二、六八七ヘクタール、農耕地化四、七三五ヘクタール、集団農耕地化二六六ヘクタールであり、公認地山林化四一八ヘクタール、一定線造林が四、四〇七ヘクタールである。

整理された火田の山林所有別比率は、私有林が九一・一二％、公有林二・六％、不要存国有林六・三％である。全南は、他道と異なって一定線以上造林が三五・二％ですべて私有林である。

慶尚北道が、総三〇、六八七・二七ヘクタール（公認地山林化、一定線造林、既存桑田造成包含）（要存国有林二、三九六・〇五ヘクタール、不要存国有林一、四九八ヘクタール、公有林三、八一〇ヘクタール、私有林二三、九八三・二二ヘクタール）が整理された。

火田整理は、二六、二一八・二七ヘクタール（山林復旧一六、四三二・二七ヘクタール、農耕地化八、四三四ヘクタール、集団農耕地一、三五二ヘクタール）であり、公認地山林化七三三ヘクタール、一定線造林六四三ヘクタール、一定線以上の残存桑田が三、〇九三ヘクタールである。

整理された火田を所有別にみると私有林が七四・六％に相当する。

山林復旧は四六％であり、その中私有林が全体の三五％である。農耕地化が他道に比して比較的多い二七・八％で、一定線以上の残存桑田は全体の一〇・二％にもなっているのが他道に比して特異な点といえる。

慶尚南道は、他道とは異なって山林復旧と農耕地だけでなく物量も非常に少ない。

総物量は、二、三八八・九〇ヘクタール（要存国有林九七・九〇ヘクタール、不要存国有林二四一ヘクタール、公有林二〇九ヘクタール、私有林一、八四一ヘクタール）であり、これを事業別にみると、山林復旧九四二・九〇ヘクタール、

1974年度火田整理実績[11]

単位：ha

区分＼所有別	計	要存国有林	不要存国有林	公有林	私有林
計	12,067.48	2,470.60	290.5	1,289.1	8,017.28
○火田地	10,764.60	2,470.60	280	1,273.6	6,740.4
山林復旧	7,772.60	2,346.60	112	988	4,326
農耕地	2,583	—	144	205	2,234
集団農耕地	409	124	24	80.6	180.4
○公認地山林化	848	—	—	2	846
○一定線造林	259.48	—	—	—	259.48
○一定線以上の残存桑田現況	195.4	—	10.5	13.5	171.4

農耕地化一、四四六ヘクタールである。それから私有林は、全体の七七%であり、とくに農耕地が整理された総火田の六〇・五%で比率が高いのが特徴である。

火田整理を概括してきたが、これからは、火田民の整理実績を概括してみると、整理された総火田家口二八三、八七〇戸中、移住一五、七三四戸（五・五四%）移転二、三四九戸（〇・八三%）現地定着二六五、七八七戸（九三・六三%）で、これを年度別にみると、一九七四年度五四、一九五戸（一九・二%）一九七五年度九一、八九一戸（三二・四%）一九七六年度八九、一三六戸（三一・四%）一九七七年度四一、六七八戸（一四・七%）一九七八年度六、九七〇戸（二・四%）である。

これからは年度別、事業実績をみることにする。

一九七四年度事業実績

一九七四年度には、江原道においてだけ実施した。これは模範的に実施したもので他道は準備段階であったのである。

一九七四年度の火田地整理実績をみると、総一二、〇六九ヘクタール（公認地山林化、一定線造林、既存桑田造成含む）で、この中、要存国有林二、四七〇ヘクタール、不要存国有林二九一ヘクタール、公有林一、二八九ヘクタール、私有林八、〇一七ヘクタールで、この中、火田地は一〇、七六五ヘクタール、山林復旧七、七七二ヘクタール、農耕地化が二、九九二ヘクタールである。

それから火田民整理である。火田家口整理対象は、総三〇〇、七九六戸で、この中、一九七四年に三七、六二六戸を整理した。

内訳は、移住三、一七三戸、移転三三二戸、現地定着三四、一二一戸で全火田民整理の約一四%に相当する。

火田整理事業費の内訳は、一九七四年度、二、一六四百万円中、国費一、四九三百万円、地方費二一七百万円、融資三三七百万円、自力一〇六百万円であり、これを事業別にみると、山林復旧一六六百万円(国費一一二、二七五千円、地方費三三、二一七千円、自力二〇、〇六九千円)、それから公認地山林化六二二百万円(地方費四二二百万円、自力二〇〇百万円)、農耕地化三一一百万円(国費一〇百万円、地方費四百万円、自力一七万円)、火田家口移住、移転一、一一六百万円(国費)、定着家口支援事業六六五百万円(国費二五三百万円、地方費四〇百万円、自力三四百万円、融資三三七百万円)等となっている。

一九七五年度事業実績

一九七五年度、火田整理は、総三〇、二五四ヘクタールで、これを所有別にみると、要存国有林四、二七七ヘクタール、不要存国有林一、七六四ヘクタール、公有林五、一〇二ヘクタール、私有林一九、一一一ヘクタールで、この中、火田地は、二四、四三四ヘクタールであり、山林復旧一八、六八〇ヘクタール、農耕地化五、七五一ヘクタール、集団農耕地三ヘクタールであり、公認地山林化は二、一九九ヘクタール、一定線造林五二八ヘクタール、一定

1975年度火田整理実績(12)

単位：ha

区分＼所有別	計	要存国有林	不要存国有林	公有林	私有林
計	30,253.93	4,277.13	1,764	5,102	19,110.8
○火田地	24,433.93	4,277.13	1,601	4,746	13,809.8
山林復旧	18,680.36	4,116.36	1,264	3,878	9,422
農耕地	5,750.77	160.77	337	868	4,385
集団農耕地	2.8	—	—	—	2.8
○公認地山林化	2,199	—	1	34	2,164
○一定線造林	528	—	37	69	422
○一定線以上の残存桑田現況	3,093	—	125	253	2,715

線以上の残存桑田（現況）が三、〇九三ヘクタールである。

これを道別にみると、京畿道は、火田地三四ヘクタール（山林復旧一九ヘクタール、農耕地化一五ヘクタール）である。

江原道は、九、六七四ヘクタール（山林復旧七、五三一ヘクタール、農耕地化一四六ヘクタール、公認地山林化二、〇一三ヘクタール、その他三〇ヘクタール）で、この中に私有林が八、三〇九ヘクタール、公有林一、一八八ヘクタール、不要存国有林一七七ヘクタール、要存国有林四、一四一ヘクタールであった。

忠清北道は、火田地全部が一二、四三八ヘクタール（火田地一〇、八六八ヘクタール、山林復旧六、三八六ヘクタール、農耕地化五、四八二ヘクタール、公認地一八六ヘクタール、一定線造林三八四ヘクタール）である。

忠清南道は、総二二三ヘクタール（不要存国有林一ヘクタール、公有林八七ヘクタール、私有林一三五ヘクタール）を整理したし、火田地二一九ヘクタールの中（不要存国有林一ヘクタール、公有林八三ヘクタール、私有林一三一ヘクタール）、山林復旧一一一ヘクタール、農耕地化一〇八ヘクタールである。

全羅北道は、全部が私有林中の火田五〇三ヘクタールを整理したし、山林復旧五〇〇ヘクタール、集団農耕地三ヘクタールで一定線造林一〇ヘクタールである。

慶尚北道は、火田地一二三ヘクタールを山林復旧したし、一定線以上の残存桑田（現況）三、〇九三ヘクタールを整理した。

これを所有別にみると、私有林二、七八六ヘクタール、公有林二五三ヘクタール、不要存国有林一二五ヘクタール、要存国有林五二ヘクタールである。

慶尚南道は、一五ヘクタールの私有林が山林復旧された。

火田家口整理実績

一九七五年度、火田家口の整理は、総九一、八九一戸（移住三、八六四戸、移転六六八戸、現地定着八七、三五四戸）である。

これを道別にみると、江原道二、七五五戸（移住二、六三七戸、移転一一八戸）、忠清北道四七、五三三戸（移住一、二三二戸、移転五五〇戸、現地定着四五、七五〇戸）。

全羅北道が四一、六〇四戸（現地定着四一、六〇四戸）であったし、全体的にみると移住が三、八六九戸、移転六六八戸、現地定着八七、三五四戸である。

集団農耕地造成実績は、四カ所に三ヘクタール（私有林）が造成されたし、その内容をみると防風林一・四九ヘクタール、草生帯〇・八三ヘクタール、緑地帯一・一三ヘクタール、播植帯〇・一八ヘクタールである。

本年度は全羅北道以外は成果がなかった。

それから火田整理事業費投資内訳

一九七五年度の総投資額は、四、九二三百万円であり、これを財源別に分析すると、国費二、六〇八百万円、地方費一、〇七九百万円、融資七五〇百万円、自力四八六百万円で、またこれを事業別にみると、山林復旧七八二百万円（国費二一二百万円、地方費四二五百万円、自力一四五百万円）で公認地山林化一八七百万円（国費六百万円、地方費一〇二百万円、自力七九百万円）で農耕地化三三二百万円（国費八百万円、地方費一四百万円、自力一二百万円）である。

それから火田家口の移住、移転のために一、九一五百万円（国費一、八八八百万円、地方費一一百万円、自力一四百万円）で、定着家口支援事業一、六六一百万円（国費四五五百万円、地方費三九八百万円、自力一八二百万円、融資七二六百万円）を投入したし、その他の事業三四四百万円（国費三八百万円、地方費二三九百万円、自力五三百万円、融資二四百万円）が投資された。

一九七五年度中の火田地および火田家口の追加物量発生状況をみると次のごとくである。

一九七五年度に物量が増加した内容をみると、火田地においては、二五、四一四ヘクタールが増加したが、山林が一五、五六九ヘクタール、農耕地が九、八四五ヘクタールで、これを所有別にみると、要存国有林が一、〇七三ヘクタール、不要存国有林が一、六九四ヘクタール、公有林四、〇〇一ヘクタール、私有林が一八、六四六ヘクタールである。

それから火田家口は、七六、三〇〇戸（移住四、一五二戸、移転六四六戸、現地定着七一、五〇〇戸）が増加したが、道別内訳は別表の如くである。

一九七六年度火田整理実績(13)

本年度の火田整理実績をみると、総五〇、四八一ヘクタールで、要存国有林二、二三八ヘクタール、不要存国有林四、一六一ヘクタール、公有林五、〇九四ヘクタール、私有林三八、八八八ヘクタールである。

その中、火田地整理は四七、一〇四ヘクタールで、山林復旧二八、三八五ヘクタール、農耕地化一八、〇六五ヘクタール、集団耕作地六五四ヘクタールとなっている。

山林復旧二八、三八五ヘクタールの内容をみると、要存国有林一、九三一ヘクタール、不要存国有林三、〇〇一ヘクタールで公有林三、三三〇ヘクタール、私有林二〇、一二三ヘクタールとなっている。

農耕地化は一八、〇六五・〇四ヘクタールで、要存国有林三四〇・四一ヘクタール、不要存国有林一、〇四七・五四ヘクタール、公有林一、五六一・七七ヘクタール、私有林一五、一一五・三二ヘクタールである。

集団農耕地造成は六五三・八八ヘクタールで要存国有林六七ヘクタール、不要存国有林五八四ヘクタール、公有林八九・六ヘクタール、私有林四三八・九九ヘクタールである。

公認地山林化は三、〇八四・四一ヘクタールで不要存国有林七・三一ヘクタール、公有林三七・五ヘクタール、私有林三、〇三九・六ヘクタールとなっており、一定線造林二九二・四ヘクタールは、不要存四六・六ヘクタール、公有林七四・七ヘクタール、私有林一七一・一ヘクタールである。

一九七六年度道別火田家口整理実績は(15)、火田家口八九、一三六戸を整理したが、その内容は、移住三、八七六戸、移転六三〇戸、現地定着八四、六三〇戸あり、一九七五年とほとんど等しい実績で総整理対象の約三〇%に該当する。

1976年度火田整理実績[13]

単位：ha

区分＼所有別	計	要存国有林	不要存国有林	公有林	私有林
計	50,481.09	2,338.26	4,160.84	5,093.61	38,888.38
○火田地	47,104.28	2,338.26	4,160.93	4,981.41	35,677.68
山林復旧	28,385.36	1,930.85	3,000.99	3,330.04	20,123.48
農耕地	18,065.04	340.41	1,047.54	1,561.77	15,115.32
集団農耕地	653.88	67	58.4	89.6	438.88
○公認地山林化	3,084.41	—	7.31	37.5	3,039.6
○一定線造林	292.4	—	46.6	74.7	171.1
○一定線以上の残存桑田現況	—	—	—	—	—

集団農耕地造成実績をみると、一九七六年度には京畿道と慶尚北道のみ実施されたし、造林実績は、九二カ所に六五三・八八ヘクタールであり、国有林一二五・四ヘクタール、公有林八九・六ヘクタール、私有林四三八・八八ヘクタールである。

それから集団農耕地には防風林二四ヘクタール、草生帯六・三八ヘクタールを造成したし、これに対する事業費は、一一百万円（国費二百万円、地方費七百万円、その他三百万円）が投入された。

一九七六年度火田地および火田家口の追加物量発生状況をみると、火田地七八、七四一筆地に一三、〇八二・四ヘクタールが整理されたが、これを内容別にみると、山林復旧が八、三七六・四三ヘクタールで、その内容は要存国有林△一、〇〇七・一七ヘクタール、不要存国有林一〇、一一五ヘクタール、公有林八七七ヘクタール、私有林七、四九五・一ヘクタールで、農耕地化は四、七〇八・九七ヘクタール、要存国有林△四三・〇三ヘクタール、不要存国有林四五六ヘクタール、公有林二九五ヘクタール、私有林三、九九八ヘクタール整理されたが、要存国有林は、当初計数の誤差で山林復旧と農耕地化において減少された。

1976年度火田家口整理計画及実績[14]

単位：戸

道別	1976 計画				1976 実績				進度
	計	移住	移転	現地定着	計	移住	移転	現地定着	
計	133,976	3,486	420	130,070	133,976	3,260	872	129,844	% 100
京畿	6,918	1,230	164	5,524	6,918	1,289	132	5,497	100
江原	655	586	79	—	665	586	79	—	100
忠北	586	596	17	—	780	279	501	—	133
忠南	7,254	66	71	7,117	7,254	66	71	7,117	100
全北	41,960	303	53	41,604	41,960	303	53	41,604	100
全南	1,815	—	—	1,815	1,815	—	—	1,815	100
慶北	69,226	732	36	68,458	69,032	737	36	68,259	100
慶南	5,552	—	—	5,552	5,552	—	—	5,552	100

1976年度道別火田家口整理実績[15]

道別	火田家口計	移住	移転	現地定着
計	戸 89,136	3,876	630	84,630
京畿	6,918	1,289	132	5,497
江原	1,481	1,116	204	161
忠北	499	364	135	—
忠南	7,254	66	71	7,117
全北	356	304	52	—
全南	1,815	—	—	1,815
慶北	65,231	737	36	64,458
慶南	5,582	—	—	5,582

火田家口の物量増加は総五〇、〇一七戸、移住三、一四九戸、移転四八四戸、現地定着四六、二八四戸である。

火田整理事業費投資内訳をみると一九七六年度に総四、九二三百万円が投入された。

これを財源別に調べてみると国費一、九七四百万円、地方費一、七五五百万円、融資五二六百万円、自力負担七一八百万円となっている。

これを事業別に分析すれば、

山林復旧に一、四一七百万円（国費五二三百万円、地方費三九〇百万円、自力五〇五百万円）である。公認地山林化に一八二百万円（国費六五百万円、地方費八三百万円、自力三三百万円）であり、農耕地化に一三四百万円（国費一二百万円、地方費二四百万円、自力九八百万円）を投入している。

それから火田家口の移住、移転に一、六九一百万円（国費一、一三五百万円、地方費四四八百万円、自力五百万円、融資五二〇百万円）。それから定着家口支援事業に一、三三一五百万円（国費一三六百万円、地方費五九六百万円、自力七二百万円、融資五二〇百万円）、その他事業のために二二四百万円（国費三百万円、地方費二一四百万円、自力二百万円、融資三百万円）が投入されている。

一九七七年度事業実績

一九七七年度の火田整理総実績をみると、二二、五六六ヘクタールで要存国有林一、六六八ヘクタール、不要存国有林一、〇六二ヘクタール、公有林一八、五五二ヘクタールであり、その中、火田地整理は一六、一六八ヘクタール（要存国有林一、五六四ヘクタール、不要存国有林一、〇四四ヘクタール、公有林一、一三四ヘクタール、私有林一二、三二六ヘクタール）である。

火田地を内容別に区分すれば、山林復旧は一〇、九六八・〇七ヘクタールで、要存国有林一、四七六・二七ヘクタール、不要存国有林五五二ヘクタール、公有林九七七・八八ヘクタール、私有林七、九六一・九二ヘクタールとなっている。

農耕地化したのは三、三九三・七七ヘクタールで、要存国有林八七・六四ヘクタール、不要存国有林三一六・九七ヘクタール、公有林五・二二ヘクタール、私有林二、九一九・九四ヘクタールとなっており、集団農耕地一、八〇六ヘクタールは不要存国有林一六五ヘクタール、公有林一九七ヘクタール、私有林一、四四四ヘクタールから構成されている。

それから公認地の山林化は一、二三〇・六ヘクタールでその内容は、公有林一二一・三ヘクタール、私有林一、二一八・三ヘクタールで、一定線造林五、〇六四・〇七ヘクタールは、不要存国有林一七・六ヘクタール、公有林三八・二ヘクタール、私有林五、〇〇八・一七ヘクタールとなっている。

一定線以上の残存桑田現況は一〇三・八九ヘクタールで、みな要存国有林である。

1977年度火田地整理計画対実績(16)

道別	計画（山林復旧）	実績		
		計	山林復旧	農耕地化
計	11,409	16,167.84	10,968.07	5,199.77
京畿	—	237.50	172.19	65.31
江原	188	901.19	878.86	22.33
忠北	1,239	233	106	127
忠南	1,151	1,601	1,275	326
全北	1,153	2,322.43	1,168.30	1,154.13
全南	2,412	4,381	1,937	2,444
慶北	5,004	6,020.72	5,171.72	849
慶南	262	471	259	212

これを道別にみると、京畿道三〇〇・一五ヘクタール、江原道七〇・六三ヘクタール、忠清北道三五二ヘクタール、忠清南道一、六四二ヘクタール、全羅北道二、六一五・五〇ヘクタール、全羅南道八、九三六ヘクタール、慶尚北道六、〇七九・七二ヘクタール、慶尚南道四七・一ヘクタールである。

一九七七年度に整理した火田家口は四一、六七八戸で、その内容は、移住二、二七三戸、移転五二三戸、現地定着三八、八八二戸となっている。

これを道別に分析すれば、火田家口四一、六七八戸の中、江原

1977年度火田整理実績[17]

単位：ha

区分＼所有別	計	要存国有林	不要存国有林	公有林	私有林
計	22,566.40	1,667.80	1,061.57	1,284.7	18,552.33
○火田地	16,167.84	1,563.91	1,043.97	1,234.1	12,325.86
山林復旧	10,968.07	1,476.27	552	977.88	7,961.92
農耕地	3,393.77	87.64	326.97	59.22	2,919.94
集団農耕地	1,806	—	165	197	1,444
○公認地山林化	1,230.6	—	—	12.3	1,218.3
○一定線造林	5,064.07	—	17.6	38.3	5,008.17
○一定線以上の残存桑田現況	103.89	130.89	—	—	—

実績に依る物量変動状況[18]

区分	基本計画	変更	増減（△）
○火田家口	戸 266,077	266,077	—
移住	24,646	24,824	178
移転	2,586	2,408	△178
現地定着	238,845	238,845	—
○火田地	ha 112,362	114,255	1,893
山林復旧	78,812	78,705	1,893
農耕地化	33,550	33,550	—

道二三七戸、忠清南道四二四戸、全羅北道二八七戸、全羅南道三三、四〇五戸、慶尚北道五、五五四戸、慶尚南道一、七七一戸で、移住五・五％、移転一・二％、現地定着が九三・三％に相当する。

また、現地定着二三八、八八二戸の中、慶尚北道が三三、四〇五戸で八五・九％である。

集団農耕地造成実績は、五三八カ所に一、六三二ヘクタールで国有林一四六ヘクタール、公有林一八六ヘクタール、私有林一、二九九ヘクタールである。それから防風林二一三ヘクタール、草生帯一六一ヘクタール、播植帯一〇五ヘクタールが造成された。

一九七七年度には、忠南、全北、全南、慶南の四カ道に限定して造成したが、その中、慶北が八四九ヘクタールで五二%、全南が三六五ヘクタールで二二・三%、忠南が二〇・二%である。

それから山林所有別造成実績をみると、国有林一四六ヘクタール、公有林一八六ヘクタール、私有林一、三〇九ヘクタールで私有林が七九・六%である。今年度、火田地および火田家口の追加発生状況をみると、火田地においては、総三〇、四一二筆地（山林復旧三、三七六筆地、農耕地化二七、〇三六筆地）に、総四、六一四・一二ヘクタール（山林三、九七五・八三ヘクタール、農耕地六三八・二九ヘクタール）で、この中、要存国有林が一〇八・〇三ヘクタール、不要存国有林四二〇ヘクタール、公有林四〇八・七ヘクタール、私有林三、六四四・九ヘクタールである。

火田家口は、移住二一六戸、移転九四戸、現地定着九、六〇〇戸等九、九一〇家口の追加量が発生し整理された。(17)

一九七八年度事業実績

本年度は、締め括り段階に入り整理対象も減少して、総九、七九〇・六〇ヘクタールで、これを林野の所有別にみると、要存国有林二一七・四六ヘクタール、不要存国有林三五三・七二ヘクタール、公有林一、一六八・〇五ヘクタール、私有林八、〇五一・三七ヘクタールである。

それから、全体をみると私有林が八二・二四%である。

事業別に区分すれば、火田地七、九二九・三六ヘクタールで八一%である。

火田地整理中、山林復旧は七、五四七・四ヘクタールで要存国有林一〇三・二ヘクタール、不要存国有林三〇六・七二ヘクタール、公有林九五六・六五ヘクタール、私有林六、一八四・四三ヘクタールであり、これは火田地全体の九五・二%で、農耕地化は二一七・九六ヘクタールで要存国有林一〇八・九六ヘクタール、不要存国有林二ヘクター

1978年度火田整理実績(19)　　　　単位：ha

所有別／区分	計	要存国有林	不要存国有林	公有林	私有林
計	9,790.60	217.46	353.72	1,168.05	8,051.37
○火田地	7,929.36	212.16	316.72	978.05	6,422.43
山林復旧	7,547.4	103.20	306.72	956.05	6,181.43
農耕地	217.96	108.96	2	5	102
集団農耕地	164	—	8	17	139
○公認地山林化	928.94	—	11	45	872.94
○一定線造林	932.30	5.30	26	145	756
○一定線以上の残存桑田現況	—	—	—	—	—

ル、公有林五ヘクタール、私有林一〇二ヘクタールとなっている。また、集団農耕地は二一七・九六ヘクタール（不要存国有林八ヘクタール、公有林一七ヘクタール、私有林一三九ヘクタール）である。

公認地山林化は九二八・九四ヘクタールで、不要存国有林一一ヘクタール、公有林四五ヘクタール、私有林八七二・九四ヘクタールである。

一定線造林は九三二・三〇ヘクタールで、要存国有林五・三ヘクタール、不要存国有林二六ヘクタール、公有林一四五ヘクタール、私有林七五六ヘクタールである。

道別にみれば、京畿道は要存国有林だけであり、一、〇九四ヘクタール（山林復旧五六四ヘクタールと一定線造林五三〇ヘクタール）である。

江原道は、総四六二一・一五ヘクタールを整理したし、火田地二九六・七九ヘクタール（山林復旧一八七・八三ヘクタール、農耕地化一〇八・九六ヘクタール）で、公認地山林化は一六五・三六ヘクタールであり、公認地はすべて私有地である。

忠清北道は、一定線造林八ヘクタールだけであり、これは私有

1978年度火田整理事業費投資内訳[20]

単位：百万円

事業別	財源別	計	京畿	江原	忠北	忠南	全北	全南	慶北	慶南
合計	計	3,030	48	304	189	218	198	1	2,039	33
	国庫	1,575	14	115	46	133	176	1	1,092	—
	地方費	374	11	50	16	46	4	—	217	30
	融資	460	10	65	110	1	11	—	262	—
	自力	621	13	75	17	38	7	—	468	2
山林復旧	計	828	4	10	8	74	15	1	715	—
	国庫	257	—	5	2	21	8	1	220	—
	地方費	216	2	3	2	22	2	—	184	—
	融資	—	—	—	—	—	—	—	—	—
	自力	355	2	1	4	31	5	—	311	—
公認地山林化	計	15	—	14	—	—	—	—	—	—
	国庫	6	—	6	—	—	—	—	—	—
	地方費	5	—	5	—	—	—	—	—	—
	融資	—	—	—	—	—	—	—	—	—
	自力	4	—	4	—	—	—	—	—	—
農耕地化	計	78	2	—	3	—	—	—	63	10
	国庫	2	—	—	—	—	—	—	2	—
	地方費	20	2	—	3	—	—	—	10	8
	融資	—	—	—	—	—	—	—	—	—
	自力	56	—	—	—	—	—	—	51	2
火田家口移住・移転	計	1,071	—	—	—	127	166	—	788	—
	国庫	1,052	—	—	—	108	166	—	—	—
	地方費	19	—	—	—	19	—	—	—	—
	融資	—	—	—	—	—	—	—	—	—
	自力	—	—	—	—	—	—	—	—	—
定着家口支援事業	計	965	39	229	174	13	16	—	473	21
	国庫	259	14	104	44	4	2	—	92	—
	地方費	84	4	32	13	1	—	—	13	21
	融資	460	10	65	110	1	11	—	262	—
	自力	162	12	29	7	6	2	—	106	—
其他	計	73	3	50	3	4	1	—	10	1
	国庫	—	—	—	—	—	—	—	—	—
	地方費	29	3	9	1	3	1	—	10	1
	融資	—	—	—	—	—	—	—	—	—
	自力	44	—	41	2	1	—	—	—	—

林である。

忠清南道は、総六三五ヘクタールを整理したが、この中に火田地は五六九ヘクタール（山林復旧五六五ヘクタール、集団農耕地四ヘクタール）で、公認地山林化一ヘクタール、一定線造林六五ヘクタールである。

全羅北道は、二三〇・一一ヘクタール（要存国有林一・一九ヘクタール、不要存国有林〇・六二ヘクタール、公有林三・五五ヘクタール、私有林二二四・七五ヘクタール）を整理したし、火田地は二〇〇・五三ヘクタール（山林復旧二〇〇・五三ヘクタール、要存国有林一・一九ヘクタール、不要存国有林〇・六二ヘクタール、公有林三・五五ヘクタール、私有林一九五・一七ヘクタール）で公認地山林化は私有二九・五八ヘクタールである。

全羅南道は、七二五ヘクタール（不要存国有林一八ヘクタール、公有林一六ヘクタール、私有林六九一ヘクタール）の中、火田地が四五五ヘクタール（山林復旧三四六ヘクタール、農耕地化一六九ヘクタール）で、一定線造林が私有林二七〇ヘクタールである。

慶尚北道は、七、七一六・四〇ヘクタール（要存国有林六八・四〇ヘクタール、不要存国有林三一六ヘクタール、公有林一、一〇一ヘクタール、私有林六、二三一ヘクタール）その中、火田地整理が六、三九九・四〇ヘクタール（山林復旧六、二三九・四〇、集団農耕地化一六〇ヘクタール）で、公認地山林化七三三ヘクタール、一定線上造林五八四ヘクタールである。

慶尚南道は、前年度漏落した火田地の山林復旧が三ヘクタールだけであり、これは私有林である。

火田家口整理実績

一九七八年度には、火田家口六、九七〇戸（移住二、一〇三戸、移転一九六戸、現地定着四、六七一戸）で、これを道別にすると、忠清南道四〇四戸、全羅北道三四〇戸、全羅南道四、五四九戸、慶尚北道一、六七七戸で移住三〇・一%、移転二・八%、現地定着六七・二%で全羅南道の現地定着は四、五四九戸で一九七八年度火田家口整理全体のおよそ七〇%である。

集団農耕地造成実績をみると、一九七八年度に二〇六カ所に三三九ヘクタールを造成したし、所有別にみると、国有林二七ヘクタール、公有林二八ヘクタール、私有林二八四ヘクタールで防風林二九三ヘクタール、草生帯一九ヘクタール、播植帯三ヘクタール、播種帯一ヘクタールである。

事業費は、国費一・六百万円、地方費は一一・五百万円、その他九・四百万円、計二二・五百万円が投入された。道別内訳をみると、忠清南道一カ所四ヘクタール、全羅南道一六一カ所一七五ヘクタール、慶尚北道四四カ所一六〇ヘクタールで、所有別にみると、国有林二七ヘクタール、公有林二八ヘクタール、私有林二八四ヘクタールである。

施設物設置実績をみると、防風林二九三ヘクタール、草生帯一九ヘクタール、播植帯三ヘクタール、播種帯一ヘクタールである。

一定線上の境界造林現況をみると、総延長距離四、六三八・七キロメートルに面積三、〇七二・五〇ヘクタールを境界造林するのに二七一百万円を所要したし、七八年度までの実績は、四、四六一・八キロメートルに二、九四〇・六五ヘクタールを造成した。

これに投入された予算は、二六五百万円である。

また、要造林物量は、延長距離一、七六九キロメートル、面積一三一・八五ヘクタールである。投入された予算

区分 ＼ 官署別	事業量（ha）		所有別整理実績（ha）			
	計	実績	計	国有林	公有林	私有林
計	761	819.45	819.45	66.78	31.47	721.20
京　畿	19	—	—	—	—	—
江　原	26	4.23	4.23	4.23	—	—
忠　南	330	336	336	7	16.7	312.3
全　北	76	79	79	—	—	79
全　南	2	—	—	—	—	—
慶　北	308	400.22	400.22	55.55	14.77	329.90

は、六百万円である。

一九七八年度の追加物量発生状況は、三、一七二筆地の面積は四、一四二・六一ヘクタールで、これを所有別にみると、要存国有林三三・六一ヘクタール、不要存国有林五ヘクタール、公有林二六・八ヘクタール、私有林三、七九三ヘクタールで、火田家口は三七戸が現地定着した。

これを道別にみると、京畿道が（要存国有林）五六四ヘクタール、江原道一八六・九七ヘクタール、慶尚北道二四八ヘクタール、慶尚南道三ヘクタールである。

火田整理事業投資内訳は、総三、〇三四百万円（国庫一、五八〇百万円、地方費三七四百万円、融資四六〇百万円、自力六二一百万円）が投入された。

これを事業別にみると、山林復旧八二八百万円、公認地一五百万円、農耕地化七八百万円、火田家口移住、移転一、〇七一百万円、定着家口支援事業九六五百万円、其他七三百万円である。

これを道別には、京畿道五二百万円、江原道三〇五百万円、忠清北道一八九百万円、忠清南道二一八百万円、全羅北道一九八百万円、全羅南道一百万円、慶尚北道二、〇四一百万円、慶尚南道三三百万円が、各々投入された。

一九七九年度事業実績

一九七九年度事業実績は、七八年度に整理の締め括りのために最善をつくしたが、やむをえず、七六一ヘクタ

○ 事 業 量

火田整理（火田地及火田家口）実績総括[22]

事業区分	総事業量	1973	1974	1975	1976	1977	1978	1979
火田地	ha 124,643.40	17,423.94	10,764.60	24,433.93	47,104.28	16,167.84	7,929.86	819.45
山林復旧	86,073.07	11,899.83	7,772.60	18,680.36	28,385.36	10,968.07	7,547.40	819.45
農耕地化	38,507.33	5,524.11	5,524.11	5,253.57	18,718.92	5,199.77	381.96	—
火田家口	戸 300,796	33,495	37,626	91,891	89,136	41,678	6,970	—
移住	25,857	10,563	3,173	3,869	3,876	2,273	2,103	—
移転	2,349	—	332	668	630	523	196	—
現地定着	272,590	22,932	34,121	87,354	84,630	38,882	4,671	—

ールが残った（未整理）。

この残存量は、道別にみると、忠清南道が三三〇ヘクタール、慶尚北道が二三四ヘクタールで本年度物量（計画量）の七四％に該当し、その他全羅北道七六ヘクタール、慶尚南道七四ヘクタール、江原道二六ヘクタール等であった。

計画対実績を比較すれば、計画七六一ヘクタールに実績八一九・四五ヘクタール、一〇八％を達成した。

所有別に整理実績をみると、国有林が六六・七八ヘクタール、公有林三一・四七ヘクタール、私有林七二一・二〇ヘクタールで、私有林が全体の七二％である。

これを道別にみると、国有林は慶尚南道が大部分であり、公有林は三一・四七ヘクタール、忠清南道一六・七ヘクタール、慶尚北道一四・七七ヘクタールである。

それから私有林は、慶尚北道三一九・九〇ヘクタール、忠清南道三一二・三ヘクタールで、財源別投資額は、国費四〇百万円、地方費一〇百万円、自力三七百万円で合計八七百万円である。

こうして一九七九年度には、火田家口の移住、移転および韓牛（朝鮮牛）

火田地整理実績[23]

単位：ha

道別	事業国分	総事業量	1973	1974	1975	1976	1977	1978	1979
合計	計	124,643.40	17,423.94	10,764.60	24,433.93	47,104.28	16,167.84	7,929.36	819.45
	山林復旧	86,073.07	11,899.83	7,772.60	18,680.36	28,385.36	10,968.07	7,547.40	819.45
	農耕地	38,570.33	5,524.11	2,992	5,253.57	18,718.92	5,199.77	381.96	—
京畿	計	6,743.97	2,226.01	196.70	34.30	4,043.82	237.50	5.64	—
	山林復旧	4,911.72	1,259.01	196.70	19.53	3,258.65	172.19	5.64	—
	農耕地	1,832.25	967	—	14.77	785.17	65.31	—	—
江原	計	36,906.25	10,727.93	7,825.02	11,671.95	5,479.14	901.19	296.79	4.23
	山林復旧	34,772.62	9,296.83	7,416.02	11,525.95	5,462.90	878.86	187.83	4.23
	農耕地	2,133.63	1,431.10	409	146	16.24	22.33	108.96	—
忠北	計	27,201	978	2,583	11,868	11,539	233	—	—
	山林復旧	17,425	651	—	6,386	10,345	106	—	—
	農耕地	9,749	363	2,583	5,482	1,194	127	—	—
忠南	計	3,973	305	—	219	943	1,601	569	336
	山林復旧	3,216	50	—	111	879	1,275	565	336
	農耕地	757	255	—	108	64	326	4	—
全北	計	13,521.01	—	138.54	502.48	10,278.03	2,322.43	200.53	79
	山林復旧	5,674.57	—	138.54	499.68	3,588.52	1,168.30	200.53	79
	農耕地	7,846.44	—		2.80	6,689.51	1,154.13	—	—
全南	計	7,689	2,853	—	—	—	4,381	455	—
	山林復旧	2,687	404	—	—	—	1,937	346	—
	農耕地	5,002	2,449	—	—	—	2,444	109	—
慶北	計	26,218.27	332	18.92	122.72	12,924.29	6,020.72	6,399.40	400.22
	山林復旧	16,432.27	291	18.92	122.72	4,188.29	5,171.72	6,239.40	400.22
	農耕地	9,786	41	—	—	8,736	849	160	—
慶南	計	2,388.90	—	2.42	15.48	1,897	471	3	—
	山林復旧	942.90	—	2.42	15.48	663	259	3	—
	農耕地	1,446	—	—	—	1,234	212	—	—
濟州	計	2	2	—	—	—	—	—	—
	山林復旧	—	—	—	—	—	—	—	—
	農耕地	2	2	—	—	—	—	—	—

の入殖、養豚、養苗等の事業はなく、今までに漏落した火田地に対する造林にのみ集中した。

第三節　火田整理事業後の管理

火田整理事業は、一九七四～七九年まで六年間に、軍隊まで動員して一応終了した。
これからは、火田の再冒耕と再移住の防止取締りである。

一　火田の再冒耕と再移住の防止対策

この再冒耕と再移住防止は、(一)行政力（警察）による取締りと、(二)「自主的管理」（集団的取締り）の両面からの監視の強化である。

(一)　行政力による取締りの強化

これは、先ず、行政の末端単位である、邑面の全職員をして個人別責任担当区域を指定すると同時に、毎月一回以上監視、調査を実施する。

地域別担当者は、「火田のない邑・面管理図」を所持して火田地および火田家口に対して毎月一回以上地押し調査を実施する。

地域担当者は、随時理常会、座談会等を通じて対民指導を強化する。

機関の長は、合同取締り班を編成して一年三回以上虞犯地域を取締り、確認し、地域責任担当者の管理状況を点検する。

また、再冒耕の要因となる漏落火田地は、地押し調査時、発見して完全造林するようにする。担当者は、交代する時必ず引継ぎ、引受け、官署長が確認する。

市・郡管理所単位では、官署長は、年初に細部計画を樹立して、邑・面・保護区に伝達する。

官署長は、邑・面担当者を指定し、予防取締りを指導監督し、随時確認するよう階層別に責任を持つようにする。関係機関合同で取締り班を編成して一年二回以上集中機動取締りを実施し年一回以上地押し調査を実施する。

山林と農耕地の隣接地域に対して必ず境界密植、造林を実施して再冒耕防止と永久的な一定線が確定できるようにする。

春・秋期播種時期には、集中予防取締りを実施する一方、航空機による空中取締りを強化する。

各種公報機関を通じて指導活動を展開して火田地再冒耕と火田家口の再移住に対しては面積の大小にかかわらず法による厳重措置する。

上級機関で、再冒耕して一カ月以上のもの二件以上発見した場合は、邑・面保護区地域担当者を厳重問責する。

取締り実績を類型別に評価分析して類型により根本的な対策を講究する。

道および営林署単位では、官・署長は、年初に管理細部事業計画を樹立して市・郡管理所に示達する。

関係機関との緊密なる協力をもって行政力を総動員して事業後管理体系を確立する。

合同取締り班を編成して現地予防取締り状況に対する監査を年一回以上実施する。

山林庁で指示した総閲計画は、道単位で計画を樹立して道知事および営林署長責任の下で実施する。傘下機関の実績報告を評価分析して根本的な予防対策を講究する。

山林庁は、事業後管理の基本方針を樹立示達する。関係機関との緊密な協力で諸問題点を解決して事業後管理に完璧を期する。

年一回以上火田整理総閲計画を樹立して各道管理署に示達する。

山林庁は、ヘリコプターによる年二回（春・秋）空中取締りを実施する。

再冒耕取締り実施の総閲結果に対する評価分析を実施して、事業後未備点を補完して根本的な予防対策を樹立する。

㈡　住民による自主的管理

山林所有者および管理者の責任によるものである。

山主（山林所有者）および管理者（公務員）に火田再冒耕を責任をもって予防取締るよう通知する。

責任管理を疎忽にした時には、里、洞、セマウル推進委員会で収益分配契約により委任管理するよう勧奨する。

国庫補助による民有林造林地も管理する。

山元セマウル推進委と収益分配契約を締結するよう勧奨して部落共同で保護管理するようにする。

セマウル推進委員会は、次のように火田整理事業後の管理を担当するようにする。

筆地別担当者を指定する。造林地の再冒耕を取締る。担当者の巡山を履行する。

セマウル推進委員会で火田再冒耕を発見した時には、遅滞なく邑・面長に申告する。

国有林造林地は、山林法第三六条の規程に限り、里洞、山林契に国有林保護命令を発する。国有林保護命令を受けた山林契に対しては、次の事項を義務化する。

筆地別担当者を指定、造林地内の再冒耕予防取締る。担当者の巡山履行、それから火田家口の再移住防止。

火田家口に対しては、世帯別責任担当者をして月一回以上訪問して山林内再移住を予防する。火田家口の転出時には恒常、転出時に通報して継続的に追従管理できるようにする。

二　火田造林地再冒耕状況

一九七四～七九年までの火田造林地再冒耕状況をみると、その面積は、一、六四八ヘクタール（一五、六一九筆地）で、造林苗木の被害は、一六一千本となっている。

これを道別にみると、慶尚北道が四四八ヘクタール、江原道が三一八ヘクタール、忠清北道が三〇八ヘクタール、忠清南道一八・五ヘクタール、全羅北道一八〇・七九ヘクタール、全羅南道一四〇ヘクタール、京畿道六八・二一ヘクタールの順となっており、再冒耕作物は、豆類五三七ヘクタール、菜蔬類三〇九ヘクタール、煙草二五七ヘクタール、麦類二三一ヘクタール、薯類一四一・一ヘクタール、薬草九ヘクタール、その他作物一七三ヘクタールとなっている。

道別火田造林地再冒耕状況[24]

区分／道別	再冒耕状況			再冒耕作物名						
	筆数	面積	造林木被害数本	麦類	豆類	薯類	菜蔬類	薬草	煙草	其他
計	筆 15,619	ha 1,648	本 161,344	ha 230.85	ha 523.37	ha 141.1	ha 309.29	ha 9.3	ha 257.38	ha 176.7
京畿	499	68.21		0.17	53.76		2			12.28
江原	2,697	318		52.1	184.2	37.8	43.9			
忠北	4,560	308	1,453	103.2	35.7	19.3	20.6	0.3	68.9	60
忠南	1,569	185			80	9	37		42	7
全北	1,656	180.79		2.38	3.71		137.79		27.48	9.43
全南	1,516	140	11,180		56	42	20			22
慶北	3,122	448	148,711	73	100	33	48	9	119	66

以上みてきたごとく再冒耕および再移住防止の対策として、「マニュアル」はよく作成されているが、火田民たちの基本的人権、生活問題が解決されていないので再冒耕および再移住が後を断たない。

邑・面と警察支・派出所、それから部落山林契が合同で月一回以上火田地を巡視するようにする一方、指定された邑・面・保護区の筆地別責任担当公務員は、全地域に対して、巡山する、取締りおよび予防体制を確立している。

火田耕作時に熟田であるか、丘陵地で再冒耕危険地区、零細定着火田民が多い地域、山地近距離に移住転入した者、一定の職業なく農村に転入した者が居住する地域では、とくに集中監視するようにしている。

また、造林地、間作行為は面積の大小を問わず、すべて立件拘束を原則とした。

とくに検閲結果、発見された再冒耕筆地は、全部を検出徹底的に措置する一方、新規造林地の間作か造林対象地に麦類を冒耕した行為を立件しない関係者は職務怠慢として厳重問責するなど波状的な取締りを実施した。

しかし、それでも再冒耕を根絶するのは容易なことではない。

㈠　火田、造林地、再冒耕取締り状況
火田民の再冒耕、再移住を根絶するのは、容易なことではなく、一九七四年には、再冒耕が五六五筆地に八〇・三ヘクタールであったのが、一九七五年には、再冒耕が二四〇・一七ヘクタール（三、一二五筆地）と前年の三倍に増加している。

火田地再冒耕摘発状況は、五、六九五件に六〇三・八ヘクタールで山林復旧面積六二、八六七ヘクタール、対比〇・九五％である。

その中、総闊期間内に発見されたのが、三、六三八件で四〇九ヘクタール、大部分が、春期再冒耕するものと見られている。

朴政権は、一九七六年一一月八日～一一月二九日まで、軍部隊の協力を得て航空機による空中取締りを実施する一方、ヘリコプター三台を動員して一一月に三週間におよぶ取締りを強行した。

この結果、火田地再冒耕空中取締り摘発は次頁の表のごとく、一三〇件に三四、五八五坪である。

火田地造林

移住・定着火田民に韓牛の入植支援

また、空中取締りには、一九七七年三月一九日～三月二五日まで第一次、再冒耕九件、四、二〇〇坪、一九七七年一一月一五日～一二月三日まで第二次、再冒耕三四件、八、九〇〇坪、再入住六戸、漏落火田地一二七件、一五〇、九八〇坪が摘発されている。

一九七六年度の再冒耕摘発実績は、七、七〇五筆地に八七二・三九ヘクタールを摘発したし、法的に処罰されている。

植付種別面積は、麦類一二四・六ヘクタール、豆類二四五・七一ヘクタール、薯類三五・三ヘクタール、菜蔬類二三三・八ヘクタール、薬草〇・三ヘクタール、煙草一六二・八ヘクタール、その他七九・八八ヘクタールであった。

一九七七年六月九日、諜報、報告があったので、慶尚南道、慶尚北道、江原道を調査したところ、再冒耕六、四〇〇坪、漏落火田地二〇、六三四坪が摘発され、担当公務員二四名が責任を問われたのである。

また、一九七七年八月一三日、特別指示により、山林庁で慶尚南道、忠清南道、江原道、忠清北道の四カ道に対する調査結果、再冒耕六一一坪、漏落火田地一〇、二〇〇坪、火田家口追跡管理疎忽による関係公務員八名が訓戒措置されている。

火田地再冒耕空中取締り摘発(25)

道別	摘発事項			搭乗者
	件数	面積	措置	
計	件 130	坪 34,585		
京畿	4	3,300	立件	道及郡関係官
忠北	3	700	〃	〃
忠南	—	—	〃	〃
全北	12	390	〃	〃
全南	110	30,190	〃	〃
慶北	—	—		〃

このような問題が継続的に発見され、一九七七年八月二二日、内務部長官特別指示第一五号を発すると同時に、一九七七年九月一〇日、検木官会議では、次の事項を強力に指示した。

① 火田家口の生計支援対策としては、正確なる生活実態を把握して火田家口の管理を徹底的にすると同時に地域の実情に相応する、また支援実行が可能なる計画を樹立するようにした。

② 山林復旧地に対する火田地の再冒耕防止のために九月一五日まで管内のすべてのマスコミ、部落の宣伝機関、班常会を通じて指導し、指導期間が過ぎても、全道的な点検と取締りを実施し、地押し調査総閲結果、漏落火田地は道知事責任の下、一九七八年度に完全整理するようにする。

こうして漏落火田地の再冒耕、事例を根絶するようにする。

以上のごとく事後管理を強力に実施した結果、一九七七年の取締り実績は五、六九五件、その面積は六〇五ヘクタールである。

㈡ 漏落火田地発見状況

火田地造林は、慶尚北道一部と忠清南道、全羅北道人参後耕作地を包含する。

残量四、四七九ヘクタールを除外しては、一九七七年度に完全整理できるべく計画したのだが総閲結果一、〇〇一・二二五ヘクタールが追加発見された。

一九七三年以来数回の実態調査と一九七五年以後は毎年総閲調査を実施しているのだが、全国の山林内に分散している小規模の耕作地なので現在も漏落火田地が、完全に解消されたと事実上保障するのは不可能である。

したがって一九七七年に発見された物量は一九七八年度の造林計画に入れて、道知事責任の下に山林復旧をは

火田造林地再冒耕状況[26]

区分／年度別	再冒耕状況			再冒耕作物名						
	筆数	面積	造林木被害数本	麦類	豆類	薯類	菜蔬類	薬草	煙草	其他
計	筆 15,619	ha 1,648	本 161,344	ha 230.85	ha 523.37	ha 141.1	ha 309.29	ha 9.3	ha 257.38	ha 176.71
1974	565	80.3	—	4.8	57.8	—	17.7	—	—	—
1975	3,125	240.17	—	70.17	60.3	45	16.2	—	42.7	5.8
1976	7,705	872.39	—	124.6	245.71	35.3	223.8	0.3	162.8	79.88
1977	3,474	377.21	114,723	14.48	141.93	55.1	46.6	7	29.4	81.7
1978	750	77.93	46,621	16.8	17.63	5.7	4.99	2	22.48	9.33

かるようにし、その後、継続地押し調査と総閲を実施して漏落火田地が完全解消するようにするとなっている。

一九七七年度の山林復旧地の再冒耕状況をみると、総三、四七五筆地に三七七・二一ヘクタールで造林苗木一一五千本の被害にあっている。

一九七七年度以後には、山林庁にて作成した火田整理の事後管理要領にしたがって、火田整理の事後管理事業体制を確立して推進している。

それから一九七八年度の火田整理地の再冒耕状況を調べてみると、七五〇筆地に七七・九三ヘクタールで造林苗木の被害は四六千本で減少したことになっている。

これは、山林施策が重要であることを意味すると同時に、地域住民の積極的な参加の結果であると思われる。

それは、火田民たちの生活を保障することなしに、火田民を火田から追い出すと（武力で強制的に）数字の上では、すなわち机上の計算では成果となるが、火田民たちは、生活のために再開墾、再冒耕をしなければ生活できないのである。

このことは、日帝時代にも、植民地政策で火田整理事業は、難事の一つで失敗に終わったことを日帝官憲も自認しているところである。

再冒耕を摘発すれば、違法厳重措置するとか、一罰百戒主義で行くとか、行政力だけに頼っては円満なる成果は得られない。

日帝時代と同様、火田民の生活実態は、そのエンゲル係数が九〇以上であったことからしても人間以下の生活をしいられていたのである。

世界的に貧民たちの生活水準を見てもその例を知らないほどである。

したがって、再冒耕は火田民を「森林法」や「火田整理に関する法律」で厳罰に処すると、おどしつけでも問題なのは、罰せられる火田民たちは、罰を受けること自体を苦痛に感ずるよりも、日帝時代にもそうであったごとく罰せられたほうが、最低の生活は保障できるし、また火田民集団の中には、かえってなにか、任務をはたしてきた、火田民としてのライセンス（免許証）を獲得したかのごとくに見られたのである。

以上のごとく摘発される、再冒耕火田地と漏落火田地の発見は、氷山の一角で、本気で調査すればいまだ、再冒耕、再移住摘発は充分とはいえないであろう。

火田民たちは生業のために深山幽谷で黙々と活動しているのである。

李朝時代にも、高麗時代と同じく、「山林川沢之利与民共之」の原則の下に人民が、共同利用できるように開放して私占を禁止した。

しかし、権門勢家（一部の両班権勢家）の山林の私占は一般土地に対する私有化と共にますます拡大されていった。

このようにして李朝時代の土地山林制度も紊乱することはなはだしく、農民に対する苛斂誅求の拡大と収奪により農民生活は悲惨をきわめ、自作農民は小作農民に転落し、小作農民は、土地を奪われ流浪の旅にでなければならなかった。こうして火田は増加していったのである。

注
(1)『東亜日報』
(2)同前
(3)同前
(4)『京郷新聞』
(5)『東亜日報』
(6)『金日成著作集』二巻　一〇一〜一〇四頁

北朝鮮土地改革に対する法令

一九四六年三月五日

第一条　北朝鮮土地改革は歴史的または、経済的必要性となる。
土地改革の課業は日本人土地所有と朝鮮人地主たちの土地所有及小作制を撤廃することにあり、土地利用権は農耕する農民にある。北朝鮮における農業制度は地主に隷属されない農民の個人所有である農民経理に依拠する。

第二条　没収されて農民の所有になる土地は次のとおりである。
a.　日本国家、日本人及日本人団体の所有地

b．朝鮮民族の反逆者、朝鮮人民の利益に損害を与え、日本帝国主義の統治機関に積極的に協力した者の所有地と日帝の圧迫から朝鮮が解放された時、故郷から逃走した者たちの所有地

第三条 没収して無償で農民の所有に分与する土地は次のとおりである。

a．一戸の農家で五町歩以上所有している朝鮮人地主の所有地

b．自分で耕作することなく皆小作に出す所有者の土地

c．面積に関係なく継続的に小作させるすべての土地

d．五町歩以上を所有しているカトリック教会の会堂、僧院其他宗教団体の所有地

第四条 没収されない土地は次のとおりである。

a．学校、科学研究機関、病院の所有地

b．北朝鮮臨時人民委員会の特別な決定として規定する朝鮮の自由と独立の為に日本帝国主義の侵略を反対する闘争で功労のある人々とその家族に属する土地、朝鮮民族文化発展に特別な功労がある人々とその家族に属する土地

第五条 第二条、第三条に依り没収した土地は皆、無償で農民の永遠に所有に帰する。

第六条 a．没収した土地は雇用農民、土地のない農民、土地のすくない農民に分与するために人民委員会の処理に委任する。

b．自己の労力に依り耕作する農民の所有地はそのままにする。

c．自己の労力でもって耕作しようとする地主たちは、本土地改革に対する法令に依り農民たちと同等の権利として但し他の郡で土地を所有できる。

第七条 土地を農民の所有として分与するのは道人民委員会が土地所有権に対する証明書を交付し、それを土地台帳に登録することによって完結する。

第八条 本法令に依り農民に与えた土地は一般負債と負担から免除される。

第九条　本法令に依り土地を没収された地主から借用した雇用農民と農民のすべての負債は取消する。
第一〇条　本法令に依り農民に分与された土地は売買できず、小作させられず、抵当できない。
第一一条　本法令第三条「ａ」項に依り土地を没収された地主の畜力、農機具、住宅のすべての建築物、垈地等は没収して人民委員会の処理に委任し、人民委員会は本法令第六条に依り土地を所有するようになる雇用農民、土地のない農民に分与する。没収されたすべての建物は学校、病院其他社会機関の利用に引き渡すことができる。
第一二条　日本国家、日本人及総べての日本人団体の果樹園其他果樹は没収して道人民委員会に委任する。本法令第三条「ａ」項により土地を没収された朝鮮人地主の所有の果樹園其他果樹は没収して人民委員会に一任する。
第一三条　農民たちが所有している少ない森林を除外してすべての森林は没収して北朝鮮臨時人民委員会の処理に委任する。
第一四条　本法令により土地を没収された所有者に属するすべての潅漑施設は無償で北朝鮮臨時人民委員会の処理に委任する。
第一五条　土地改革は北朝鮮臨時人民委員会の指導の下で実施される。
　地方で土地改革を実施する責任は道、郡、面、人民委員会に委任し、農村においては雇用農民、土地のない小作人、土地が少ない小作人たちの総会で選挙された農村委員会に委任する。
第一六条　本法令は公布された時から実効力を発揮する。
第一七条　土地改革実行は一九四六年三月末日前に終了すること、土地所有権証明書は今年六月二十日前に交付する。

（7）『火田整理史』山林庁　二〇二頁
（8）同前　二〇三頁

(9) 『朝日新聞』(朝刊) 一九九九年一〇月二七日号
(10) 『火田整理史』 山林庁 一八四〜一八五頁
(11) 同前 一三三頁
(12) 同前 一三七頁
(13) 同前 一五〇頁
(14) 同前 一四五頁
(15) 同前 一四八頁
(16) 同前 一五三頁
(17) 同前 一五八頁
(18) 同前 一六一頁
(19) 同前 一六五頁
(20) 同前 一六六〜一六七頁
(21) 同前 一六九頁
(22) 同前 一九八頁
(23) 同前 三〇六頁
(24) 同前 三七五頁
(25) 同前 三七八頁
(26) 同前 三八四頁
(27) 「火田整理に関する法律」 山林庁 四三七頁

火田整理に関する法律（一九六六・四・二三 法律第一七七八号）

改正一九六八・五・二一　法律第二〇〇七号

第一条（目的）　この法律は、この法施行以前に合法的な手続きに依らずに山林に火入をするか其他の方法で、これを開墾して農耕地として使用又は、使用した土地（以下〝火田〟と呼ぶ）を整理して国土の荒廃化を防止し山林資源を造成して産業発展に期すると同時に火田耕作者の生活を安定化するを目的とする。

第二条（整理の対象地）　保安林、採種林又は傾斜二〇度以上の山林内にある、火田と山林として傾斜二〇度以下の山林内にある火田は農耕地に造成する、但傾斜二〇度以下の山林内にある火田にして、その面積・位置、其他大統領令が定める条件に該当する火田は、これを山林として造成できる。

第三条（火田整理審議委員会）　①火田整理予定地の決定その他火田の整理に必要な事項を審議せしめる為に山林庁と道に各々火田整理審議委員会（以下〝委員会〟とする）を置く。〈改正六八・五・二一法二〇〇七〉②委員会の構成その他必要な事項は大統領令をもって定める。

第四条（火田の申告）　火田がある山林の所有者、火田の耕作者又は山林法第五三条の規定により組織された山林契（以下〝山林契〟とする）当該火田がある山林の所在地を管轄する道知事に火田の所在地、面積その他大統領令が定める事項を山林庁長が定める期日内に申告する。〈改正六八・五・二一法二〇〇七〉

第五条（火田の調査）　①道知事は大統領令の定めに依り前条の規定に依り申告した火田に対する実態を調査する。②前項の規定による調査をする為に必要な時には関係公務員は他人の土地に入り測量その他実態調査に必要な行為をする。③前項の規定に依る行為をする時には、関係公務員は、その権限を表示する証票を携帯して関係人の要求がある時には提示する。④道知事は、第一項の規定により国有林内にある火田に対する実態を調査した時には、その結果を山林庁長に速やかに報告する。〈改正六八・五・二一法二〇〇七〉

第六条（火田整理予定地の決定） ①前条の規定により調査した火田に対しては、その火田が国有林内にある時は、山林庁長が国有林以外の山林内にある時には、道知事が各々当該委員会の意見を聞いて火田整理予定地に決定する。〈改正六八・五・二一法二〇〇七〉②前項の規定に依り山林庁長が火田を農耕地として整理する予定地に決定した時には、これを道知事に通知する。〈改正六八・五・二一法二〇〇七〉

第七条（火田整理予定地の告示） ①道知事は前条の規定に依り火田整理予定地に決定したか山林庁長から火田整理予定地に決定した通知を受けた時には、ただちに次の各号に提起する事項を告示する。〈改正六八・五・二一法二〇〇七〉 1．火田がある土地の所在地・地目・地番・地積及所有者の住所・姓名又は名称 2．火田整理方法 3．火田整理期間及び火田整理予定地の面積 4．其他必要な事項 ②道知事は前項の規定による告示をした時には、ただちにその告示内容を火田がある山林の所有者・火田の耕作者及山林契長に通知する。

第八条（火田整理者） ①私有林内の火田整理は山林所有者が行う。②国有林又は公有林内の火田整理は火田を山林に造成する場合には国家・地方自治体又は管理者が、火田を農耕地に造成する場合は、その火田の耕作者又は第一〇条の規定に依り火田の分配を受けた者がこれを行う。

第九条（火田整理命令及経費負担等） ①道知事は第七条第二項の規定に依る通知をした日から三〇日が経過した後に前条に規定した火田整理者に大統領令の定めに依り火田整理を命令する。②道知事は前項の規定に依る火田整理の命令を受けた者が火田整理をしないか、火田整理を出来ない時には大統領令の定めにより耕作者又は山林契にこれを代行させるか第一〇条各号に提起した者で火田の分配を受けない者をして整理させることができる。③火田整理に要した費用は前条の規定に依り火田整理者と前項の規定に依り火田整理をした者が負担する。但、前項の規定により山林契がその整理を代行する場合には、山林法第五九条の規定に依る収益分配契約が締結されたものと見る。④道知事は第一項の規定に依り火田整理を命ずるに当り、その整理に必要と認める時には、その整理区域内にある建物その他工作物の移転又は撤去を命ずることができる。

第一〇条（火田整理地の分配） 第六条第一項の規定に依り、火田整理予定地に決定された国有林又は公有林内の火田と農地改革法第二条に規定された農地中、田・畓をプラスして農家当三町歩を超過する火田は大統領令が定める配分基準により次の各号の順位により分配する。1．耕作していた火田が法に依り山林に造成するものと決定されて耕作すべき火田が無くなった者。2．この法により火田整理により耕作していた火田が整理されて農耕地が減少した者。

第一一条（耕作者） ①火田整理に依り農耕地に造成された土地は、その火田を整理した者が耕作する。②第八条第一項の規定により整理された土地はその所有者が直接耕作する場合を除外してはこの法施行当時の耕作者に耕作するようにしなければならない。③前項の規定により土地の所有者が直接耕作したい時には整理した日から三〇日以内に大統領令の定めにより道知事に申告しなければならない。

第一二条（火田整理地の処分） ①火田整理により農耕地に造成された国有地は国税庁長（特別会計に属する国有地は当該国有地の管理庁、以下同じ）が公有地は当該地方自治体の長が前条第一項の規定により耕作者に売渡する。〈改正六八・五・二二法二〇〇七〉②土地の売渡価格は時価を基準として前項の売渡者が決定する。〈改正六八・五・二二法二〇〇七〉③第一項の規定により売渡された土地の代価は一〇年間均等に分配して償還する。

第一三条（所有権移転登記等） ①国税庁長又は当該地方自治体の長は、前条の規定により土地代価償還を完了した土地に対してただちに所有権移転の登記をしなければならないし登記に随伴する地籍の分割、地目の変更其他必要な事項を大統領令の定めにより行う。〈改正六八・五・二二法二〇〇七〉②前項に所要する費用は国家又は地方自治体が負担する。

第一四条（火田整理に対する監督） 山林庁長は火田整理をする者に対して火田整理に関して必要な事項を指示するか監督上必要な命令をすることができる。

第一五条（異議申請） ①土地価格、その他この法による処分に関して異議がある利害関係人は大統領令の定めにより山林庁長・国税庁長・道知事又は地方自治体の長（以下〝処分庁の長〟とする）に異議を申請することができる。〈改正六八・五・二一法二〇〇七〉②前項の異議申請はその処分決定の通知を受けた日より五〇日以内に書面で申請しなければならない。③処分庁の長は前項の異議申請がある場合はこれを接受した日から六〇日以内に処理して申請人に通知する。〈改正六八・五・二一法二〇〇七〉

第一六条（火田整理の助成）　山林庁長は火田整理の為に必要な時には大統領令の定めにより火田耕作者を移住させ得るし、これに必要な費用の一部を予算の範囲内で補助するか融資できる。〈改正六八・五・二一法二〇〇七〉

第一七条（火田整理事後管理）　①山林庁長は大統領令の定めにより山林及農耕地の造成に必要な営林及営農技術の指導と肥料・農薬・種子・農機具等必要な資材を貸与して火田整理者を指導しなければならない。②この法により整理された農耕地に対しては土地価格の償還期間中国税庁長又は当該地方自治体の長の許可を得なければ次の各号の行為をできない。〈改正六八・五・二一法二〇〇七〉1．売渡・贈与　2．抵当権・地上権・地役権の設定　3．農耕地以外の使用

第一八条（権限の委任）　①山林庁長又は国税庁長はこの法に依る権限の一部を道知事・営林署長又は地方国税庁長に委任できる。②道知事又は地方国税庁長はこの法による権限の一部を市長・郡守又は税務署長に委任できる。〈全文改正六八・五・二一法二〇〇七〉

第一九条（罰則）　①次の各号の1．に該当する者は二年以下の懲役又は五万円以下の罰金に処する。1．第四条の規定により申告を虚偽にしたり妨害する者又は虚偽申告をするようにした者。2．第一七条第二項の規定に違反した者。②次の各号の1．に該当する者は二万円以下の罰金拘留又は科料に処する。1．第五条第二項の規定による行為を妨害した者。2．第九条第四項の規定による命令を違反した者。3．第一一条第三項の規定による申告を虚偽にした者。

第二〇条（他の法令の適用排除）　火田の開墾者が第四条による申告をした時は、山林法第九六条及林産物団束に関する法律第七条第一項に規定した処罰規定を適用しない。

第二一条（施行令）　この法施行に関して必要な事項は大統領令をもって定める。

附　則

この法は公布後三〇日の経過した日から施行する。

附　則〈六八・五・法二〇〇七〉

この法は公布した日から施行する。

（28）「火田整理事後管理要領」山林庁　三六九～三七二頁

「火田整理事後管理要領」

一　生計支援

A　火田家口管理

①　市長、郡守は、自郡内移住、移転した火田家口と他道他郡にて転入した火田家口現地定着家口を正確に把握して記録簿に区分記録保存する。

②　前項、記録簿に登載した家口中移住、移転転入家口に対して他市郡、他道に転出される場合には必ず該当市郡に通報する。

③　通報を受けた市郡は又これを記録簿に記録しなければならない。

④　他市郡に転出した家口に対しては記録台帳から削除しなければならないし備考欄に転出地、転出日時を記載する。

B　生活実態調査

①　火田家口の生活実態は、六月、一二月、年二回定期的に実施する。

②　調査は移住、移転、転入、現地定着等全火田家口を対象とし、これを支援家口と支援不要家口に区分する。

③　地域実情と家族数に応じて支援及支援不要の対象選定差異があるが、市長、郡守は現地実情を充分に考慮して最小限の生計維持が可能ならば支援対象から除外する。

④　支援対象家口に対しては別途台帳を備置、記録しなければならないし年二回定期調査結果に依り支援不要家口が発見された時には支援対象記録台帳から削除する。

C　生計支援計画樹立及実行

①　生活実態調査結果に応じて火田家口の生計維持に適合なる農特事業、就業斡旋、就業等支援物量を確定して細部計画を樹立する。

②　生計支援計画に依る支援実績に対しては、個人記録カードに記録し年度末に市郡・道単位にその実績を総合し、その実績は投資額と物量を区分作成する。

③　支援対象家口は、邑、面職員をして世帯別、責任公務員を指定し必ず、月一回以上訪問して随時生活実態を把握する。

二　再冒耕及再入住取締り

A　行政系統に依る責任管理

①　邑、面保護区単位

a　邑、面保護区全職員をして個人別責任担当区域を指定する。

b　地域別担当者は「火田の無い邑面管理圏」附本を所持して火田地及火田家口に対して月一回以上地押し調査を実施する。

c　地域担当者は随時、班常会、座談会等を通じて対民啓導を強化する。

d　機関の長は合同取締り班を編成して年三回以上虞犯地域を取締り確認し、地域責任担当者の管理状況を点検する。

e　再冒耕の要田となる漏落火田地は地押し調査時発見して完全造林するようにする。
f　責任限界を明確にする為に担当者は交替時には必ず引継ぎ引受けをして官署長が確認する。
②　市、郡管理所単位
a　官署長は、年初に事後管理細部計画を樹立して邑、面保護区に示達する。
b　官署長は邑、面別担当者を指定し予防取締りを指導監督し、随時確認して階層別責任を持つようにする。
c　有関機関合同で取締り班を編成して年二回以上集中機動取締りを実施し年一回以上地押し調査を実施する。
d　再冒耕の要因となる漏落火田地は地押し調査時発見して全面積造林する。
e　山林と農耕地の連接地域に対しては、必ず境界密植、造林を実施して、再冒耕防止と永久的な一定線が確定できるようにする。
f　春、秋期播種時期には集中予防取締りを実施する一方、航空機に依る空中取締りを強化する。
g　各種公報機関を通じた啓導活動を展開して火田地再冒耕と火田家口の山林内再入住を予防する。
h　再冒耕者に対しては、面積の大小を問わず法により厳重措置する。
i　次上級機関において再冒耕してから一カ月以上なるのを二件以上発見した時には、邑、面保護区地域担当者を厳重問責する。
j　取締り実績を類型別に評価分析して類型に依り根本的な対策を講究する。
③　道及営林署単位
a　官署長は年初に事後管理細部事業計画を樹立して市、郡、管理所に示達する。
b　有関機関との緊密な協助でもって行政力を総動員した事後管理体系を確立する。
c　各種公報機関を通した啓導活動を展開する。

d　合同取締り班を編成して現地予防取締り状況に対する監査を年一回以上実施する。
e　山林庁で指示した総閲計画は、道単位で計画を樹立して道知事及営林署長責任の下に実施する。
f　傘下機関の実績報告を評価分析して根本的な予防対策を講究する。

④　山林庁

a　事後管理の基本方針を樹立示達する。
b　有関機関との緊密なる協助でもって諸問題点を解決して事後管理に完璧を期する。
c　年一回以上火田整理総閲計画を樹立し各道管理署に示達する。
d　山林庁ヘリコプターに依る年二回（春、秋期）空中取締りを実施する。
e　再冒耕取締り実績と総閲結果に対する評価分析を実施して事後未備点を補完して根本的な予防対策を樹立する。

B　山下住民に依る自律的管理体制

①　山主及管理者責任

a　山主及管理者に火田再冒耕を責任予防取締るよう通知する。
b　責任管理を疎忽にした時は、里、洞セマウル推進委員会に収益分配契約に依る委任管理するよう勧奨する。

②　国庫補助に依る民有林造林区

a　山元セマウルと収益分配契約を締結するよう勧奨して部落共同で保護管理するようにする。
b　セマウル推進委員会は次の如く火田整理事後管理を担当するようにする。
　筆地別担当者指定
　造林地の再冒耕取締り
　担当者の巡山履行

c　セマウル推進委員会で火田再冒耕を発見した時には、遅滞なく邑、面長に申告する。

③　国有林造林地

a　国有林造林地は山林法第三六条の規程に限り里、洞、山林契に国有林保護命令を発する。

b　国有林保護命令を受けた山林契に対して次の事項を義務化する。

筆地別担当者指定

造林地内の再冒耕予防取締り

担当者の巡山履行

C　火田家口の再入住防止

①　火田家口に対しては世帯別責任担当者をして月一回以上訪問して山林内再入住を予防する。

②　火田家口の転出時には恒常、転出時に通報して継続的に追従管理できるようにする。

資料

火田整理に関する参考書

山林部

第一　道知事会議答申事項（昭和二、五）

諮問事項　火田の整理並之に伴ふ火田民の救済及其の後に於ける生活安定に関する具体的方策

答申要旨

（一）火田の整理方法

一　火田整理に関する特種機関を設置すること
平北、江原、咸南

二　全鮮を通じ火田の状況及開墾適地（主として国有林野内のもの）を調査し一斉に之を移転整理すること
平南、平北、江原

三　精確なる火田の調査を行ひ之が整理の基本たるべき台帳を作製したる上着手すること
忠北

四　国土保安並森林経営上支障なき区域は熟田と為さしめ之に定住せしむること
京畿、忠北、忠南
慶北、慶南、平南
平北、江原、咸北

五　傾斜三十度以上の林野は絶対に耕作を禁止し左の順序に依り開墾適地に移転せしむること
忠北

（イ）傾斜の急なる箇所を先にす
（ロ）家族の数少なきものを先にす
（ハ）生活裕福なるものを先にす

六　整理の順序は純火田民を先にし熟田と併耕するものを後にす	平北
七　交通完備、産業助長に努め間接に自然整理を為すこと	全北
八　民有林中の火田は国土保安並治水上支障ある区域の外整理の要なし	全南
（二）　火田民の救済及其の生活安定策	
一　国有林野中農耕適地を調査開放し且相当移転料を支給して之に火田民を収容すること	忠北、全南、慶北、黄海、平南、平北、江原、咸南、咸北
二　国有林野以外の移転方法としては移転料を支給して開墾干拓地に移住小作せしむること	忠北、咸北
三　熟田となすに不適当なるものは当分の間混農林業を営ましむること	慶南、江原、咸北
四　副業を奨励すること（主として養蚕、養蜂、畜牛、木器製作、薬、煙草耕作、大麻耕作、楮の栽培、栗樹の植栽等の副業）	京畿、忠北、全南、慶南、慶北、黄海、平南、江原、咸南、咸北
五　各種事業の労働に火田民を使役すること（砂防事業、水利工事、林業経営等の事業）	忠北、全南、平北、江原、咸北
六　住宅建築用材を無償譲与すること	忠北
七　自家用材及燃料を無償譲与すること	咸北
八　移住費、農耕経費の一部を補助すること	忠北、黄海、平北、江原、咸北
九　薪炭林を造成せしむること	忠北、慶南
十　農耕方法其の他に付指導をなすこと（特に職員を配置して之に当らしむ）	咸南、咸北
十一　農耕其の他に付金融の途を開くこと	慶南、江原、咸南

答申

京畿　本道管内には火田比較的寡なきも尚火田地方に於ては土砂流下に依り河底を隆起し河川濫流の為沿岸地は多大の損害を及ぼすを以て火田整理は一日も等閑に附すべからざるを認め大正四年より先づ要存置国有林野内の火田整理を開始し地方費を以て火田耕作者に移転料を補助し毎年十戸乃至三十戸宛の移住を為さしめ大正九年迄に全部の整理を完了したるを以て現今要存置国有林野内に於ては火田耕作を為す者なし其の整理に依り廃耕せる火田面積三百十五町歩、移住戸数百三十三戸四百五十五人之れが為め地方費より支出したる移転補助費千八百九十四円なり地元住民の同情に依り可成地元部落に定住せしむる方針を取りたるも約半数は道外に転住せり私有林野内の火田の最も多き地方は加平、漣川、長湍、開城の四郡にして火田総面積九百余町歩、戸数約千五百戸なるも大概熟田と火田とを併耕する者にして火田のみにより生活するもの極めて寡なし現行取締方法として森林令により火田制限の命令を為し又火田火入の許可に制限を加へ新規開墾を取締りつつあるを以て遠からず概略の整理はなし得る見込なり

救済の方法としては幸ひ本道に於て火田のみに依り生活するもの極めて寡きを以て一般的方法としては関係農民に対し集約的耕作法を指導して収穫の増加を計り火田にして国土保安上危険なき箇所に肥培を奨励し漸次熟田に変更せしめ林産副業の奨励を行ひ以て彼等の生活安定を計り尚火田のみを専耕する者に対しては相当の補助金を下付して地元部落其の他適当の地に移住せしめ生活の安定を与ふる方法を最適と認めらる而して火田民は多く深山奥地に居住するを以て前記の如き整理を行ひ又は農耕の指導を為すには一般勧業事務を担任するものをして其の任務の側之に当らしむること困難なるを以て専任者を置き主として之に従事せしむるに非らざれば容易に効果を挙げ得ざるべしと思料せらる

忠北　(一)整理策

(1)　火田の現在状況調査

要存置国有林野を除く本道林野内に介在する現耕火田は大正十三年の調査に依れば其の面積約千九百九十七町歩耕作者戸数三千六百七十五戸人口一万五千四百九人を算するも其の後多少の異動あり且右調査たるや極めて粗略なりしを以て更に各筆に付精確なる調査をなし火田台帳を作製し整理の基本とす

(2)　整理方法
(イ)地味比較的肥沃にして土砂流出の虞なく且造林計画上支障なき箇所は熟田と為し其の耕作に依て生計を維持し得る火田民は之を定住せしむること
(ロ)傾斜三十度以上の林野は絶対に耕作を禁止すること
(ハ)前二号以外の現耕火田は左の順序に依り漸次耕作を禁止し之が為生計を維持し得ざる耕作者は他に移転せしむること
(1)　傾斜の大なる箇所を先にす
(2)　家族の数尠きものを先にす
(3)　生活裕福なるものを先にす
(二)救済策
他に移転せしむる者にして生活上最困難を来す純火田民に対しては国庫若くは地方費（但し財政の許す範囲に於て）より相当の移転料を交付し国有林野中耕作可能地を開放して之に収容するの外希望に依りては国有未墾地（本道に於ける未処分国有未墾地約三万二千町歩の見込）の無料貸付を為し其の地区内に移住せしめ又労働能力を有する者に在りては砂防工事並水利事業等の労働に従事せしめ其の他鮮内に於ける大規模の開墾干拓地の耕作に従事せしむる様移住の斡旋を為す
(三)整理後の生活安定策
(1)　熟田として耕作を許し又は耕作を禁止するも半火田民にして其の地に定住するものに対しては農耕地の施肥を奨励して作物の増収を計らしめ尚養蚕、養蜂、畜牛等の副業を営ましむ
(2)　耕作可能国有林野を開放する場合に於ては国有林野内に無償譲与に依る材料を以て住宅を建築せしめ林野の耕作を許し尚適当面積の林野に薪炭林の造成を促し且前号の副業を奨励して生活費の増収を計らしむ
(3)　国有未墾地の無料貸付地に収容せる火田民に対しては前項の移転料の外国庫又は地方費（財政の許す範囲内に限る）より住宅建設費開墾に要する経費、種子代等の一部を補助し移転当初の生活を安定せしむ

忠南

本道に於ける火田は大正五年内訓第九号内牒当時は面積約二千町歩人口一万千八百余ありたるも同内訓に基き極力之が整理

に努めたる結果大正十三年九月末現在に於ては面積僅かに五十二町歩人口千三百五十余に減少せり現在此等の火田民は火田耕作のみに依りて生計を保つもの約半数に過ぎず他は熟田と併耕し多くは僻地の林野内小面積を焼払ひ比較的永年に亙り耕作するものなり故に此が整理に就ては特別の施設を要せず傾斜急にして土地崩壊の恐ある火田は禁止し附近適当なる未墾地を開墾せしめて之に移転せしめ緩傾斜地にして他に危害の虞なき箇所は永久熟田として耕作せしむる為相当設備を行はしむる等の措置を講ずるに於ては之が整理又は特に火田民救済の途を講ずる必要なきものと認む

全北

本道に於ける火田民の多くは熟田を有する傍多少の火田を併耕するものにして森林を追ふて移耕する漂浪民少くその耕作現況は稍々固定したる山畑の観あり国土保安、治水並営林上大なる弊害を見ず而して今要存国有林内の火田のみ耕作するものに付之を見るも大正五年に於て面積一七二町戸数六〇三戸なりしもの同十三年には面積戸数共に約半減するに至り其後漸次減少の傾向に在りて此の事実より推せば今後交通産業の発達文化の向上に伴ひ現在の儘にては純火田民の生存区域は愈々縮少せられ勢ひ生活の窮迫を免れずして漸次熟田民に化するか若くは転業を余儀なくせらるるに至るべく之が整理は時の推移に委するも左迄長年月を要せずして自然解決を見るは必至の事実なりと信ぜらる素より相当の機関と経費とを以てせば短期間に整理を計ること必ずしも不可能に非ざるべきも実行には尚多くの困難と弊害とを伴ふべく要するに之が整理は時の問題に過ぎざるを以て寧ろ交通の完備産業の助長に努め間接に自然整理を促進するを妥当なる策と思料す

全南

本道内の火田は其の見込面積約二千五百四十四町歩にして之を耕作しつつある火田民五千八百余戸に達す然れども之等は火田と見るより寧ろ熟田と見做すべきものにして而かも其の大部分は民有林内に存在し国有林内の火田としては済州島漢拏山国有林内に約三十六町歩求礼郡の白雲山並に智異山国有林の内（東京帝国大学へ貸付中のもの）に約六十三町歩計九十九町歩之を耕作する者約四百戸なり而して現今に於ては国民有林を問はず現耕火田を侵墾者なきのみならず現耕火田と雖北鮮地方に於ける火田とは其の趣を異にするものなり即ち流浪異動して火田のみを耕作する者にあらず一定地域に定住し普通の田畓を耕作すると共に火田を並耕するものなれば国有林の経営上より見るも急激に整理を要することなく寧ろ今少し開墾可能地の国有林野一部を開放耕作せしむるときは彼等は之に依り生活の安定を得べく尚事業経営に要する森林労働者に彼等を使役する場合には之即ち一挙両得の策たるべく民有林内の火田は其の大部分が従来烟草耕作地なりしを以て国土保安上並に治水上整理を必要とする場所を除くの外は整理する必要なく烟草の適地に対しては其の栽培指定区域に編入し其の他の区域に

対しては桑、楮、大麻等特用作物の栽培を奨励するときは多額の費用を要せずして生活に安定を得せしむべきものなり

慶北

本道に於ける火田は大正五年本府内訓第九号に依る火田整理方針確定当時に於ては面積千九百七十町歩耕作者四千七百七戸（内要存予定林野面積五百五十四町歩関係戸数千二十戸）なりしも其後火田の火入及新規耕作を禁止し一面森林保護区に於て林野の保護取締を励行したる結果要存予定林野内の火田は漸次減少して現在に於ては其の面積一千四百七十町歩関係戸数三千六百六十九戸（内要存予定林野面積百六十町歩関係戸数五百二十三戸）を算するに過ぎず而して其の内火田のみを以て生活する者は面積二百六十八町歩戸数五百七戸（要存予定林野面積七十四町歩関係戸数百十三戸）に過ぎざるの状況なり而して之等の火田民は極めて簡素なる生計を営み一般に遊惰にして勤労を厭ひ火田以外の生業に就くことを欲せざるの風あり依て要存予定林野内の火田整理に対しては国費を以て相当の移転料を補給し一定の地を選定して移住せしめ而して集約的土地利用の方法を指導すると共に適当なる副業（主として楮の栽培、養蜂、養蚕等）を与へ其の普及奨励を図り以て生活安定の方法を講ぜしむるを良策と認む而して要存予定林野以外の林野に対しては急速整理を必要とするもの比較的尠きを以て国土保安上放置すべからざるものに対しては森林令に依る開墾の禁止制限を行ひ漸を逐ふて整理を遂ぐるを最も適当と認む

慶南

（一）火田の整理に関する具体的方策

本道に於ける火田は従来河東、山清、咸陽、居昌、蔚山の五郡に存在し山清郡に於ては大正元年十二月九州及京都帝国大学演習林に編入と共に面積狭少なりし為廃止し居昌郡に於ては山林監視所設立と共に廃耕せしむるに至り其の他の郡に於ては大正五年内訓第九号及同年山第三、五二六号火田整理に関する通牒に依り警務官憲と協力し同年限り耕作を禁止せしめたり然れども河東、咸陽の両郡は一時に廃耕せしむるときは忽ち糊口に窮する者多く殊に之等の火田は煙草耕作にして年産額三、四万円の多きに達し地方経済にも影響すること大なると同地方の火田耕作は畑地の中央に草を刈集め之を焼却して肥料と為すものにして危険少なきを以て当分耕作を認容して今日に至り其の面積二百十八町歩に及び既に熟田となり又火田民も概ね定住者にして数部落を形成せるが故に徒に火田を禁止し火田民を他に移転せしむるが如きは容易の業にあらず又決して策を得たるものにあらざるべし之等は適当に保護を加ふる必要あるに依り両大学とも協議の上現耕火田区域の調査を行ひ若し耕作を続行するときは土砂崩壊の虞ある箇所は絶対に禁止し然らざるものは現耕作者に限り之を無償譲与し火田民をして安定せしむる必要あり而して一面不定住火田民の新耕を防止すべく森林保護取締を厳にする要あるは言

を俟たざるなり

(二)火田民の救済及其後に於ける生活安定に関する具体的方策

火田は其慣習久しきに亙れると山民唯一の産業なること及其の民性進歩改新に頗る懶惰なること等は火田民の善導を困難ならしむるものなり徒に火田の耕作を禁じ若は強ひて一定地域に移転せしむるに於ては充分なる収穫を得る能はず忽ちにして生活の道を失ひ已むなく他に移動し遂には新しく濫耕し一層火田を拡大せしむるに至るべきは明にして火田民の救済上火田を全廃するが如きは固より不可能のことに属し現に定住せる火田耕作者及転耕火田民に対し適当なる保護を加へ漸次指導並教育に依り合理的に他の産業に変化せしめざるべからず即ち

(イ)火田の傾斜急峻なるか又は高所に位し之を熟田と為すに不適当なるものは先づ混農林業を営ましめ漸次之を森林状態に導き将来は森林収入に依り生活せしむること

(ロ)火田の位置、地勢に依り之を永久の農耕地と為すに適当なるものは田と為し或は灌漑の便を開きて水田と為し漸次肥料を施せしむること

(ハ)人類の生活上欠くべからざる燃料の供給円滑ならざれば火田民は濫に附近森林を乱伐し遂に森林荒廃の因と為すべきに依り火田部落に対し相当の薪炭備林を造成すること

(ニ)副業的収入なきときは生活に脅威を受け他に移動し再び濫耕者と化すべき虞あるべく之が為め桑樹を増殖して養蚕を行はしめ或は木器の製造を奨励すること

(ホ)其の他金融の便を開くこと或は耕作法の改良指導、農産種子の配布畜牛奨励等

前各項の実施に当りては相当国庫の補助に俟たざるべからざるものあり斯くして火田民の生活を安定せしむることは火田を熟田に変じ火田耕作者を純良なる農民に化せしむべき最緊要なる方策と認む

黄海

本道内山間部に於ける火田耕作の為国土保安及林政上に及ぼす影響甚大にして此の儘放任し難き実況なり而して火田民の生活状態を見るに何れも資力薄弱且智識の程度頗る幼稚にして日常の食料の如きは若干の粟、蕎麦、燕麦、稗等を用ひ多くは樹根、木皮及山菜を以て大部を充当し辛ふじて糊口を凌ぎつつあるの現況なり而も永年の慣行は之を以て満足とし農場其の他に移住せしむとするも多くは其の労を厭ひ希望する者少く偶々移住せしめたるものも多くは其の成績不良にして不知不識

の間に再び火田民に復帰するを常とす故に本道に於ける火田整理は大正五年四月二十五日附内訓及同年五月二十九日附官通牒の趣旨に依り厳密なる調査をなし事情の許す範囲内に於て可及的の整理に努めたるも大正十三年九月末現在に依れば尚道内火田耕作面積一万七千十八町戸数一万五千七百三十一戸人口五万七千六百三十七人の多数を存す依て更に大正十三年以降五箇年計画（計画大要別表の如し）を樹て極力整理に努めたるも未だ予期の効果を見るに至らざるは頗る遺憾とする処なり故に之等火田民を救済し之が生活の安定を期せむとせば火田地帯を区分し急速移転を要する場所と否とを数等に区分すると共に一面移住地を選択して移住を強制し之等に対し移住費並農耕費の補助をなし山林監視を充実せしめ再び復帰の余地なからしむるを要す更に之を詳説すれば

（一）火田民は前述の如く永年山野に居住し殆ど原始的生活を営みつつあるの状態なるを以て之を平野地方に移住せしむるも周囲の環境を異にする結果は到底其の生活に堪へざるもの多きは従来の実績に徴し明なるを以て移住地としては寧ろ国土保安上支障なき要存林若は其の他の国有林野の内農耕に適し且耕作方法改良如何に依りては永久的に耕作し得る箇所を選定するを要す

（二）火田民は殆ど厘毫の貯蓄なきを常とするを以て之を移住せしめむとせば勢多少の移住料を補給するの要あり而して之等は単独に移住せしむるも前述の如き再び火田民となる虞あるを以て可成団体移住の方法を執り農耕の指導を為すと共に之が監督を厳にするを要す

（三）以上の方法を採ると共に林野の火入及火田の耕作は国民有を問はず厳に之を禁止すると共に之が取締を為すために職員を配置するを要す

（四）以上は火田全部に亘り同時に之を実施するは経費人員其の他の関係上不可能なるべきを以て河川の上流地方其の他特に急施を要する地方と然らざるものとに調査区分すると同時に移住林野の基本調査を為し数年に亘り継続実施するを要すべし而して本道内に於ける移住地として適当と認めらるるもの略千町歩内外に過ぎざるを以て全部を収容するを得ざるべく残余は他道に移住せしむるの外なかるべしと思料せらる

火田整理計画表

	整理最急を要する火田 筆数	面積	戸数	第二次整理を要する火田 筆数	面積	戸数	第三次整理を要する火田 筆数	面積	戸数	計 筆数	面積	戸数	備考
海州	三九	五七町	四一	三三	九町	二七	―	―町	―	七二	六六町	六八	載寧江の上流
延白	―	―	―	一三	三	一二	―	―	―	一三	三	一二	礼成江の上流
金川	―	―	―	七九三	六七七	九〇〇	―	―	―	七九三	六七七	九〇〇	同
平川	―	―	―	七七五	三〇二	三一〇	―	―	―	七七五	三〇二	三一〇	同
新渓	―	―	―	二、五二七	八九二	一、一八九	―	―	―	二、五二七	八九二	一、一八九	同
瓮津	―	―	―	―	―	―	―	―	―	―	―	―	
長淵	―	―	―	―	―	―	―	―	―	―	―	―	
松禾	―	―	―	―	―	―	一〇	九	四七	一〇	九	四七	
殷栗	―	―	―	―	―	―	八	三	五	八	三	五	
安岳	―	―	―	―	―	―	―	―	―	―	―	―	
信川	―	―	―	―	―	―	―	―	―	―	―	―	
載寧	五三	三	八四	―	―	―	―	―	―	五三	三	八四	載寧江の上流
黄州	―	―	―	―	―	―	五七二	二二二	四三	五七二	二二二	四三	大同江の上流
鳳山	二三二	八一	一五三	一四六	四七	九六	―	―	―	三七八	一二八	二四九	載寧江の上流
端興	一、四八三	三三六	七五九	一、六三二	二、二二七	一、八四九	―	―	―	二、一一五	二、五六三	二、六〇八	同
遂安	八二九	一三三	五七四	七三九	二九九	五三四	―	―	―	一、五六八	四三二	一、一〇八	大同江の上流
谷山	六、九〇二	七、三九七	二、七七八	―	―	―	―	―	―	六、九〇二	七、三九七	二、七七八	同
計	五、五三八	七、九九七	四、三八九	六、七五七	四、四六六	四、九二六	六九〇	二四四	四七四	一六、九八五	一三、七〇七	九、七八九	

備考

一　本表中整理最急を要する火田とは河川の上流地方其の他特に急施を要する箇所を示したるものにして其の他は漸次整理を必要とする箇所を見込調査したるものなり

二　河川流域別火田を表示せば次の如し

河川名	筆数	面積	戸数
載寧江	三、六一八	三、七六〇町	三、〇〇九
礼成江	四、二〇七	一、八八四	二、四二〇
大同江	九、〇四二	八、〇五一	四、三〇八
合計	一六、八六七	一三、六九五	九、七三七

火田整理状況調

（昭和二年三月現在）

	大正十三年現在火田総数			其の整理の為減じたる数			現在の火田		
	筆数	面積	戸数	筆数	面積	戸数	筆数	面積	戸数
海州	二六五	一七三町	二五七	一九三	一〇七町	一八九	七二	六六町	六八
延白	二四八	四一	二三一	一三六	二八	二一〇	一一二	一三	二一
金川	一、四〇一	一、〇七三	一、五八四	六〇八	三九六	六八四	七九三	六七七	九〇〇
平山	一、九〇七	七二三	一、〇三八	一、一三三	四一〇	八一八	七七五	三〇三	二二〇
新渓	二、九〇八	一、一一二	一、四五六	三八一	二一九	一六七	二、五二七	八九二	一、一八九
瓮津	—	—	—	—	—	—	—	—	—
長淵	—	—	—	—	—	—	—	—	—
松禾	二五二	四七	一六五	一四二	三八	一一八	一一〇	九	四七
殷栗	四二	一〇	四〇	三四	七	三五	八	三	五

安岳	—	—	—	—	—	—	—	—	—
信川	—	—	—	—	—	—	—	—	—
載寧	二四五	一四	二六九	一九二	一二	一八五	五三	三	八四
黄州	七〇三	三一九	五三〇	一三一	八七	一〇八	五七二	二三三	四三三
鳳山	五六〇	一九八	三九七	一八二	七〇	一四八	三七八	一二八	二四九
端興	六、一〇九	四、七一八	四、五七七	二、九九四	二、一五五	一、九六九	三、一一五	二、五六三	二、六〇八
遂安	三、九三五	一、二〇五	二、四一九	二、三六七	七八三	一、三一一	一、五六八	四二三	一、一〇八
谷山	六、九〇二	七、三九七	二、七七八	—	—	—	六、九〇二	七、三九七	二、七七八
計	二五、四七八	一七、〇一八	一五、七三一	八、四九三	四、三一一	五、九四二	一六、九八五	一三、七〇七	九、七八九

火田整理五箇年計画書

（△印は整理済面積単位町）

	大正十三年 筆数	大正十三年 面積	大正十三年 戸数	大正十四年 筆数	大正十四年 面積	大正十四年 戸数	大正十五年 筆数	大正十五年 面積	大正十五年 戸数
海州	一二九 △一一五	七〇 △六〇	一三三 △一一八	四四 △三四	二八 △一八	三八 △三一	四四 △四四	二九 △二九	四四 △四〇
延白	五八 △四八	一 △一〇	五 △三七	八二 △四五	二一 △一二	六四 △三五	四九 △四三	七 △六	四一 △三八
金川	一三九 △二一六	一三〇 △五八	一八四 △七八	一八〇 △一九二	一六四 △一三八	二五三 △三〇五	二五八 △二〇〇	二〇一 △二〇〇	三二二 △三〇一
平山	五三三 △四六六	一八九 △一六四	二一五 △四四七	四六〇 △三一六	一六一 △一一九	二一四 △二七一	三六三 △三五〇	一三九 △一二七	二一三 △二〇〇
新渓	一、三二二	三四九	四三五	四六四 △八六	三二一 △四二	三〇八 △八〇	四三六 △二九五	一九八 △一七七	二七二 △一八七
瓮津	—	—	—	—	—	—	—	—	—
長淵	—	—	—	—	—	—	—	—	—

	昭和二年 筆数	昭和二年 面積	昭和二年 戸数	昭和三年 筆数	昭和三年 面積	昭和三年 戸数	合計 筆数	合計 面積	合計 戸数
海州	二九	二五	三一	一九	二一	一五	二六五 △一九三	一七三 △一〇七	二五七 △一八九
延白	五九	六	五九	五三	六	五二	二四八 △一三六	四一 △二八	二三一 △一一〇
金川	三二七	二六三	三八四	四九七	三一五	四四一	一、四〇一 △六〇八	一、〇七三 △三九六	一、五八四 △六八四
平山	三一二	一二五	二〇六	二三九	九八	一九〇	一、九〇七 △一、一三二	七一二 △四一〇	一、〇三八 △六一八
新渓	三三二	一六〇	二三九	三五四	一八三	二二三	二、九〇八 △三八一	一、二一一 △二一九	一、四五六 △二六七
瓮津	—	—	—	—	—	—	—	—	—
長淵	—	—	—	—	—	—	—	—	—

松禾	二九	三	一四	三九 △二五	四 △九	一四 △二八	一一八 △二一八	二九 △二九	九〇 △九〇	六七	二	四七	｜	｜	｜	二五三 △二四三	四七 △三八	一六五 △三一八
殷栗	｜	｜	｜	｜ △九	｜ △三	｜ △一七	二六 △二五	六 △四	二六 △一八	九	三	八	七	一	六	四二 △三四	一〇 △七	四〇 △三五
安岳	｜	｜	｜	｜	｜	｜	｜	｜	｜	｜	｜	｜	｜	｜	｜	｜	｜	｜
信川	｜	｜	｜	｜	｜	｜	｜	｜	｜	｜	｜	｜	｜	｜	｜	｜	｜	｜
載寧	三一 △二六	三 △三	三三 △二九	七二 △七七	五 △五	九二 △九六	八九 △八九	三 △三	六七 △六〇	三六	二	五〇	一七	一	二七	二四五 △一九二	一四 △二一	二六九 △一八五
黄州	一四 △二四	三 △三	一〇 一〇	二三 △二三	一四 △二四	一一 △二一	一〇六 △九五	七八 △七〇	九〇 △八七	四一八	一九六	三二〇	一四三	二八	九九	七〇三 △一三一	三一九 △八七	五三〇 △一〇八
鳳山	二六 ｜	九 ｜	二〇 ｜	九〇 △三一	三二 △一三	六五 △三一	一六七 △二五一	五九 △五七	一二三 △一一七	一四二	五〇	九七	一三五	四八	九二	五六〇 △一八二	一九八 △七〇	三九七 △一四八
端興	三八二 △三八二	一五〇 △一五〇	一四五 △一四五	六四〇 △六四〇	二三五 △二三五	一九一 △二九一	一、九七二 △二、九七二	一、七八〇 △二、七八〇	一、六三三 △二、六三三	一、六七九	一、三三四	一、四一九	一、四三六	一、二三九	一、一八九	六、一〇九 △二、九九四	四、七一八 △三、一五五	四、五七七 △二、九六九
遂安	五八六 △八九八	一六五 △三一七	三五八 △四〇八	九八一 △五一六	三〇五 △二六六	六〇〇 △三三五	一、〇五六 △九五三	三三〇 △三〇〇	六四七 △三六八	七八二	二四五	五〇五	五三〇	一六〇	三〇	九二、九三五 △三、三六七	一、二〇五 △七八三	二、四一九 △二、三一一
谷山	｜	｜	｜	｜	｜	｜	｜	｜	｜	｜	｜	｜	｜	｜	｜	六、九〇二	七、三九七	二、七七八
計	三、一八五 △二、一六五	一、〇六二 △七六五	一、五五二 △一、三七二	三、〇七四 △二、九九三	一、一八〇 △七六四	一、八五〇 △二、二三一	四、六八四 △四、三二五	二、八六九 △三、七八二	三、五六四 △三、三三九	四、二〇三	二、四二〇	三、三五五	三、四三〇	二、〇九〇	二、六三二	二五、四七八 △八、四九三	一七、〇一八 △四、三二一	一五、七三一 △五、九四二

備考
一　信川瓮津長淵安岳郡は火田なし
二　谷山郡は主として国有林野に右の如き火田あるも未だ整理に至らず

平南

本道の火田民戸数は二万一千百七十七戸、十一万一千六百二十人、耕作面積四万一千百七町歩にして内国有林内耕作者九千三百五十七戸一万七千七百六十八町歩民有林野内一万一千八百二十戸、二万三千三百三十九町歩なり概して多少の熟田を所有する者なるも内全く火田のみにて生活せるもの四千七百八十三戸面積一万四千九百八十五町歩あり之等火田は林野の経営上障害たるは勿論治水其の他一般産業に及ぼす影響甚大なるものあり之が火田の整理並火田民の救済に付ては大体左記の方針に依るを適当と認む

（一）全鮮を通じ農耕適地殊に国有林内の開墾適地の調査を行ひ火田民中主として火田に依り生活を為すもの又は国土保安上現地に居住を許容し難きものに対しては相当移転料を支給し右地域に移居を命ずること

本案は必ず全鮮を通じ実施すべきものにして単に一道内の火田民を其の道に於て整理せんとするが如きは困難にして曩に本道寧遠郡に於て同管内の一定箇所に収容するの計画の下に千二百余戸を移居せしめたることありしも其の後の成績は概ね不良にして其の大部分は再び他に移居するに至りしことあり右は之が移転箇所の農耕地として適当ならず而も同管内に在りては他に適当の箇所を求むる能はざりしに依るものなるを以て之が箇所の選定に就ては全鮮を通し充分なる調査を要すべしと認む而して之等移居者に対しては充分の便宜を与ふると共に最も適切なる指導と相当の監督を要するは勿論なり

(二) 民有林野内の火田に在りては実地に付調査を為し地質其の他の関係を考慮し一定の標準を定め三十度又は三十五度を越ゆるが如き急斜地のものに就ては開墾を禁止すること其の他の火田に就ては国庫より相当の補助金を交附し砂防施設を為さしめ耕土の流失を防止すること急斜地の開墾は危害を及ぼすこと最も大なるを以て調査の上森林令第五条の適用に依り禁止する必要あり其の以外のの火田に就ては地質傾斜等に依り簡易なる階段状地均工事を為さしめ一面流砂を防止すると共に堆肥の奨励と相俟ち永久耕地として利用せしむることに努むるは最も必要なりと認む内地に於ける傾斜地開墾焼畑等の被害比較的少きは一般民間に克く之等の点の周知実行せらるゝに因るもの多し而して之等の事業に就ては国庫より充分の補助を必要とすべし

(三) 火田民に対し積極的に副業の奨励を為すこと、火田面積の縮少火田民の生活安定等は一に副業の奨励に依り他に生活の資料を得せしむるにありと認む而して之が副業の種類に就ては左記の如きものを適当と認む

(イ) 栗樹の植栽

栗殊に平壌栗を増殖することは極めて有利なる事業たるのみならず平壌栗を火田民に植栽し又は植栽箇所に火入を行ひ耕耘を為すことは栗の成長を促す上に於て甚だ必要なる作業にして本道に於ける優良品を生産する地方に於ては概ね右の方法に依りつゝあり而して火田の耕作の不可能となる頃は栗実の収穫に依り一部其の収入を補填し得るに至るを以て大なる苦痛なく漸次整理し得らるべく植林の奨励並火田整理の上に一挙両得と謂ふを得べし

(ロ) 養蚕の奨励

養蚕は最も有利なる副業の一にして家屋の構造其の他の関係に依り山間火田民に最も適当せる事業なり而して之が飼育原料たる桑は自然生山桑を利用する以外最も其の地方に適応せる品種を選び植栽を奨励し養蚕の普及発達を図るを適当

と認む

（ハ）煙草耕作の奨励

煙草耕作は比較的小面積の耕地より多額の収入あり熟田を有すること少き火田民にとりては最も適当なる作物と認む依って出来得る限り山地帯の火田民に耕作を許可し副業収入を得せしむるを適当と信ず

（ニ）大麻の奨励

大麻も又煙草と同様小面積より比較的多額の収入あるものにして殊に相当多量の燃料を必要とするを以て山間火田民の副業として適当なり

（四）国有林野の保護取締並民有林野の指導を徹底せしむること

火田民は一般に生存競争の劣敗者として甚だ同情すべきものありと雖も一面性極めて懶怠にして安逸を貪り常に易きを求めて移居転住するもの多きを以て殊に国有林に在りては之が取締を一層厳にする必要あり而して民有火田の整理並指導に対して常に直接指導者を配置し砂防施設の監督、堆肥の増産、副業の奨励等に付特別の指導を為すを適当と認む

平北

火田の整理は林業の発達及国土の保安上極めて緊要の問題なりと雖一方火田民に対し生業の途を与ふるに非ざれば其の整理は徒に民怨を温醸するに過ぎず何等の効果なきに終るべし又火田民は極めて漂浪性に富み仮令一地方に於て其の移住等に依り之が整理を行ふも直に他地方より蝟集し来りて再び火田の耕作を初むるに至るを以て少くとも全鮮一斉に之に著手するに非ざれば其の効極めて少かるべく殊に本道の如く幾十万の火田民在住する満洲に近接する地域に在りては其の労徒に多大なるを虞る素より火田の耕作は最原始民粗笨の農業にして現住火田民の民度及性情に適するものと認めらるゝを以て之が徹底的整理は産業の発達及教育の普及に俟つ外なしと雖其の弊害の甚しからざる程度に之が整理を行ふは又已むを得ざる所なりとす本道内国民有火田は其の面積十一万一千余町歩其の耕作戸数五万六千余戸人口二十七万余人に達し之を一挙にして整理し了るが如きは到底可能のことに非らず一方国有要存林内の可耕地は概算約四万二千町歩と称せられ現在国有要存林内の火田一万二千町歩火田民戸数約六千五百戸は優に之を右可耕作地内に移住せしむることを得べきものと認められ従来要存林内の火田取締は最も徹底的に行はれ大正五年以降（大正十三年九月迄）約一万一千町歩火田民六千五百戸を減ずるに至りたるを以て更に取締の励行を図ると共に一方右可耕地内移住を為さしめ其の成績良好にして尚可耕地に余裕ある場合に於ては民

有火田民中火田のみを耕作する者約一万九千余戸火田面積三万三千余町歩（要存林内のものをも含む）あるを以て此内先づ小作者のみを右可耕地に移すこととし尚左記方法に依り漸次整理救済並生活安定の途を講ずるを可と認む

(1) 国有火田の整理、火田民の救済及生活安定の方策

要存林内の国有可耕地は曩に述べたるが如しと雖之れ概略の達観に過ぎざるを以て特殊の機関を設け国有林内の可耕地に付基本調査を行ふと共に国有地の火田民移住の計画を樹て漸次其の耕作を禁止し指定地に移住を命ずることとし

（イ）火田のみを耕作するものは定著性少く且移住に依り損害を蒙ること少きを以て全部之を移住せしむることとし但し現小作火田にして将来熟田たり得べき面積のみにて生活上支障なきものは移住せしめざること

（ロ）熟田をも併せて耕作するものは成るべく現住地に於て熟田たり得べき可耕地を与へ熟田のみに依り生計を維持せしむること

火田民を移住せしむべき可耕地は国有未墾地利用法に依り之を貸付することとし国費を以て簡易なる設計書を作成交付し移住費の補助及開墾費の補助増率を為し各部落に開墾組合を組織せしめて各種の手続家屋の建設其の他定著の準備を共同して実行せしめ郡面に於て之が幇助を為さしむるを要す而して定著後に於ける生活の安定に付ては漸次集約的農法に依り収穫の増加を図り且副業の収入に依りて生計の資を補はしむる外なしと雖火田民は元来極めて怠惰にして勤労を厭ひ且奥地々方は地味極めて瘠薄加ふるに交通運搬の不便の為農民の生産品は極めて低廉にして其の日用必需品は高価なるを常とするを以て特に之等移住民の指導の為特別の職員を増置し一は此地方の農事改良の調査研究を為し一は之等農民を指導誘掖して勤勉の風習に移らしめ或は共同購買共同販売の方法を講じて農家経済の利益を増進せしむるに勉め産業上の補助其の他の援助に付ては官庁に於ても相当期間特に保護を加ふるを要す尚之等地方の国有林伐木作業の拡張及朝鮮人労働者をして支那人労働者に代らしむること亦救済の一助たるべし

(2) 民有火田の整理、火田民の救済並生活安定策

民有火田は明治四十四年以来左記方針に依り之を取締りつつあるが本道の如く民心稍もすれば安定を欠く虞ある地方に在りては今後に於ても大体之に依り火田の増加を防止するの外なかるべし尤も国有林内可耕地にして国有地火田民を収容して尚余裕ある場合に於ては民有火田耕作者中先づ火田のみを耕作する小作者を移住せしむることは左まで困難のことに非

ざるべく将来適当の時機に於て更に火田のみを耕作する自作兼小作者、火田及熟田を耕作する自作兼小作者、火田のみを耕作する自作者、火田及熟田を耕作する自作者の順序に依り之を移住せしむるを可と認む其の救済及生活安定に付ては国有火田民と同一の方法に依ること、するを要すべし

（一）火田火入許可は曾て火田たりし地域に限定し新規火入は之を認めざること

（二）曾て火田たりし山野と雖左記に該当するものは可成火入を許可せざること

（イ）水源地、土砂押止等特に国土保安の為必要なる場合

（ロ）森林中に介在し林相整理上特に必要なる場所

（ハ）多年廃耕し既に充分森林として形成せられたる場所

江原

本道に於ける火田の面積は五万七千四百五十一町歩にして之が耕作者は二十万五千余人に達し山間渓谷に蟠居し濫に森林内に於て火入開墾をなす為に年々林木の焼失、山地の荒廃、土砂の流出、田畓の埋没等影響するところ甚大なり之が整理は各種産業振興上焦眉の急務に属す然るに其の現況を見るに因襲久しく一朝一夕に整理を行ふは容易の業にあらず急激なる制限を加ふるときは火田民は忽ちに其の生計の途を失ひ一面重大なる社会問題を惹起するに至るべく地方行政上考慮を要し漸進的に制限を行はざるべからずと信ず惟みるに火田民の生計は概ね一箇年の生計を完全に支持するの食糧なく端境期に至れば草根、木皮、樹実等山菜を補食しつつある状況なり然るに本道に於ける之が整理方針は大正五年四月内訓第九号の方針に基き同年道令第八号を以て要存予定林内に於ける新規耕作を目的とする火入又は耕作の禁止を行ひ爾来之が取締を厳重にし整地に努めつつありと雖其の方法単に消極的にして実行上幾多の欠陥あり其の遂行不可能なるを以て国有林内の火田整理に関しては本府内に相当機関を設け積極的調査研究せしむると同時に民有林の火田整理を併行せしむる為道に臨時職員を増置するの要あり而して整理方法概要左の如し

(1)　現地整理

現存火田にして国土保安危害の防止、水源の涵養上支障なき箇所に在りては之を林業地より解放し施肥の奨励を行ひ漸次熟田化せしめ混農林業を行はしむる等要存林内の農耕適地の解除を行ひ火田民を現地に収容し整地を行ふものとす

(2)　移転整理

現存火田にして絶対其の耕作を認容すべからざるものにありては適当移転地を選定し適当の移転料を支給し漸次整理を行ふものとす而して之が移転料の支給は現金を以てせず家屋の建築農耕用具の支給等現品給与たることを要す
尚火田民の救済に関しては国有林経営事業拡張又は民有林野の造林を旺盛ならしめ一方副業を奨励し火田民に労役の途を開き之が収入の増加を計ると共に遊惰労働嫌忌の習癖を去らしむるにあり而して火田民の生活の安定を計るは是れを要するに日常生活の収入に窮せざらしむるを要すべし仍て現地整理に依るものに対しては労働収入又は副業収入を以て生計の向上を促進せしめ移転整理にありては農耕地の所有を促すべく適当の施設を行ひ低利資金の融通を仰ぎ之を貸付し年賦償還の方法を以て耕地、耕牛、農具の購入資金に充当せしめ漸次熟田耕作者たらしむるにあり

咸南

火田整理に関しては大正五年内訓第九号の指示に基き爾来各道に於て火田民の安住地を指定し之れに移転せしむる等相当方法に講じ来れるも之が不履行者に対する制裁方法及整理後に於ける救済に関する施設を欠きたる為漸を追て火田の面積は増加し為に治山治水上に及ぼす悪影響甚大にして現に本道の如き面積約八万五千町歩戸数四万五千人口二十四万八千人余を擁し而かも其生活状態は窮貧惨状を極め之が整理救済は目下喫緊の要務たるに至れり故に其の整理方法に付て左に述べむとす

第一　整理機関

総督府に火田整理委員会を設け各道に支部を置き火田及火田民の実情並に収容適地及保護監督機関の設置等整理各般の事務を執行すること

第二　整理方法

(一)道令を以て火田民の定住地指定、処分、整理期間経費支弁及移動取締方法等を定むること

(二)定住地として必要なる要存林野は之を不要存林に解除し道の所管に移し大正三年制令第三号国有未墾地利用法と同様の方法を以て各個人に貸与し開墾事業成功後無償譲与の途を講じ尚定住地は火田耕作の種類に応じ適宜の方法を定むること

第三　整理後の救済法

生活を安定せしめ彼等を救済するには次の要項に依ること

(一)転業の可能性を有するものは就業方法に付き斡旋をなすこと

(ニ)自作農前項以外のものは指定居住地内に於て自作農たらしむること

(イ)耕作附与面積　自作農に対しては一戸（五人）当三町歩の耕地と二町歩の林地とを附与すること（家族の数により逓減す）

(ロ)耕作物の種類　粟、大豆、小豆、玉蜀黍、馬鈴薯、蕎麦、大麻等を主とし漸次之が改善を計り傍ら畜産事業を営ましめ牧農主義に依ること

(ハ)副　業　木工品、製炭、澱粉、麻布及麻鞋等の製作をなさしむること

(ニ)其　他　移転を要するものには移転料として国庫より一戸当拾円又必要に応じては移転当時の食糧を給与すること

(ホ)農耕資金を貸付し次表の如き償還方法を採ること

一、一戸当貸付金

年次／種別	仔豚	耕牛	農具	肥料	種子	計
第一年	円 六・〇〇	円 三八・〇〇	円 一〇・〇〇	円 一〇・〇〇	円 五・〇〇	円 六九・〇〇
第二年	—	—	—	一〇・〇〇	—	一〇・〇〇
第三年	—	—	—	一〇・〇〇	—	一〇・〇〇
計	六・〇〇	三八・〇〇	一〇・〇〇	三〇・〇〇	五・〇〇	八九・〇〇

備考
一　貸付金は各道地方費より支給す
二　仔豚は三頭耕牛は二戸に付一頭宛とす
三　第四年目よりは総て自給自足とす

二、一戸当年賦償却金

年次／種別	仔豚	耕牛	農具	肥料	種子	計
第一年	円 六・四八	—	円 三・九七	—	円 五・〇〇	円 一五・四五
第二年	—	一二・七一	三・九七	三・三五	—	二〇・〇三

第三年	—	一二・七一	三・九七	七・五六	—	二四・二四
第四年	—	一二・七一	—	一三・五二	—	二六・二三
第五年	—	一二・七一	—	一三・五二	—	二六・二三
計	六・四八	五〇・八四	一一・九一	三七・九五	五・〇〇	一一二・一八

備考

一　仔豚購入に要す費用は一箇年間に耕牛は第一年は据置残四箇年間に元利均等農具三箇年間に肥料は耕牛と同一の方法にて利子は各年六分とし年賦償還せしめ又種子は無利子にて貸付当年に償還せしむ

二　現在生活費は一人一日七銭乃至十三銭一戸当年収入僅に八九十円に過ぎざるも今後耕適地の整理に依り合理的農業を営ましむれば現収入の五割以上の収入を得べく且家畜増殖副業奨励等により一層の増収を見従て右年賦償還も容易なるは勿論数年を出でずして其の富を増し安定生活を営むを得べし

三　保護監督機関の設置

イ、教化監督指導員の任命及配置火田民分布の状態に応じ分担区を定め各区に専属監督員一名を配置し判任官又は雇員として道知事之を任命し五百戸以上千戸迄を一分担区の単位戸数とす尚ほ五十戸乃至百戸に一名の指導員を嘱託配置す

ロ、監督指導員の職務

教化、農事指導、取締法令の励行、資金の調達、斡旋、必需品の購入及人事に関する相談等とす

ハ、教育、医療機関の設置

学校又は補助書堂を設け又疾病治療の為医師医生を配置すること

咸北

（一）火田の整理方法

本道の火田は別表に示せる如く面積五千八百六十四町歩其の耕作戸数六千三百六十八戸に達し大正五年本府内訓第九号及同年山第三五二六号の内牒に依り之が整理に著手したるも其の間諸種の障害ありて未だ実績を挙ぐる能はざるは甚だ遺憾とする所なり元来火田耕作は林業経営上並国土保安上極めて危険なる業態にして林政上忽諸に附すべからざるのみならず農業並社会政策上の見地よりするも本道の重要問題なるを以て速に左記方法に依り整理するを適当と認む

（一）現耕火田の状況を調査し将来熟田たらしめ得る土地と然らざるものとを区分すること

（二）将来熟田として耕作し得るものにして国土保安並林業経営上支障なきものは其の儘農耕地として利用せしむること

(三)将来熟田として利用すること能はざるものは今後五箇年以内に適当なる農耕地適地に移転せしむると共に火田の耕作を禁止すること但民有地内の火田にして直に他に転出せしめ難き事情の存するものは混農林業の経営方式に依り当分間作せしめ漸次林業経営地に誘導転化せしむること
(四)禁止移転せしめたる火田跡地に対しては直に造林促進の方法を講じ可成速に森林に復旧せしむること
(五)爾後新に火田耕作を為さむとするものに対しては国有林に在りては所轄営林署をして厳重取締を励行せしめ民有林野に対しては開墾禁止又は制限の地域を定め地方長官に於て之が取締を為すこと

(二)火田民の救済方法

(一)要移転火田民の移住予定地選定上速に本府に於ける国有林内農耕適地存廃区分調査の進捗を図り之に移住開墾せしめ事業成功の上は無償譲渡の方法を講ずること
(本道に於ける要存国有林内の農耕適地は約十一万八千町歩に達する見込なり)
(二)火田民の移住に際しては一戸平均三十円以上の移転料を給付すること
(三)移住民の自家用々材及燃料を附近国有林内より無償譲与すること
(四)種苗代、農具費其の他奨励補助金として一戸平均五十円以上を給与すること
(五)国有林以外の移住方法として開墾及水利事業地の小作移民其の他適当なる業態に転換方を奨励し之に必要なる斡旋指導を為すこと

(三)火田民生活安定に関する方法

(一)製炭、木工、養蚕其の他適当なる副業を指導奨励し副業収入に依り生活の向上発達を図ること
(二)教育、衛生、交通等に対する施設を講ずること
(三)移住火田民の指導機関を特設し其の複利増進を図ること
(四)生産及消費物件の販売及購買に関する施設を講ずると共に相互扶助と協同一致の善風を作興すること
(五)国有林の施業に要する各種林業労働者として教養使用の方策を講ずること

火田耕作面積及戸口数表

土地区分	面積	戸数	人口
要存林内	二、七二八町	二、一六八戸	一三、八七二人
不要存林内	一、七〇四	一、八五三	一一、五一七
民有林内	一、三九四	二、三四七	一三、二〇四
計	五、八六四	六、三六八	三八、五九三

第二　中枢院会議答申事項（昭和三、八）

諮問事項　国有林冒耕火田の整理及火田民の救済に関する方策

答　申　要　旨

一　一定の居住耕作地を周旋し且移転料を支給し以て之に火田民を移住せしむること
二　農耕適地を国有林より開放し以て之に火田民を移転収容すること
三　鮮内各農場に火田民を移住小作せしむること
四　開墾干拓地に火田民を移住せしむること
五　産米増殖に伴ふ開墾事業に火田民を使役すること
六　現耕火田中熟田化すべき区域に付ては現地耕作を認容すること
七　間島移住を奨励すること
　　同条件附（間島を安定地とせば）
八　間島移住奨励に反対す
九　山林部に火田民整理委員会を設置すること

李宅珪
鮮于鏑、金相卨、
尚　灝、康秉珏、
洪聖淵、朴義秉
李宅珪
呉台煥、張憲植
鮮于鏑
鮮于鏑、張相轍
李熙悳、呉台煥
金潤晶
劉　猛、韓相龍
金相卨、洪聖潤

十　緩傾斜地に階段を設けて耕作する方法を奨励すること
十一　要蚕、平壌栗栽培其の他の副業を奨励すること
十二　農耕法其の他に関する指導機関を設置すること
十三　火田民取締規則を設くること
十四　治山治水事業の労働に火田民を使役すること
十五　火田民を農業労働者に不足せる西鮮又は南鮮地方に向はしむること
十六　東拓に於ても火田整理事業に付相当考慮を払はれたし

元悳常
沈濬沢、康秉珏、
洪聖潤
洪聖潤
呉台煥
張憲植
韓相龍

答　申

李宅珪　嘗て森林令なるものが発布せられて森林の盗伐並に放火を防止し明治四十三年には国有林野の査定が開始せられ其の保護機関として森林保護区並に山林監視所か設けられ専ら国有林野の保護取締を行ったのであります其の結果従来の火田民が十中の八割迄も減少して彼等の多くは西間島や北間島に向って年々移住したやうであります大正八年に江原道江陵郡守で居りました時に本府及道知事の命に依って火田民の整理をしたことがありますが其の時道令に依れば火田民一戸平均三町歩の割合で集団地を何処か国有未墾地に設けて之に火田民を移住させ其の移住費として若干の補助をすることになって居りましたが斯かる適当な国有未墾地がありませぬので止むなく当時国有地であった駅屯土を貸付けやうとしたのであります而かも其の駅屯土は火田耕作よりも二倍の収益のある土地を与へ彼等の住居に関しては部落の民家の一部を貸与へ尚一年間の耕作に対しては其の村民達が彼等に労力的補助をなす条件に致しましたがそれでも彼等は中々承知しないのでありました其の理由は彼等が数十年間も耕作して熟田となった土地に対する執着心と一つは経済的関係からであります即ち彼等は国有林野の附近に居住して居る関係上仮令国有林野でも其の副産物は自由に採取して防寒の使用に供することが出来る従って此の燃料の経済的なることは貧乏な彼等の生活に取っては大きな利益があったのであります併し現今は国有林野

の監視が厳重に行はれて居るので彼等は熟田を耕作する外新に火を入れて耕作することは到底出来ない状態でありますそれ故私の考としては其の儘放任して置いても彼等は漸次移住して減少して行くことと思ひますが江原道に於ては大正八年より以後十年の間に必ず移住することに誓約書を取りましたから多分他道に於ても同しことだと思ひますがこれを断行するのも一方法であります例の集団地を作っての移住計画は今日不可能な問題であると思ひます何となれば現今斯かる適当な国有未墾地は殆どなく若しあったにしても彼等の実力は到底之を開墾することは出来ないのでありますそれ故に私は寧ろ之を社会事業として道郡面に責任を有たせ一定の居住地並に耕作地を周旋して漸次に計画的に之を各村落に配当して移住費として林野整理費又は地方費中より幾分宛を補助して毎年之を移住させるか又は朝鮮内の農場から移住民を募集して居りますから之に移住させるのが宜いと思ひます若し之に肯じない場合は退居命令を出して整理する外方法がないと思ひます

中応熙

之を整理するには出来るならば移住民に対し五円乃至八円の移転料を支給しなければならぬと考へます其費用は各道の費用から出るだらうと思ひます（以下省略）

元悳常

私の調べた所に依りますれば火田の最も勾配の急なるものは四十五度でありまして是は極く少数であります最も多いものは二十五度より三十五度迄ありまして二十度前後のものは総面積の約四割に相当するのであります此の二十度前後のものは階段を造れば熟田となし得られるのでありますから階段を造ることに補助を出しまして指導奨励して一面に於ては堆肥製造をも奨励して略々階段が完成したものに対しては種子を無償で分配するとか或は豚犢等を褒賞と致しまして下附し堆肥製造の材料にも供し一面には牧畜を奨励する意味に於ても宜からうと思ひますさうして小面積で収穫を多くすることを指導奨励することにし一方二十五度以上のものは成るべく早く収穫ある苗木を配布したら火田整理はなし得られるものと思ひます併ながら此の四割位の面積の収穫を以て彼等が生活することは勿論不可能であります故に此処に於て救済策を講ずる必要を感ずるのでありまして是は移住させなければならぬのであります然らば何処に移住させるかといへば其の附近なら尚好いが少し離れた所でも国有林野の内に勾配の最も緩い所即ち階段を造っても熟田になし得らるる場所を選定して国有森林を輪伐して移住費に充てて之を移住せしめ指導奨励は前申したのと同様で又林野の副産物は自由に採取させて副業になさしめることにしたならば救済し得らるるものと思ひます今日産米増殖を計る為めに莫大なる金を投ずるのであり

ますが雑穀増収と火田整理は産米増殖の唯一の補佐になるのでありますから十年間の継続事業と致しまして年に十五万円宛投ずるならば必ずや整理救済が完成されるものと思ひます但し御断り致して置きたいことは平野に移民させて米の飯を食はせるよりも山間に移民させるといふのは二つの理由があります即ち彼等火田民は社会的競争心なく怠惰の習慣があります且つ平野の農事に慣れないといふ関係から往々失敗するのでありますそれは先程の山林部長の説明中にも折角移民をしても二、三年すれば元に帰るといふ御話がありましたことでも解るのであります尚一つは林政をなすに於て□人手を要するし又熟田になし得られる土地であれば林野としての収益よりは増される所以であります

廉仲模

火田の整理といふことは旧韓国政府時代に於きましても可なり問題のあったことでありまして其の当時から大分頭を悩ました所でありますが元来韓国政府時代の制度と致しまして山の中腹以上は絶対に許さなかったのであります単に麓に若干の耕作を認めるといふことにして居ったのであります今日の如く三十度以上の傾斜地を耕やすといふとは其の当時に於てはなかったのであります人口が殖え地力が消耗するといふ所から段々山の上に上って行くといふことは已むを得ないのでありますが今の林政上から之を整理するといふことは当然のことでありまして先刻来移転料を支給して適当な所に移すといふことが論ぜられるやうでありますが之とても言ふべくして行はれるものではない中々さう容易く移転の出来るものではない是は色々な方法はありませうが何れにしても一朝一夕には出来ないのであります産米増殖計画、治山治水計画に付ても何れも人の要することでありますからさういふ労力を要する所に努めて使用する之も中々容易でありませぬが当局に於てさういふ方針を採ってそれ等の者は何者よりも優先に使ってやるといふ方針を採ってやったならば出来ないこともないと思ひます目下の所では之が最も良策であると思ひます

李熙悳

此の火田民をどうするかといふ問題でありますが私の考では之をどうにかして間島に移住せしめた方が一番適当だと思ひます之を移住せしむるにはどういふ方法を採るかといふことは詳細に申さなければならぬが此の席では簡単に要領を申上げたいと思ひます何といっても土地をどうするかといふ問題でありますがどうも今迄の所は移住するものが直接買ふといふことはありませぬ誰か向ふに行って居る人の手を経て買ふのでありますが是は結果が悪いどうしても移住するものが直接買ふといふことが何よりも大切であります移住する者に就ては総督府が組合のやうなものを設けてそれに依って移住させるさういふ方法を採ったが宜からうと思ひます殊に間島は露領に近い関係上思想的方面から観てもさういふ機関が極め

て必要なことだと思ひます（以下省略）

金相卨　山林の整理は国家の大計でありますから火田は整理しなければならぬのでありますけれども之より先に火田民の救済方法を講じなければならぬのであります其の救済方法としては従来幾十年間も耕作して熟田になって居る所は其の儘それを耕作者に譲与し其の他のものは先程の山林部長の説明に依ると三十万町歩も予定地があるといふことでありますから之を開放して移住せしめ一般平地に居住する農民よりは文化も遅れ労働能率も低い彼等を徐々に向上させるやうに直接関係ある山林部又は内務局増産局より適当の人物を選出して総督府内に火田民救済機関を組織し此の任に当らしめ彼等にも文化の恵沢に浴せしめ感謝させるのが最も得策だと思ふのであります

鮮于鎬　此の案に就ては私は大正八、九年頃各道に於て火田を整理すべく火田民に移転料として十二、三円から十四、五円迄をやって退去を命ずる時私は之ではどうしてもいかすだらうと思ひましたのは十四、五円の金を貰っては五、六人の家族が都会地迄出て来る旅費にも足らない位であるから平安南道で移転料を貰っては平安北道へ往って又火田をやるし平安北道で移転料を貰っては又咸鏡南道へ往くといふ有様で巡々に廻って何時迄経っても始末が付かぬと思ったのであります私は其の後大正十年十一年頃全鮮中火田の一番多い咸鏡南北道及平安南北道の奥地を歩いた時火田民の実際生活を視察し又は火田民と押問答をやって見ましたが彼等は懶者で呑気な生活が好きで彼の様な山間奥地を好んで行って居るやうに思ひましたが彼等も矢張り生活難より往って居るけれども其の実村落又は都会地に出て来て生活の途さへあれば出て来たいといふ希望は皆持って居りました其点から押して見ますると私は完全なる成案さへ出来れば火田民の救済は出来得べきことと信じて居ります私はそれ以来中枢院会議がある度毎に火田整理及火田民の救済を絶叫して参りましたが今回幸にして本問題が議案として提示されるやうになりましたのは私は実に嬉しいことと存じます本問題は林政の為め火田を整理し火田民を救済するも火田民其のものの為めに是非救済しなければならぬことと思ひますそれといふのは朝鮮人が元より世界文化に落伍して居るのに火田民は一般朝鮮人よりも尚文化の程度低くいばかりでなく自分自身の向上とか子弟の教育とかいふことを考へる暇さへない有様でありますから此等のものを将来如何にするかといふことは決して等閑に附すべき問題ではないと思ひます蓋し火田民が全鮮に亘って百十五、六万といふ多数に達して居るといふのでありますがそれ等に対する生活の途を開くには一つ二つでは出来ないことと思ひますそれには先づ唯今山林部長の説明の中に約三十万町歩の土地が彼等火田民の為めに提供し得べきものがあるといふのでありますから火田民の中或る一部のものは其の地帯に移住せしめることが出来ると思ひます又他の一面に於ては目下火田にして熟田となし得べきものは熟田として彼等に利用さして貰ひたいと思ひますもう一つの方法としては産米増殖の為め国有未墾地を開墾し又は公有水面を埋立てなければならぬと思ひます其の際相当有利な場所を開墾事業にも経験あり且つ民衆心理を操縦し得べき人物にして火田民の如きものを指導するといふ誠意のある者に許可すると同時に面積百町歩に対して仮りに小作人五十人を要するとしますれば其の中十五人乃至二十人位の火田民を移住せしめるといふことを条件として其処には公設沐浴場又は晩方には蓄音機等を聞かせ山谷生活より村落生活の趣味を充分覚へさせるといふことに致しますれば自然更に山谷生活に戻るやうなことはないと思ひます此の問題に付ては前に咸鏡南道が何処かで試みて失敗したといふ話を聞きましたがそれは其の方法は宜しいのでありましたでせうが其の人物選択に当を得なかったのではないかと思ひます又もう一つの方法としては林産物の払下を寛にして材木業の工場を山間に起して残余の火田民に労働を教へて其の賃銀を以て生活の途を得るやうにしたいと思ひます或は又其の地元民に特殊の林産物を払下げて小工業の作品を製造せしめて生活の途を得せしめることも必要だと思ひます唯今或る参議より火田民を間島に移住せしめたらといふ話もありましたが私は間島に対する知識がありませぬので賛否の□見を申述べることは出来ませぬが私の以上述べました方法を以て鮮内に於て救済すべき途を採った方が穏当であらうと思ひます以上の方法を実施するに当り其の人数の割当及場所の選択等は当局者に於て十分調査の上適宜に施行せられたいものと思ひます

尚灝

火田民といへば山林部長始め山林に関係のある方から見れば蛇蝎のやうに見へるかも知れませぬが一度咸鏡南道の長津豊山三水甲山の地方に往って見ますれば火田民の功績必しも少しとは言へないのであります長津は咸興郡の殖民地で豊山三水甲山は北青洪原地方の殖民地であります黄草嶺の絶頂から長津邑内迄四十里の間に山に墳墓を見ない其の理由を問ふて見れば長津人民は全部咸興の人であって長津に行って働いて資産が出来たら咸興に帰って来る死んだら其の屍骸を持って帰って来るから長津には墳墓がないといふことであります豊山三水地方も亦さうであります豊山郡守の話を聞くと豊山郡には郷校直員とか道評議員とかいふ名誉の肩書を得ると直ぐ威張って其の故郷に帰って終ふから人物らしいものは居らぬので屑ばかり残って困るといふことを言って居ったのであります又咸鏡北道鏡城郡に於て見たことでありますが平地のものが平地に自分の土地を有って居る者でも夏の間は山に往って菜豆などを耕作して秋になれば自分の家に帰るといふこと

もあります豊山郡の郡庁所在面の中で郡庁を距る十里程の密林の中に新火田民が発見されたので郡守及其の他の人が驚いて往って視察した話を聞きまするとと密林中の新発見地は一里平方で数千町歩程の平地で此の年新たに数千の火田民が既に来て居ったといふことでありました今日我々は自動車で新北青から恵山鎮迄行くのでありますが之には火田民の功績が与って力あるものと思ひます是に□って之を観れば此の調査表に記載してある火田民の数は全部救済を要するものかどうかは存じませぬが要するに林野の方も火田民の方も精細に調査して密林中と雖も耕作適地は耕作を許して火田民に依って開拓するのも宜からうと思ひます山林部長の御話には三十万町歩の土地を提供すべく予定してあるといふことでありますから無理をしないで国土保存上百万の人民を救済する目的を達したらば至極結構であると思ます

張憲植　火田民の救済に関しては開墾干拓すべき所に移民せしめ或は火田民を奨励して西鮮又は南鮮の耕作労力の不足なる地方に向ける方が最も良策だと思ひます是は彼等の自由意思を尊重して希望に依って他の耕作地に移住したいといふものを選んでやる唯無理に火田民を追って終ふといふことはどうかと思ひますさうして移住したものに対しては種々官憲で世話をしてやるといふことに致しましたならば貧困なる生活をする火田民をして安心して移住せしめ安全なる生活をなさしめることが出来ると思ひます

康秉珏　当局に於て御調査になった所に依れば火田民の数は百十五万約百二十万でありまして平安南道全道に匹敵する人口であります斯の如き多数の国民を如何にして生活を安定せしめ各々国恩を蒙むらしめることが出来るかといふやうな御心配は御尤ものことと存じますが其の方策の一つと致しましては斯の如く多数の者を悉く移住させるといふことも容易なことではないと思ひます耕地に適する部分に居住するものはそれで宜いのでありますが爾余のものは其の生活をどういふ風にいして行ったら宜からうかといふことになるが出来るだけ其の土地に止めて副業を奨励して行きたいと思ひます其の副業の具体案を申しまするとと養蚕であります其の養蚕を致しますには勢ひ桑を要するのでありますが山桑と申しまして内地では余り見られない桑でありまして平野地に於きましても朝鮮在来種の山桑を以て立派に養蚕が出来るのであります現在火田民の養蚕の状態を見まするとと山桑を以て蚕を養ふのでありますが其の桑は一度植付けると何等の手入れをせず何等の肥料を加へず十尺二十尺に伸びるのであります此の山桑を奨励致しましたならば治山の目的にも叶ふのであります同時に火田民が粟を作るとか何とかいふことよりは沢山の収入を得られるのでありますマもう一つは平壌栗でありますが是は必しも平

壊でなければ出来ないという訳はないのであります現在平壌栗といふものが必しも平壌から採ったものではありませぬ咸従成川平原斯ういふ方面から出て来たものを平壌栗といって居る殊に栗は岩の間でも何処でも出来るのでありますそれも一度植ゑれば何等の手入れもせずして五年乃至六年で収穫を得られるのでありますそれが一斗に付て六円七円乃至八円にもなって非常に有利であります全鮮の到る所の火田に植付けても非常に有利なものであります火田で収穫するものは今の所粟とか馬鈴薯のやうなものが多いのでありますが就中大麻を植付けたものがありますが此の大麻は極めて有利なものであります朝鮮人は夏に限らず冬も麻を着るのであります良いものになると都会に於ても非常に高いものがあるのであります従来民間に於ては麻と煙草が耕作されたのであります殊に麻は山で囲んだ所でなければ出来ない何となれば風の強く当る所では立派に成長したものが全部倒れて収穫にならぬのであります従って山で囲んだ所には必ず麻の奨励が必要であります斯ういふものを奨励して一時火田民を其処に留めて置いて国有林の荒廃した所を復興せしむることに利用し又一方に於ては住民の生活を安定せしむることが極めて必要なことであらうと思ひます

洪聖淵

火田民の救済方法は色々あるだらうと思ひます一体現在の状態に於て咸南に於ける火田民は二十万人であります実際はそれ以上であると思ひますけれども其の内容に於て調査すると純然たる火田民ではない自分の耕作の十分の二、三を火田に拠るものもあります又もう少し進んで半分位火田を耕作して居るものもあります火田のみに依って生活して居るものは四万人位でありまして救済しなければならぬといふ火田民はそれであります今申上げた所の自分の食糧の十分の二、三を火田に仰いで居るといふのは稍々平地辺りの人民と同じである子供の教育等に就ても平地帯のものと殆ど同様であります其の次の半分位は火田に依って生活するといふものも生活の程度は余り劣って居らす純然たる平地の農民とは比べられないのでありますが或る点に於て純然たる火田民とは言へない私の申す所の純然たる火田民は整理の点からいっても救済の点からいっても最も困難であり且つ重大な問題でありますあれを整理しなければ産米増殖其の他治山治水の計画を遂行する上に付ても種々の支障があるのでありますから是非是は整理しなければならぬと思ふのでありますそれに就ては矢張り或る場所に適当な耕作地を与へて安全な生活をするやうに仕向けなければならぬと思ひます是は調査するならば適当な場所に移すことが出来得ると思ふのであります私の考では先づ指導する機関を設けなければならぬと思ひます幾ら金を遣って御前は何処に移れといっても駄目だそれを善く指導しなければならぬそれに就ては先づ其の機関を設けなければならぬ機関を設けるに就ては先づ総督府に於て火田整理機関として設ける之に依って各道各郡に於て何か機関が必要であるそれで朝鮮全体に亘って救済しなければならぬ火田民を調査して之を救済し指導しなければならぬ其の方法としては取締規則を設ける必要があります唯漠然と御前は斯ういふ所に行けといっても素より駄目である従来のやうな所に居って山を焼いて耕作することが出来ないやうに十分取締の方針を定めて戴きたいと思ひますそれから彼等は平地帯の耕作に付ては知識が乏しいのでありますから今迄居った所の山林地帯で適当な場所を世話をしてやらなければならぬと思ひます併し唯一定の場所に移って行けといっても中々行はれるものではないそれに就て救済の方法として金を遣らなければならぬそれから之を指導するに就ては監督の必要がありますから彼等の為めに特別の監督機関を設けて総てのことに付て指導監督しなければならぬと思ひます金の問題に就てどうするか之を国庫から出すか地方費で支弁するか我咸南に於て研究して居るのでありますが之はどうしても地方費でやらなければならぬが其の地方費も限りあるものである併し一定の期間を決めて適当な耕作地を与えて相当になる迄救済してやる勿論是は困難なことではありませうがやり方に依ってはやり得ると思ふのでありますす斯ういふ風にしてやれば火田民も良くなるし山林の整理も出来ると思ひますけれども此処に一つ申上げて置きたいのは咸南に於てどうしても救済しなければならぬ火田民は四万人である併し此の四万人の中で他の職業に就きたいといふ者があるかも知れませぬそれも矢張り相談して労働者なら労働者に心配してやって段々数を減らすことが肝要でありますだから是は火田民の整理といっても其の指導機関を設けなければ将来効果を収めることは出来ないと思ひます十年なり二十年なり継続して何処迄も成績を挙げるといふ機関を設けなければ目的を達することが出来ないだらうと思ひます

呉台煥

（前略）私が平康郡守の時に平康郡は火田民が非常に多いのでありまして又荒地が沢山ありますから火田民を移民する積りで勧誘したこともありますが中々出来ないのであります何故かといふと山に火を入れて粟か玉蜀黍を作ると中々良く出来ます平野に来て粟を作った所で実際あれでは食って行けないそれで彼等も堪らぬので又山に帰りますそれで私の意見としては新政以来各道各地に水利組合がありまして干潟地の利用、未墾地の開墾の出来る所が沢山ありますさういふ所も或る場所は土地が狭くて外から移民することが出来ないものもありますが江原道の鉄原辺りは土地が広くて荒地であったのが水利組合が出来て良い耕地になって小作人が足りないから他から伴れて来るのでありますさういふ所もありますから全鮮に跨がって水利組合なり未墾地開拓の方面に移住させて救済方法を講じたならば宜いだらうと思ひます第二は治山治水其の他の事業が沢山あります其の方に労働者として使って見たらどうかと思ひますもう一つは間島から来た議員の話もありましたが間島方面に移民させるのも一つの方法であらうと思ひます（中略）私は以上三つのことを希望致します第一は耕地を与えて指導してやる第二に各道各地に於て土木事業其の他の労働者として使ふこと第三は成るべく間島に移民する方法を講じてそれに便宜を与えてやること

朴義秉　（前略）彼等には或る地域を決めて許可をして安心をして百姓をするやうにしたが宜からうと思ひますさうして火田民の数が百十五万戸数が二十三万といふことでありますから一戸に付て地税を一円取っても国庫にも二十三万円這入るのでありますさうしたならば火田民も自然に整理することが出来ると思ひます税金も上ります他のことは内地に合併になって十八年になりますが二千万民の発達の為めに帝国から補助をして大層開けて居るのであります一般民衆はさういふ帝国の大なる恩を受けて居りますから山に這入ったものも大なる恩を受けしめなければならぬと思ひます

李興載　本問題は中々重大な問題でありましてそれに対して方法は色々あるやうに伺ひましたが私が根本に触れなければならぬと思ひます其の根本としては百万を超える人口問題でありますから火田整理の趣旨を徹底させなければならぬと思ひます今日の有様を見ると彼等は少しも趣旨が徹底して居らぬと思ひます是は十年二十年の継続事業として特別なる奨励の下に一定の期間内に生産の途を与えてやれば最も安全な策だと思ひます大正十二年と思ひますが或る郡に奉職して居る時に道から郡の方の火田民を来年から移住せしめて他に行くやうに伝達しろといふことでありましたから其の意味に基いて伝達した所が彼等は非常に感情を害して朝鮮の政治はこんなものが山に住むことも出来ないし川の傍に居ることも出来ない一体何処に行けば宜いのかといって怒ったから仕方がなく一、二年を猶予したのであります其の後模様を見ますると間島に移住して終ったのであります間島には任意に移住したのでありますけれども郡守が自分の管内のものを放逐したといふことを言ふのであります間島に移住させるも一つの方法ではないかといふ人もありますが朝鮮統治の上から言って間島移住を奨励するのはどうかと思ひます一部の社会からは任意に移住したものに就てさへ誤解を受けて居るのでありますから火田整理の為めに態々間島に行けといふ命令が出ると一般の感情は好くなからうと思ひますそれだから根本問題といふのは余り簡単で不得要領でありますが生産の途を与えて任意に移住させるのが宜からうと思ひます

沈濬沢　火田の整理に就ては火田民の救済さへすれば整理は自ら出来ると思ひますから此の点は省いて火田民救済の方策だけ申上

げます未墾地に移転させるのも宜いのでありますけれども凡そ人間は郷里を棄てて遠方に移るといふことは誰でも嫌がるのであります火田民は何時山の奥に這入ったか知りませぬが生活上仕方なしに這入ったものと思ひます一遍這入った以上出ることは中々困難であります之を救済するには間島とか其の他未墾地の多い所に自然に行くものはそれで宜いのでありますが強ひて之を追払ふといふことは国策上どうかと思ひますそれで彼等には幾分の補助を出して養蚕をやらせる方が最も得策だと思ひます私の居る全羅南道では私が勧めて養蚕をさした其の結果今日生活が楽になって居るといふものも一、二あるのでありますからさういふ方策を採って彼等の生活を楽にしてやったならば火田民の救済も出来従って火田の整理も出来ることと思ひます

張相轍

平北は他の道に比しまして火田も面積に於て少いのでありますが矢張り相当あるのであります先程来地方費を以て救済するとか国費を以て救済するとかいふことも論ぜられたのでありますが是は国費にしても地方費にしても此の多事なる際に火田民の為めにのみ支出するといふことは困難だと思ひます又未墾地を以てどうするとか干潟地を以てどうすると云ふ説もありましたが是亦適切といふことは出来ませぬで言ふべくして行はれないのであります元来朝鮮は山地多く平地に乏しい所でありまして或る程度の火田は已むを得ない寧ろ火田のあるのが自然の状態である又間島に移住させよといって居る人もありますがこれも火田民を直ぐ間島に移住させるといふ風に手っ取早く行かないのであります又間島に移住するものは能々の事情あるものである結局私の意見としては造林といふ見地から見て之を整理するといふことは不可能のことであらうと思ひます私は儒林の視察団に加はって内地に行って見たのでありますが内地に於ても朝鮮で謂ふ火田があるのでありまする山奥で平地の少い所に火田のあるといふことは已むを得ない現象でありまして之を無理に整理するといふことは出来ないのであります既存の火田は熟田化せしめるといふ方法を講ずる方が宜からうと思ひます殊に産米増殖計画の見地から申しましてもさういふものに平地を耕作せしむるといふことは根本に於てさういふ精神と合致するかどうかと思ひます要するに火田は殖林といふ立場からのみ見ないで既に色々な要件が加はってそれに定着して居るのでありますから安心して定着して耕やす所の火田は熟田にするといふ方針を採ったが宜からうと思ひます寧ろ必要已むを得ない要存林内の火田は例外的に整理する必要はありますが之とても無理に取締的整理方針を採らないで十年なり幾らなり余裕を置いて無理のないやうな整理方針を採ったならば宜からうと思ひます

金潤晶　火田民に関する李熙悳君の御話は最も興味ある適切な御話だったと思ひます其の御話に対して我々の同胞を朝鮮外に送り出すことの不適当であるといふ御話もあったのでありますが私はさうは考えませぬ現に鮮内に於て生活に困って居るものは結局安楽の地点に向って送り出すといふことは宜からうと思ひます殊に朝鮮に於ては恰も火田民は伝染病に於けるが如く兎角其の儘に放置して置きますると段々侵蝕しまして荒す一方でありまして其の被害の大なることは私の申す迄もなく河川の現状を見たら解るだらうと思ひますさういふ次第でありますから安住の地を求めて移るといふことは当然であらうと思ひます百二十万の人をさういふ意味から安楽の地に送り出すことの必要なることは申す迄もないのでありますが唯茲に御記憶を願ひたいのは奉天に於ける東亜勧業の如きことをやってはならぬと思ひますそれは程度を考へないで余り御馳走を食はせやうとしたのでありますす同じ移すにしても東亜勧業のやり方のやうなことがないやうにしたいものだと思ひます

劉　猛　自分は間島移民を反対するものであります間島といふのは固より帝国の領土でなくして支那の領土の一部であります而かも其の土地たるや常に安全地帯とは言へないのでありますさういふ所に少くとも政策で以て又法規の力を以て移住することを勧めるといふことは同胞に対する親切なやり方ではないと思ひます茲に後々のこと迄も考へなければならぬことは沢山の人が移住して恰も一つの国をなすが如き状態に至っては鮮内に対して或る事をなすといふことも考へなければならぬさういふことは国家に取って憂慮すべき事態に陥らぬとも限らないのでありますそれに火田民を整理するといふ理由の下に移民を奨励するといふことは或る意味から言へば館を与へ武器を与へるといふことにもなるのであります鮮内に於て相当の方法を講じたならば安定する方法がないでもないと考へるのであります

韓相龍　火田は山林の保護、産業開発上に一種の癌と考へて宜しいのでありますから之を出来るだけ早く整理しなければならぬ山林部長の話を聞けば大正五年に整理計画を立てて其の後一万八千人の整理が出来面積に於て一万五千町歩の整理が出来て居るけれども却って其の当時よりは今日二、三万人殖えて居るといふ御話でありましたそれも大正七年か八年に整理政策を緩和する方法と致しまして傾斜三十度以内は認めるといふやうな方針を採られました結果それで殖えて居ると思ひます朝鮮は朝鮮の特別な性質がありますから法令で禁ずればすっかり禁ずる絶対的の禁止をするといふことであれば出来ないことはなからうと思ひます幸ひ政府に於て産米増殖計画があって新開地があり一面には移住予定地として三十万町歩の未墾地を与へるといいことでありますがああいふものを利用して彼等を整理すれば整理も速かに出来一面には彼等の生活安定を得られることと思ひます是は土地改良部に於てやるか或は東拓の如きものでやるか東拓は二十年近くになって居ります私も最初創立委員の一人として当時の桂総理大臣にも会ったのであります当時の東拓の一つの仕事としては殖民であります之に付きまして朝鮮から参りました人は熱心なる質問をしたのであります当時日本の人は日本の移民を朝鮮に伴れて行くばかりではない朝鮮は一平方里に二千二・三百人である北鮮に行けば二百人乃至三百人であるから此の人口の密度を調和する必要上やるといふやうな御話でありましたから朝鮮内の移住民も取扱ってやるといふことは当時の記録に残って居ります東拓は其の後色々の資金の都合もありましたでせうけれども内地から移住して来るものは取扱ったのであります朝鮮内に於て甲から乙に移住するものは一向扱って呉れませぬ勿論内地から来るものは我々歓迎するのでありますが火田民の如きも東拓の如き既設の会社而かも使命を有って居る会社に於て何等かの方法に依って移住さして呉れるならば火田民の整理も案外早く出来ると思ひますそれには相当金が要るのでありますがそれは何等かの方法で出来ると思ひます昨日尚参議の御話では火田民は自分の所有地は小作人に任して暑い時は山に行って火田をやるといふことでありましたが斯ういふものを先づ整理すれば百十六万人にもならぬのでありますそれから火田民は間島に移住せしめるが宜いといふ御話がありましたがそれは比較的容易な便法かも知れませぬが本当に総督政治の為めを申上げれば我々は御励ますることは出来ませぬ何故かと言へば政策といふことも世間に発表され誤解も伴ふのでありますから僅かのことで朝鮮内或は朝鮮外から誤解されるといふことを恐れるのでありますから間島移住を奨励するといふことは御断念になった方が宜からうと思ひます

第三　営林署長会議答申事項（昭和一一、一二）

諮問事項　森林保護取締及火田整理に関し施設改善を要すと認むる事項

答申

京城　(一)森林の保護取締

管内林野の現状よりして森林の保護取締を徹底的に行ふは最も機宜の処置と認む今其施設改善を要すと認むるもの、中重なるものを挙ぐれば次の如し

(1)　森林保護組合員の誠心的活動を促し保護取締上遺憾なきを期すること

森林令第十条に依り保護命令を発せられたる国有林は京城、長山串、安眠島、及辺山の四保護区管内にして其組合員の活動状況を見るに単に有名無実に止まり其効果甚だ微弱にして実に遺憾に堪へざる次第なり依て左記各項の実現を図り極力組合員の活動を促進せむと欲す

(イ)森林保護組合員殊に主脳者に対し絶対的に保護の責任観念を徹底せしむること

各部落民は区長、評議員、其他の有力者の言を尊重し其指揮命令に服従する様常に指導し一面森林保護の必要なる事由等組合員一般殊に其主脳者に充分納得せしむる必要あり即ち各組合の主脳者の会同を行ひ愛林思想を鼓吹し且つ保護組合の責任を領得せしめ自発的に其責任観念を喚起せしむる要ありと認む

(ロ)　森林保護組合費の徴収を一定すること

組合員の活動増進を図るには保護上必要なる被害の予防及防止に必要なる各種の施設の完備を図らざるべからず即

ち之が為には勢ひ組合費の徴収を必要とするに至るべし斯くして組合の基礎を強固ならしめ以て経費の範囲内に於て森林保護専務の有給保護員を配置し或は保護上有用なる器具等を購入し常に保護組合員をして一朝有事の際充分活動し得る様準備の要あり

（八）　森林保護組合員の入山期を一定すること

各保護区に属する組合員の入山期は区々に亘り少数の保護員にありては充分其監督を為す能はざる場合あり従って各種の被害を生ずる憂あるを以て部落毎に入山期を一定し諸種の被害を未然に防がざるべからず而して右期間外には絶対に入山を禁止し保護の周到を期せざるべからず

(2)　国有林の保護上必要ある場合に於て臨時一斉捜査を行ひ森林被害の防止に努むること

京城附近の如き都会地にありては薪炭材の需要相当大なるべきも下層貧困者は之を購入するの資力なきを以て自然燃料の欠乏を来し遂には京城四囲に存する国有森林に濫入し各種の被害頻々として行はる、実状なり而して少数の保護区員にては取締甚だ困難なる場合あるに鑑み保護区員と署員と合同して一斉捜査を行ひ犯罪者の検挙に努め一方地元住民に対し威嚇的行為を表現するは極めて必要なるものと認め左記の通実行したるに其効果偉大なるものあるを認めたり

年月日	箇所	従事人員	犯罪件数	犯罪数量	処置	方法
一月十三日	南山国有林城内外	二七人	一七	落葉 八四貫 生枝及生立木 三擔軍	訓免 一四名 送致 三	総人員を二分し指導者の命に依り二手に分れ一斉に捜査活動を行ふ午後八時に終了す
一月十四日	白岳山三清洞懿寧園国有林	二七	一六	同 七八 同 三〇	同 一三 同 三	
一月卅一日	駱駝山白岳山三清洞仁旺山	二二	六	同 三六 ―	同 六 ―	

右表に依れは白岳山及三清洞国有林にありては捜査を試に重復施行したるに其結果第二回目に於ては被害の件数著しく減少したるを知る之即ち一斉捜査の効果充分ありたる結果と認むることを得べし

斯くの如き第一回に試みたる京城附近の一斉捜査は相当の成績を挙げたるを以て尚此後は必要に応じ屢々之を繰返し

遂には被害の皆無を期せんと欲す

(3)　活動写真を応用し愛林思想の普及の講話会を行ふこと

概して落葉枯枝の盗採は主として婦女子に依り行はるの傾向あり然るに是等婦女子に接する機会甚だ少なく為に彼等の国有林に対する保護観念は極めて微々として盗伐盗採は殆んど当然視する向なきにあらざるを以て活動写真を携帯し之が映写に先立ち多数集まりたる部落民に対し極めて平易なる語句を以て森林講話をなしたり即ち其の状況左記の通にして相当効果ありたると認めらるゝを以て今後も必要に応じ此森林講話会を行ひ漸次地方にも是を及ぼし以て愛林思想を鼓吹し延ひては森林保護の完備を期せんとす

（記略）

(二)火災防止に努むる事

火災の原因種々ありと雖も従来の軽過を考察するに主として失火に起因する場合多きを以て地元民の覚醒を促すは勿論なるも尚進で火災時期たる春秋二期の警戒を徹底せしめざるべからず而して野火災厄の惧るべきは茲に縷述を要せざる所にして常に警察官憲との協調に依り他面地元住民の自覚とに依り未然に之が防止に努めざるべからず又保護組合員の入山期を一定し火災時期には絶体に入山するを禁止し其他入林する場合に在るものも極力燐寸の携帯を禁止する様森林主事をして取締を厳重ならしむるを要す

(三)盗伐盗採の矯正を図ること

濫伐盗採は森林廃荒の主因となり森林保護上寸時も等閑に附するべからざる重要事項なるを以て極力之が防止の方法を講ぜざるべからず然るに慣習に依る弊風と極貧より来る本件の不祥事は或る救済策に依り之が矯正を計らざるべからす今左に之等防止策を列挙すれば左の如し

(1)　間伐及枝打に依り生じたる産物の無償譲与を行ふこと

盗伐及盗採は薪炭の欠乏より来る弊なるを以て林地中立木の密生地域を精査し間伐、枝打等の手入を実行し地元民に之を譲与するの方法を講ずること

(2)　燃料代用物の考究をなすこと

燃料の節約宣伝を行ふは極めて必要なるも尚ほ之に代ゆべき代用品たる籾殻、豆殻、藁等を農業方面より求むる様森林講話の際或は担当保護区員に於て宣伝せしむること

(3) 森林主事の活動を徹底せしむること

努めて人物本意による森林主事を求め自発的活動の誠意を教養し各種被害を一掃する様努力せしむること

(4) 森林保護組合員の覚醒を促すこと

森林保護組合設置ある箇所に在りては組合員相互の覚醒を促し以て盗伐其の他の被害を減少せしむること

(5) 森林令第十条の精神を徹底せしむること

保護を命ぜられたる組合員は単に本令を以て産物の譲与を受くる唯一の規程と誤認せる傾向あり而して産物の取得のみに吸々として義務たる森林の保護には更に意を用ひざる傾あるを以て是が本旨を徹底せしむる必要上機会を利用し宣伝講話を実行して本令の主旨の徹底を図り遺憾なきを期せむと欲す

(四) 火田の整理を断行すること

火田は森林内の火入耕作なるを以て多数の林産物を焼却し尚延ひて森林火災の原因をなし莫大なる損失を召致するのみならず耕作地の表土流失の因をなし土砂崩壊の源となり誠に憂慮に堪へざる次第なり然るに火田民の実情を見るに主として細民に多く追放すれば又他方に之を敢行するが如き状態にして之が全滅を期す事は甚だ難事の業にありと認む、依て先づ火田民の生活安定を講ぜざるべからず即追放主義の取締に先ち左の事項の実行を計るにありと認む

イ、国有未墾地及其の他の不要地の如き開墾適地と認むる箇所を選定し之を貸与或は無償譲与の方法を講ずること

ロ、国有林其他に開墾適地を求め特に此の適地を開放し此処に火田民の収容を行ふこと

ハ、火田耕作者に対し努めて林業労働に従事せしむる方法を講ずること

ニ、新規火田耕作は絶対之を取締禁止すること

以上の通にして逡巡遅疑するに於ては容易に火田整理の目的を達すること能はざる状態に在るを以て全鮮一斉に断乎たる処置に出で之が整理に猛進せざれば容易に火田の絶滅を期すること能はざるべし

忠　州

例年秋凋落春季解雪後に於ては火田火入薪材採取者併に行路人の火気不注意不始末より火災頻発し為めに往々大美林を灰

燼し啻に森林保護経営上のみならず国有財産管理社会政策上遺憾に耐えざることにして上司当局初め下級官庁倶に日常之が予防及防止に就ては留意措置を愆らざるところなり鉄道沿線等に於ては汽車の石炭に依る事実あるも要するに発火の原因たるや前記事由に起因するものなる故「火は危険なり」と云ふ観念を抱かしめ火に対する注意を促し一方之に対する積極的消極的施設方策を樹立すべきなり今之が施設改善を要すと認むる事項を説述すれば

一、要所に可成多数の標札を建て注意を促し禁法を一般に周知せしむること（盗伐其の他の被害防止を含む）

一、乾燥火災時季には可成多数の宣伝ポスター、ビラを衆人集目の地点に掲吊又は貼示すること

一、乾燥期は特に保護組合を督励し有給山監及組合順番巡視人を要所に巡視に派し官庁と連絡を取らしめ森林主事をして特に献身的努力を注がしむること

一、交通至便通過人多き林内道路には剥取又は石積拵の休憩所炊飯所を可成樹隠に設くること

一、保護組合員の入山期は乾燥期を除き指定し之が周知を徹底せしめ乾燥期は一般副産物採取者の入山を禁ずること

一、樵夫、薪材山菜取の入山者の焚火を厳に取締り或は禁止すること

一、前記者の携帯マッチは没収又は監視員詰所に一時保管すること

一、無許可火田火入者を厳重取締り行為者は厳罰に附すること

一、火田火入は警察官吏のみにては事情に精通せざると不行届の嫌あるに依り営林署の管内にして要存林内に介在又は接近する土地に付ては所轄営林署長又は森林主事の許可を受けしめ其の監督を厳にすること

一、予算の許す範囲内にて危険なる地区には可成防火線を設置のこと

一、鉄道当局に対し汽車火気取締の抗議を提議し協調をはかること

一、盗伐は経営保護機関設置以来其の度を減じたりと雖も今尚ほ跡を断たず人目に疎き奥地に於ては随所に伐根を見る之れ畢竟保護監視の不行届と地元民の民度低く道徳観念、愛林思想の乏しきに依るものなるを以て之が対応策として其の改善施設を必要とする事項左の如し

一、保護区保護員の増設増員を計り一保護区分担区域一万町歩一人当り五千町歩内外の割合とし監視を十分ならしむること

一、産物売却処分に際しては物件の実地引渡伐跡検査は可成森林主事をして実地に就き施行せしめ実地事情関係を了読せしめ絶えず伐採搬出に関し留意せしむること
一、盗伐を発見したるときは徹底的犯人の検挙に勉め事件として送置し威信を失墜せしめざることに励み普通森林犯罪に対しては訓戒放免又は二十円を最高とする刑罰なるに依り困窮の果て（背は腹に換へられず）の態にて万一を計りて敢行する者あるを以て厳罰に付し之が弊を除去すること
一、密告費として経費を計上し密告者を使役し盗伐犯人の検挙に務め盗伐の防止をなすこと
一、森林令第十条に依る保護命令報酬としての枯損木採収を年中行事の如く行はしめず随時場所日時を指定し営林署員又は保護区員をして監督の下に施行せしむること然らざれば前年度に於て巻枯しをなし又は枯損木に生木を盗伐し混ずる虞れあり
一、売却処分物件の搬出期間を厳守せしむること
一、国有林隣接私有林伐採許可の際は処決郡庁より箇所、数量、被許可人伐採年月日等を関係営林署に通知をなさしめ被許可人に於て営林署職員と一応立会をなさしむる様すべきこと然らざれば区域境界不明瞭にて誤盗伐を生ずる虞れあり
（当署にては二、三例あり）
一、地元民に対しては適当なる副業を奨励し国有林の造林撫育事業等に於ては地元民を督励出役せしめ生計費の一端る補ひ民福の増進を計り生計に余裕を与ふる方法を講じ講話関係映画の活動写真等を利用し思想の善導向上を計るは時代に適切なる施設なるべし
尚ほ被害防止として述べむに従来朝鮮殊に山間僻地の畓田は地味瘠悪にして年々施肥を等閑にするを得ざると前述の如く経済民度の低きが為め水田耕作に於ては緑肥の採取は彼に取りて最も緊要事にて反面国有林に付ては火田耕作と共に林政上の瘤なり緑肥採収は経営上に及ぼす支障極めて多し其の防止策として当局の之に代はる可き人工肥料（緑肥の人工栽培、堆肥油糟の造成等）金肥の奨励を為し漸次森林内に於ける採取を禁止するに近からしめる方法を講ずること亦大切なり
森林令第十条に依る国有森林保護組合は組合に依りては極めて良好なる効果を収めつゝあるも或るものに於ては有名無実組合員にして組合員たるの権利のみを知りて義務を知らず甚しきにありては加入の有無をも弁へざるものある状態にて罪

たるや指導監督の不行届の醸すところなり

尚林政改革に依り其の従属関係すら不明のもの多きを以て之が主旨並関係を明白にし指揮監督のよろしきを得善導するは之が活動の導火線とも云ふべきなり

従来組合は郡の指揮監督の下に組織せられ事務所を面事務所内に置き主として面長之が長となり組合費を徴し有給山監を置き又然らざるものあるも山監たるや単に組合費の徴収又は面事務の雑務に使役せられ巡視等はなさゞるものあるやに仄聞するに依り将来規約等改正を行ひ山監は所轄森林保護区に勤務せしめ森林主事の指揮に従ひ行動せしめ時々山監を召集し林業智識の賦与と必行事項の打合せを行ひ活躍の道程に引入れ以て十全を期す可きなり

林政改正後日尚ほ浅く組合に関する事務は僅に手を染めたるに過ぎざる状態なるも近く之が実施をなす予定にて従来の実績傾向に鑑みるに森林令施行規則第三十六条中第一項即ち組合員の義務の内火災の予防及消防のみを監督官庁の督励あ待ちて漸く実行し他の五項は何等なすことなく寧ろ組合員に於て敢侵の状態なるに依り之が実行を徹底せしむ可きと思料せらる

火田整理は前述の如く林政の一大支障事にて整理又施政上重大なる関係を有し之に関しては諸ゆる例規を発し幾多の方針の下に之が処決を急ぐも容易の業にあらず其の行蹟香しからず之が整理は一日たりとも閑に付すべきにあらざるも積弊数百年に亘るを以て今俄かに禁遏するは当を得たるものにもあらず又到底不可能なるを以て漸を追ひ之を制限し永遠の利害を説示訓戒を加へ森林経営の方策を申含め更新に名を採り数年間立退きの猶予期間を厳達し期間の迫るにつれ激しく督促し愈々期に到れば植栽をなして立退かしめ里に下り正業に就く可く進むるも一策と思料せらる尚ほ要存林野内に於ては現耕火田耕作の外之を認められざる結果適当なる移転地なく整理困難なるを以て要存林野と雖も相当集団し得べき適地は之を移転地に認容し漸次永久の熟田に開墾せしめ之が移住民は国有林の保護組合を組織せしめ連帯にて責に任ぜしめ或は最寄組合に編入せしめ保護の任を負はせ傍ら国有林の経営保護事業に使役し而して指導せば好結果を得るにあらずやと思考せらる

（一）森林保護員の充実

地理的関係上よりして島外より薪炭及用材等の移入困難にして且民有林野より之が供給を受くる数量尠少なる為め畢竟

国有林より之が供給を仰がざれば生活上困難を来すの状態にある島民の一般に盗伐を敢行する弊習夥しきは事理の当然なるべし之が保護に当りては極力努めつつありと雖現在の保護員を以てしては到底徹底的取締の不可能なるは頗る遺憾とする処なり、従来西帰浦・城内の二ケ所に設置されたる保護区は営林署官制発布と同時に其の一を失ひ更に森林主事の定員に於ても半減するに至れり従て主事の負担は益々重きを加へられ到底完全なる巡視を遂行し得ざる現況にあり故に従来の実跡に鑑み人員の充実を計り最小限度として一森林主事の下に有力なる森林監守二名を配置し間断なく林内を巡視せしめ諸種の被害の防止に努むる必要ありと認む

(二)火入制限に関して

本島に於いては家屋の屋根を葺くに全部茅を使用するを以て之が採取も亦重大なる事項にして本島は原野草生地頗る多く特に茅畑を作り之を養成するの状況なり而して従来の慣習上優良なる茅の発生を促す為め毎年早春火入を行ふの習慣あり、火入は本島民の年中行事の一とも称せらるべきものにして国有林の下部を団繞せる広大なる原野地帯又は火田の跡地等焼き払ひ火入時期には連日白煙を以て覆はるゝの観あり幸にして森林地帯は大部分濶葉樹にして且常緑を混ずるを以て比較的野火の被害少きも造林事業に当りては野火の防止を計るに非れば巨額の経費を投ぜる造林地は一朝にして灰燼に帰するの虞あり然して之が絶対的禁止は地元民の生業と重大なる関係あり且古来の習慣上放牧等の関係もあり直ちに実行は困難なるも之が取締に関しては一定の規定を設けて制限するの必要あり前々金丸所長当時之が火入方法を一般に周知せしめ宣伝ビラを配付し宣伝を為したる結果は正規の手続を為し火入を行ひ成績見るべきものありしが時日の経過に従ひ漸く乱れたる状態なるを以て来る三月の火入時期には之が大々的宣伝を試みんと計画中なり尚森林に対する注意並に罰則等を簡単に記し愛林観念に乏しき島民の注意を促すべきは必要なるに付各面、各里の集会所又は適当なる箇所を選び制札を設置するは最も必要なる事項と認む

(三)境界標修理に関して

境界標識の不判明は森林保護上支障尠からざるを以て境界標の修理は殊に緊急なるものなり、然るに本国有林に於ては大正五年林野調査を了したる当時境界に木標又は白ペンキを以て岩石に標識を設けたりと雖も既に長年日を経たる結果ペンキ番号の如き又殆んど判明せず殊に境界附近は国有林の内外共に無立木地又は火田或は火田跡地多く普通畑地と区

別困難なる状態にして之等は一日も早く修理を為し境界標を明確ならしむるの必要あり、来る三、四月頃漢拏山国有林施業案の検定実行の為め本府員来島の予定なれば其の時期に於て之が修理を行ふを適当と認む

奉化

(一)火災季節に臨時監視員配置の件

森林被害の内盗伐、風水害は左迄憂慮すべきものに非ざるも森林火災に至りては特に最大の注意を要すべきものなり今回森林保護区域変更の結果一保護区の管轄面積三万町歩乃至四万町歩にして一保護区員の担当面積約一万町歩以上に拡大されたる現状にして斯る広大なる面積に一人の保護員の巡視にては万全を期し難きを以て当分春秋両季火災の起り易き時期には五千町歩に付一人の臨時監視員を配置し地元保護組合員の巡視を督励し全力を注ぎ火災を未然に防止し度し

(二)国有林境界標識並境界査定に関する件

国有林の境界は五万分の一地形図及六千分の一林野図に於て明瞭なりと雖其の標識たるや多く白ペンキを以て天然石又は立木等に之を標示しあるも其の点間の距離五町乃至十町に及び甚敷は一里にも達せる箇所ありて其の間に於ける境界の判明を欠ぐの嫌ありて動もすれば誤伐侵墾等の弊害を惹起するの実例ありて保護上甚だ遺憾に付之が防遏上今後何年かの計画の下に本府直営とし一町置位に境界標識（土塚又は石塚）の建設をなし重要地点には四寸角位の石標を建設し各点間を確実に実測し境界査定簿を作製し境界の実地判明を期せられたし

(三)火田整理の件

(1) 火田にして傾斜三十度以内の熟田にして国有林保護上差支なき箇所は五年若くは十年払込の売却方法に依り之を払下げ国有林より除外すること

(2) 傾斜三十度以上又は山間谿谷に散在し為政上甚だ不便の箇所は断然之を廃耕（続行を防ぐ為火田跡地には播種造林を行ふこと）せしめ大正五年内訓第九号の趣旨に依り新に適耕地を選定し之を一団地に移転せしめ一定の年限後之亦前記の方法に依り売却し所有権を認め永住の決心を為さしむること

林政統一の結果全鮮の要存国有林には殆んど保護員を配置され各員共自区内の火田整理に常に留意しある今日に於ては往時の如く甲種要存林にて廃耕されたる火田民は比較的取締の弛緩せる保護区の設置なき乙種要存林に移転開墾し恰も浮萍生活を為すことは絶体不可能なるを以て今や本問題の如きは全鮮幾万の火田民の死活問題と云はざるべからず若し

政府に於て満洲移民の如き果断なる措置にても講ぜざる以上は徒らに自区内の成績を挙げんが為に廃耕のみを能事とするも果たして万全の策とは謂ひ難く然りとて漫然之を放任することは林政上許すべからざるを以て寧ろ前記の通り火田にして国有林経営上差支無き箇所は曽て駅屯土払下の例に依り有料にて之を払下げ然らざるものは内訓第九号の趣旨に依り適耕地の一団地へ移転せしむる方法を励行し若し之にも応ぜざるものは一点の同情すべき余地なきを以て斯る箇所は一定の年限後断然廃耕せしめ続行を防ぐ為跡地に播種造林を行ふこと

(四)森林令第十条に依る保護命令実施に関する件

国有林の保護取締に関しては保護員の活動と地元民の自覚努力と相俟たざれば所期の成績を挙げ難きは今更贅言を要せざる所にして本署管内に於て従来保護命令を受けたる地元住民は里洞に於て国有林保護組合を組織し相互提携し共同一致其の義務を全ふするの実況にて殊に春秋両季節には森林巡視を励行し或は山火の際は老幼を問はず先を争ひ現場に赴き鎮火に努め尚自発的に防火線の設置をなす等其の成績大に見るべきものあるを認めらるゝを以て今回の林政統一に関する官制発布と共に新に当署管轄国有林となり従来保護命令なき箇所に対しては直に保護命令下附の方策を採り別紙草案の保護組合を組織せしめ其の目的を徹底せんとす

別　紙　何々里国有森林保護組合規則草案

第一条　本組合は何里国有森林保護組合と称し何郡何面何里居住者を以て組織す

第二条　本組合は森林令第十条に依り何郡何面何里住民に対し保護を命せられたる何国有森林を保護育成し兼て愛林思想を涵養するを以て目的とす

第三条　本組合には組合長一名評議員何名を置く組合長は里民の推薦に依り所轄営林署長之を指命す
組合長は組合の業務を統理し組合を代表するものとす
評議員は組合員中より組合長之を指名し組合の業務に付組合長の諮詢に応するものとす
組合長及評議員は無報酬とす

第四条　組合員は保護すへき森林に付連帯して左の義務を負担するものとす
一、火災の予防及消防
二、盗伐、侵墾其の他加害行為の予防及防止
三、有害動物の加害予防及駆除

四、境界標識其他標識の保存
五、稚樹の保育
六、特に官庁より命令せられたる事項
第五条　組合員は前条の義務を履行する為め常に交代して森林を巡視するものとす
巡視すへき人数及其の時期並に交代の方法は所轄森林保護区員の指揮に依ること
第六条　組合員の所得となるへき枯木、倒木、枯枝及柴草其他は土地形質を変せすして採取し得へき副産物の採取は組合長に於て評議員の意見を聴き其の区域期間及一戸当り採取人員を定め組合員に入山を許して之を為さしむ
前項の区域期間及一戸当採取人員を定めたるときは予め之を所轄森林保護区に届出つへきものとす
第七条　組合員は営林署長の許可を得るに非らされは森林の手入の為伐木し又は生枝を採取することを得す
前項の許可を受けたる伐木生枝の採取は組合長に於て組合員をして伐採に従事せしめ之を平等に分配す
第八条　組合員に於て自家用又は組合内の部落用に供する為特に産物の譲与を受けんとするときは組合長は所轄営林署を経て朝鮮総督の許可を受くへし
第九条　監視員は保護すへき森林に付第四条の義務に違背したる者あることを発見したるときは直に組合長及所轄森林保護区に届出ること
第十条　組合員にして本規約に定めたる事項に違背したるときは組合長は評議員の意見を徴し捨円以下の過怠金を科することを得
第十一条　組合の経費を要する時は組合長は評議員の意見を徴し所轄営林署長の許可を得て組合員より徴収することあるへし
第十二条　組合長は森林保護に付特に功労ある者に対して評議員の意見を徴し賞状又は賞金を授与することを得
第十三条　本組合には左の帳簿を備付くるものとす
一、現金出納簿
一、往復書類簿
一、組合員名簿
一、巡視実行簿

谷　山

凡そ森林経営事業の大半たる保護取締の要は一に地元住民の真に自覚ある協力に依るに非らざれば到底之が完璧を期し難しと思料す

蓋し一般地元民の智識の程度、生活状態、慣習、愛林観念の強弱、保護員に対する受持区域の広狭、地勢の険阻交通の便否火田民戸数の多寡等の関係に依り自ら保護取締に難易を生ずるは自然の勢にして之等の諸点を充分探査考究し以て合理的に完全を期せむとす

然るに当署管内は平安南道陽徳郡、成川郡及黄海道谷山郡、遂安郡の四郡に跨り其の区域面積実に十八万五千町歩の国有林野を抱擁し所謂「アルプス」地帯にして交通極めて不便なる為一般地元民は文智に暗く朴直にして常に逼迫せる生活に追はれ受持区域の広汎なると地勢の険悪とは相呼して保護取締能率をより以上に低下し加ふるに火田民格別多きを以て一段の困難なる状勢にあり

而して現在黄海道谷山郡内に於ける国有林野（面積九万一千三百十七町歩にして管内国有林野総面積の約五割）に対しては大正十四年一月六日附山乙第一号を以て森林令第十条に依る保護命令に併せて同年二月二十六日附を以て地方長官より保護組合の組織並に所轄森林保護区の指揮を受け必要なる箇所に対し防火線の設置等を為すべき旨の命令を受け官民相呼応して保護取締に最善の努力を為しつゝあり

又平安南道陽徳郡内国有林野（面積五万二千二百六町歩管内総面積の二割八歩強）に付ては谷山郡より一歩先立ち保護機関の設置を見たるのみならず交通関係前者に比し稍々便なる為め地元民の智識も亦稍々進歩し保護取締の程度谷山に劣らず然れども国有林の面積に比し区域の広汎に亘るを以て郡と打合せの上国有林保護嘱託員十七名を配置し以て保護撫育に努力しつゝあり

成川郡内国有林（面積三万六千四百二十町歩管内総面積の約二割）に対しては何等の事項なく依然として旧態にあり速に保護機関の設置と相待て之が十全を期せむとす

又黄海道遂安郡内国有林（面積五千十五町歩管内総面積の二歩七厘強）は昨年六月官制改正と同時に谷山森林保護区に編入せられたるも未だ何等の特記事項なく之亦依然として旧態に在ると雖引継後随時巡視を為さしめつゝあり

以下項を分ちて火田整理に関する事項及森林令第十条に依る保護命令実施に関する事項並に森林火災盗伐其の他の被害の防止に就き述べむとす

（一）火田整理に関する事項

火田整理に関し従来彼等に移転料を支給して任意に移転せしむる方策の下に調査を始め又は任意に移転の誓約書或は請書を徴する等の方法に依り他方より火田火入、侵墾の取締を厳にし消極的に整理に力を入れつゝある等種々雑多の画策を試み来りたると雖一として確然たる方針の決定を見ず唯僅かなる火田民の自覚と取締とに依り多少逓減しつゝあるに過ぎず

之か積極的整理の施設としては火田民をして国有林野内の農耕適地の開放を為し之に移転せしめ土着心を喚起せしむる為一定条件の下に之を付与し山地帯に対する適切なる副業の奨励と相待ちて穏健なる発達を期すべく此の点に於ては本府に於ても一定の方針の指示を仰ぎ一層整理に努めむとす

(二)保護命令実施に関する事項

管内国有林野の内黄海道谷山郡内所在の面積九万一千三百余町歩に対しては大正十四年一月六日附山乙第一号森林令第十条に依る保護命令に併せて同年二月二十六日附を以て保護組合の組織並保護上必要なる箇所に防火線を設置すべき旨地方長官より命令を受け直に組合の組織を了し組合長には各面長を推挙し各組合には評議員及監視員を撰任し其の組合数四十六箇加入戸数七千八百余戸（谷山郡戸数の七割六歩）を網羅せる保護網を完成し常に保護区と連絡を保ち一般組合員に対しては森林講話会を開催し保護保育に必要なる講話を実施し同年十一月国有林と民有林野との境界の刈払を実施し（約四割施行済）殊に火災に際しては地元民の活動振りにつきては自他共驚異とする所にして同年の火災の消防に対し特に黄海道知事より賞状及賞金を授与せられたるもの仙巌森林保護区内に二名を出すの状況を見て其の効果の甚大なるを念はしむるものあり

然して設立後日尚浅く為めに種々不便なりし処ありたるを以て大正十五年林政機関の統一を期とし一段の改善を計り内容を新ため意義ある発達を期せしむべく画策せる結果将来火田の整理、各種森林被害の防止其の他義務の遂行は勿論大に期待する処多からむと思料するに難からず

又火災の予防、盗伐、侵墾其の他の加害行為の防止に付きては前述の如き組合設置の箇所にありては積極的に遂行し得らるるも之が設置なく且つ保護機関の未設置区域に在りては依然として旧態にあるの感なしと雖もポスター配付制札の建設等に依り之が防止に努むると同時に経費の許す範囲に於て国、民林界の刈払を施行し進んで必要の地点に防火線の設置をも行はむと画策中に属す

寧遠

(一)森林火災に付て

森林被害中最も恐るべきは火災にして朝鮮は大気一般に乾燥し特に春期解雪後植物発芽迄は其の期間最も長く秋期落葉前後之に亜ぎ以上の期間は毎年多大の惨害を蒙りつつあり之が予防防止に付ては左の方法を必要と認む

(1) 火田火入の許可期間を秋期一回に限定すること
当管内に於ては普通耕地少き関係上火田火入の厳禁は不可能の現況にして従来毎年春秋二期に火入の出願をなさしめ警察官署に於て保護区員立会の上支障なき私有林野に対しては許可をなしつゝありたり
然るに二期に許可すれば反則者多きのみならず春期は最も森林火災の虞も多きを以て昨年関係警察署と協議の上之を秋期一回に限定し実行したるに好結果を見たり

(2) 森林火災予防防止に関する宣伝立札増設
曩に本府より配付せられたる如き簡明なる宣伝札を増設すれば効果多きものと認む

(3) 火災の予防消火等に付特に尽力したる者等に対し表彰をなすこと
前年道知事に於て消火に従事したる者に対し表彰せられたるに非常の好印象を与へたる実例あり

(4) 警察官憲より同情ある援助を得る方法を講ずること
火災の防止消防、火田整理は勿論盗伐防止等に付ては関係警察官憲の誠意ある援助を得るに非らざれば良好の結果を収め能はざるは特に吾等地方在勤者の痛感する所なり絶えず円満なる連絡を保ち一致協力して被害の予防、防止に努むる要あり

(5) 森林令第十条に依る保護命令の実施
従来当署管内には保護組合の設立せられたるものなきも地元民の大部分は火災の消防等に付ては官憲の命に従ひ出動する義務あるものと信じ今日迄之に従ひたるも智識程度の向上と共に権利義務観念を明にするに至り漸次今日の如き片務的の義務には応ぜざるが如き傾向も生じたるを以て昨年十一月主任森林主事の事務打合会を開催したる際協議をなし森林令に規定する権利を与へ森林火災の予防防止森林巡視等の如き義務を負はしむべき正式の規約を定め保護組合の設立をなすことに決せり保護組合の実施は盗伐防止上にも効果ありと思考す

(二) 盗伐の防止に付て
盗伐の防止に付ては特に施設改善を要すと認むべき案なきも努めて売却出願手続を簡単にし許可は成る可く迅速になし尚ほ保護組合実施の後は組合員より反則者を出したる場合は当該組合の共同責任となす等の方法に依るを適当と認む

(三)火田整理に付て

朝鮮国有林経営上最も困難なるは火田整理問題にして之が整理は一朝一夕には其の成果を収むること困難なるが如し試に当署管内国有林に付ては制度改正後日浅く調査未了に付寧遠郡所在国有林面積約十六万町歩に付計上以下同断)(孟山、徳川郡所在国有林に付て見るに現耕火田面積約六千町歩の大面積に上り住民の約六割強は大小国有林内火田耕作を行ふ者のみなり故に仮りに今日国有林内火田耕作を厳禁するものとせば住民の二、三割は他に移居せしめざるべからざる現況なり右は普通耕地面積の狭少、農業以外に生業なきこと及古来火田耕作の因習久しき為め施肥除草手入等の労を厭ひ只徒らに広く耕種を行ふを以て能事とし漸次奥部へ火田耕作を行ひたる結果等に因るものと思考せらる而も彼等の生活は極めて貧窮にして平年作に於ても尚ほ漸く糊口を凌ぐに足る有様にして一度凶作に遭遇せんか其の窮状察するに余り有り所謂草根、木皮等により露命を繋ぐの他なし目下盛に地方庁に於て産業の指導奨励を行ひつつあるも尚ほ労力を厭ふ因習より脱し得ず又其の趣旨さへも解し得ざる者多き有様なるを以て関係官憲と一致協力して民度の向上を計り大体左の方法に依り収入の途を与へ農耕地の縮少を計り漸次火田の整理の外なきが如し

(イ)畜牛、養蚕、養蜂等の奨励

(ロ)施肥、除草、手入等の農耕法の改善を計ること

(ハ)林業に関する事業を起し収入の途を与ふること

(ニ)国有林内の火田開墾の厳禁

(ホ)労働の奨励

新義州

森林保護取締の完璧を期せんには各種の方策を講ずる要あるべしと雖其の実行にして多額の経費を要するもの或は現下の民情に適合せざるものあるべきを以て差当り緊急にして且つ実行容易なる左記方法に拠るを適当と認めらる

(一)火田整理

当署所轄国有林総面積六万余町歩の内火田耕作面積は未だ詳かならざるも制度改正に際し平安北道より引継書類によれば二〇〇町歩内外の見込なり火田耕作の森林に及ぼす侵害は夫れ自体及火災盗伐の因を為す国有林経営上絶対禁止を要する実情に在るを以て速に現耕火田の整理及将来之に代るべき農耕法を講ぜしめざるべからず即ち之が整理方法に関す

る意見左の如し

(1) 現耕火田の調査を為し其実体を明にすること

(2) 大正五年内訓九号火田整理に関する件但し書を撤廃すること

(3) 要存林及不要存林中に於ける農耕適地の実査解放を急ぐこと

(4) 要存林中の現耕火田にして熟田化し相当集団せる処を速に解放すること

(5) 要存林内の火田耕作者は全部其の部落の森林保護組合に加入せしむること

(二)森林保護組合の改善

現今当署管内の森休保護組合は其の地方によつては殆んど有名無実にして実効なきものあるが如し依て今後保護命令区域を改廃し新に組合を組織せしめ以て国有林保護の実績を挙ぐる要あり而して従来組合員の負担とせる組合費の徴収の如きは貧困者多きを常とする彼等に採りて相当苦痛とする所なるを以て指導啓発に要する諸雑費は別に国費を以て補助することとし或は森林令施行規則第三八条末項の権限を営林署長に委任し産物の分配を急速に行ひ得る様改正せられ彼等組合員の積極的活動を促す要ありと認む

(三)森林犯罪者の処罰

従来森林犯罪者に対する検事局等の処罰は殆んど不罰起訴処分若くは微罪として訓戒放免に附せらるる場合多きを以て却て処罰の軽微に甘へ再犯三犯の犯蹟を重ねし事例尠しとせず

教育程度比較的低き山間地方民の森林犯罪防止に関しては思想の善導と俟て刑罰政策を特に必要と認めらる本件に関しては関係司法当局に対し実情を具陳し可成即決処分を以て最厳罰に附する様交渉を重ねしも尚徹底せざる点あるを以て可成厳罰処分に附する様山林部より法務局に一応御内議を希望す

(四)制札ポスターの整備

森林被害防止並に山火予防宣伝等の為従来国有林野内外に制札或はポスターを建設貼布せること屢々なるも経費の関係上比較的粗雑なるもの多かりしが馬子にも衣装と云ふが如く外観の美は一面威信を齎すものと信ぜらる殊に山間僻地に在住する教育程度の幼稚なるものに対しては特に其の効果著大なるべきを以て爾今作製の制札並ポスターは相当入念清

藻なるものに変更の要ありと認む

（五）国有林境界標識の完成

林野の整理調査も既に完成し民有林の所有権亦確定せられたる以上今後は国有対民有の境界紛争を醸し易き場合あるべきを以て将来国有として存置を要すべき要存林野に対しては相当の経費を投じて一目判然し移動を防ぎ易き標識に建設替するの要あるべしと信ず

（六）森林監守並に警察官に森林主事の職務を兼掌

森林主事の担当面積は内地の夫れに比し一般に広大にして森林保護上遺憾の点尠しとせず故に国有林の配置状況に鑑み差当り保護取締補助の為地元民中適任者に森林監守を嘱託し相当手当を支給し尚管内森林附近に駐在する警察官に森林主事の職務を兼掌せしめ以て定員不足に件ふ保護取締の欠陥を補ふの必要ありと認む

熙川

当署管内国有林の被害の状況を見るに火田開墾は其の被害の甚大なるものにして全鮮を通じ火田面積に於ては有数のものにして森林盗伐之に次ぎ火災其の他の被害に付ては年々之を列挙する程のものなく之が保護取締に付ても特に意を用ひ地方官憲との連絡を計り之が未然防止に努めつつある関係上近時此の種の被害僅少にして頗る良好なる成績を保持しつゝあり尚火田耕作者も漸次減少の傾向に向ふと共に森林盗伐等に付ても僅か自家用の燃料等一部に於て盗伐の被害を見るのみにして将来尚一層之が根絶を計るため特に左記の如き施設改善を行ふ見込なり

（一）国有林の境界明示

国有林の境界不明瞭のため民有林の伐採に当り不尠侵入誤伐せられ或は侵墾等の被害不尠を以て特に境界の繁雑せる箇所に対しては適当の距離に判然たる境界標の新設或は修理をなし以て民有林との境界を明瞭ならしむること

（二）森林令第十条に依る保護命令の実施を行ひ森林保護組合を設置すること

国有林の保護取締に付ては年々厳に向ひつゝあるも一方地元住民の生計状態を見るに頗る貧困にして特に深山幽谷に居を構ふる火田民にありては日常の食物すら充分得ること困難なるもの多く彼等の多くは生計上不得已の故を以て敢て火田の耕作或は自家用材の盗伐を行ふもの不尠厳重之を処罰せんか彼等の殆んど全部は森林犯罪の名の下に処罰を受くるものにして之がため彼等の日常生活に取つては国有林を敵視するに至るべく斯の如き実状は民有林の少き地方に於て往々

起るべき現象と認めらる要するに森林の保護に付ては少数の当該監督者のみにては保護の十全を期するは不可能の事実にして部落民各自の愛林思想の向上に待つべきものなるを以て速に森林保護組合を設け地元民連帯して保護の任に当らしむると共に一方相当の恩典に浴せしむるは急務なりと認む

(三)火田整理に付ては新規開墾を厳重に取締と共に旧火田跡に対しては人工又は天然に依り造林を行ふこと

(四)官行斫伐其の他造林事業等の企業に因り副業を与ふること

大楡洞

(一)防火線の設定

森林火災の対策として要急の箇所より防火線の設定を計ること

(二)入山票を所持せしむること

盗誤伐の防止策として一般に国有林への入山を厳禁し入山を要する者には入山票を交付し所持せしむること

(三)境界標識の改善

国有林の境界線を明確にし置くことは森林保護取締上並国有林経営上最も必要なることとなるを以て従来の境界標の内木標及立木標は之を石標に改め標界標線の方向並標界の番号を刻し境界線には切開き又は植樹を実行すること

(四)森林保護機関の充実

管内森林主事の担当面積は平均一万町歩余の広大なる区域を有するに更に林産物処分其の他の調査事務特に造林事業の進展に従ひ今後外業に従事すべき用務著しく増加すべきに依り管内巡視は充分に遂行し得ざる現状にあるを以て此の際人員の充実を計り徹底的に諸種の被害防止に努力せしむる要あり

(五)保護命令実施

当署所管国有林に於ては大正六年各地元住民に保護命令を発せられ面長は其の組合長となりて保護組合を組織せられたるものなるが現今にては全く有名無実の状態にして何等保護をなしたる形跡なく却て権利の行使をのみ主張するが如き状況にあるを以て此の際組合規約の改善を計り善良なる保護組合を組織すべく目下計画中なり

楚山

(一)保護取締に関する事項

(1)　保護機関の充実

営林機関統一に依り従来の保護機関に一新紀元を見たるとは雖も尚且当署管内板坪保護区管轄面積五七、〇〇〇町歩に対し定員三名（現在三名）にして一名当り約一九、〇〇〇町歩、富坪保護区の三一、〇〇〇町歩に対し定員三名（現在二名）にして定員より云ふも一名当り約一〇、〇〇〇町歩（現在数より云へは一五、〇〇〇町歩）碧潼保護区三〇、〇〇〇町歩に対し定員二名（現在二名）にして一名当約一五、〇〇〇町歩にして内地の如く相当愛林思想の発達せる上保護機関に於ても相当充実せる所にありても尚且つ其の保護取締に万全を期する不能なる状態なるに朝鮮殊に国境地方の如く愛林思想などはさておき毎日の生活に追はるる貧民の為めあたら美林をも伐採せらるゝ虞れある所にありては多少経費上の犠牲を払ふとするも可成り至急左記事項に付上司の御考慮を必要と認む

（イ）現在保護区の位置に変更を要するもの

当署管内保護区は前述の如く三ケ所なるが内碧潼富坪の両保護区は新設にして其の位置に於ても大体に適所なりと認むるも板坪保護区は其の儘引継たるものにして其の位置は現在の富坪保護区管内をも合せ保護取締せんための位置にして富坪保護区の新設せられたる現在に於て現在の板坪保護区の位置は自然不適当なるのみならず実地勢から見るも一方に偏在し保護取締其他一切の職務執行上甚だしく不便を来し従て事務処理に多大の支障を感じつつある状態に付速に現在の位置を廃し其の管内の中央に位する松面両江に変更し現在の板坪保護区を其の分区として残在せば保護取締其の他万事に好結果ならんと認む

（ロ）増員を要するもの

板坪保護区は定員三名にして充員なるも前述の如く松面に本区を移し板坪は分区とせば差当り一名の増員を要す即ち本区に二名を置き桃源面、板面の分区に各一名宛の駐在員を配置するに依る

富坪保護区は現在定員三名なるも現在数は二名にして一名の欠員なり、本保護区は当署管内国有林中最重要なる箇所を管轄するに付欠員たる内地人主事を速に補充すると同時に定員に於ても尚一名を増し江面に分区を置き駐在せしむれば好結果なること確実なり

碧潼保護区の定員二名にして充員なり将来に於ては一名位の増員を要すると認むるも現在に於ては差して支障を感ぜざるに付現状にて支障なしと認む

(2) 民有林に対するもの

民有林保護取締に対しては伐採許可火入許可等相当方法を講ぜられ居るも、夫は全く名のみにして、少くとも当署管内地方に於ては全く無制限状態にして民有林の将来を思ふ時誠に心外に堪へざるものあり、右民有林取締の軟弱は独り民有林自ら有害なるのみならず民有林伐採及火入等に名を借り国有林産物の盗伐せられ、又火入の際殊更に国有林に延焼せしめ火田地となす等其の事実も尠からず斯くては国有林のみに対し如何程其の保護取締の機関充実するも万全を期する本能ざるに付現在監督方法により厳重にするは勿論営林署長又は森林主事に対しても何程かの権限を与へ其の取締に関与せしめ得るものと確信するに付其の策を講ぜられたきこと

(3) 司法事件に関するもの

当署管内は一般に交通不便にして大々的なる盗伐は少なしと雖も小事件は多少あり之が事件告発の結果は殆ど不起訴又は起訴猶予処分にして国境警備其の他の関係により目下の処森林令違反等小事件とは云へ国家永遠の栄を思ふ時余に等閑に附せらる丶の感なきにしも非ず斯くては森林の権威を失するのみならず彼等盗伐者をして其の行になれしめ益々其の害を助長せしめる虞れあるを以て本部に於て当局と打合せ多少厳重に処分せられ度こと

(4) 地方警察官に対するもの

朝鮮に於ても南鮮地に於ける警察官は多少愛林思想発達し森林に対しても多少考慮せら丶る点あるも国境地方警察官に於ては森林に対する思想に全く欠くると云ふも過言にあらざる点あり、中には森林保護関係の当事者を前にして国有林など全部焼却したる方却て匪賊征伐等に有利なりと極言するものあり右は一理あるとするも余りに一方に偏し森林を無視したること甚しく尚其の当事者を慰恥したるも甚しく之の一事に依り国境地方総て警察官の誠意を云々するに非ざるも、か丶る大胆なる放言をなす警察官が一人にても有る以上他を察するに余りあると思料せらる斯る警察官を頼み保護取締等思もよらず実に害こそあれ益する所なきは当然なるに付匪賊輩も漸次其の跋扈を減じつ丶ある今日本部に於て当局と交渉せられ斯る警察官の整理又は善導せられんこと必要なりと認む

(5) 森林保護命令に対するもの

最も森林の保護取締上有利なるは保護命令又は保護組合を設置し之が厳重監督、善導にあるも現在の如く国有林内に

其の住居を有し火田に依り糊口を凌ぎつゝある者、殊に其の火田なるものが永久的のものにあらず一時的の耕地にして数年ならずして不耗の地となり不止得新耕火田を作り之れに依り生活しつゝある火田民を相手とし右の方法を講ずるは砂上の高楼に同じく之れが実施を急ぐには先決問題として火田の整理をなし相当愛林思想の喚起したる時期に於て実施するを有利と認め現在に於ては其の実施困難なると同時に実施するも却て弊害をかもす虞れありと認む

(6) 火災消防に関する件

火災予防設備として防火線は最も必要にして其の計画をなしつゝあるも、現在の如く防火線少なき当管内の如きは右の消火に最も必要なるは消火人夫なれども森林火災は住民少なき山間部に多きを以て人夫の集合に長時間を要するのみならず一度集合したる人夫も食料なき為め一時我家に帰り食をなし相当の時間を要し又集合せざるべからず、其の為め小火災にて消火し得るものも大火災となるの止むなきに到るもの多くの殊に一度帰宅したる人夫等は言を左右にして再出役を拒み為に大火災となり大損害を来す等の弊害尠からずに付之等弊害を多少にても除かん為め必要ある営林署に燃出料の予算を配付せられ、山火災の際は之れを用意なし人夫等の消火に便ならしめ且つ人夫等の遁散を防止し其の害を僅少ならしむる必要ありと認む

(二)火田整理に関する事項

火田整理に関しては大正五年四月二十五日内割の左記に依り整理中なれども当署管内の如く険峻なる山岳多き所にありては数年ならずして左の火田不耗の地となる為め必然的に新耕火田を作らざるべからざる状態にして斯る所にありて消極的なる方法を講ずるも完全に整理する能はず之れが全滅を期するには経費多少高額に上るも彼等火田民を山間部より駆逐くせしむるにあり、現在の如く内訓四項に依らず只新耕火田を否み罪を以て整理せんとするは彼等に只死を与へるものと同じく或る制限を附し彼等を山間部に置くも其の整理完全に行かざるに付左記方法に依り整理すること必要なりと認む

記

(1) 内訓第四項の移転地を選定し移住せしめ之れが善導すること

(2) 国家の保護を受くる或る生産組合的の機関を先づ集容すれば一挙両得なりと認む

(3) 朝鮮内に適当なる移転地なければ外国殊に南アメリカ等を此の際利用し移住せしめ之が善導に努むること

右の外火田整理に対しては多少意見あるも皆一時逃れ的にして完全に整理し得ざる事項に付省略す

江界

当管署内の如き交通不便にして住民少く林木の利用価比較的低き地方に於ては盗伐盗採せらる場合ありとするもそは地元部落民の僅少なるものに止まり搬出路の関係上相当取締ることを得べく恐るべきは火田侵墾及森林火災なりとす而して森林火災は旅行者又は入山者の不注意より発するものあるも其多くは火田侵墾の目的を以て開墾放火するもの及之が延焼にして大正十五年中の江界管内火災の原因を示せば左の如し

火田耕作及之が延焼	九件
子供の弄火	二件
煙草の吹殻	二件
旅行者焚火	一件
計	一四件

大正十五年は気候の関係上火災少かりし年なるも尚右の数字を示し従来火田関係の火災其の大半を占むるものなれば当署としては全力を挙げて之が防遏に努めつつある所以にして既に之が対策並に署の方針に関しては過般来申報する所なるも現耕火田並に火田民に対し当署の採りたる方針を再述し更に改正せられたき希望を述べんとす

(一)差当り当署の取りたる方針

現耕火田にして大正十四年末迄に開墾し作付を了したるものに対しては現在以上絶対に侵墾せざることを条件として当分不問に付することとし新期開墾せるもの又は開墾せんとするものは総て検挙し之が為め衣食の途に窮する者は森林労働者として署官行作業人夫とし又は民間事業経営の斫伐事業に漸次誘導し以って労力需給の円満を計ること

(二)整理の実行方法

保護区員は其の巡視の都度被害を発見する毎に相当訓戒し甚しきは検挙しつつありと雖も既述の如き広汎なる管理面積に対し到底完全を期する能はざるは勿論にして其反応極めて微弱なると火田民中或種のものは其性質狂暴にして単独整理は危険を伴ふことあるを以つて森林火災発生前即ち全管内に対し予め警告を発し置き警察官憲の応援を得て火田火入

前に於て被害甚しき箇所毎に二人以上よりなる整理班を派し大挙して其の衝に当らしむ根本を宣伝に置くを以つて努めて訓戒又は諭示に止むるも其犯行の甚しきもの又は他に累を及すもの等は之を検挙せり

(三)其の成果

右の整理方法は昨秋より実施し来しを以つて未だ成果の大なるを得たりとはせざるも地方的に多少の感動を惹起し得たりと信ずるものにして当分春秋施行の方針なり

以上の如き処理は畢竟窮余の一策に過ぎずして之により根本的解決を期し得ずとするも右方法の外更に左記の施設改善を得ば消極的なれども相当期待を持ち得べきか

(1) 保護区員を増置すること

之が人員は相当研究を要するを以て更に機会を得て答申せんとす

(2) 火災予防巡視人夫を置くこと

火田火入期節たる春秋二季に火災予防の為臨時人夫を使役すること右は既に旧営林支廠当時実施し相当成果を認めたり

(3) 既開墾地の解放

既に開墾せられ其の面積相当纏りたるもの尠なからず斯の如きは寧ろ解除し耕作者をして定住せしむる様導き国有林内のものと雖も既耕地は之を貸付し相当料金を徴する様改むることゝし侵墾者は厳罰に処し厳正なる法規の徹底を期すること

右の如き制度方法に出ると雖も急速には到底完璧を期する能ざるべきを予想せらるゝも民度の向上と地方官憲との協調善導とにより今日の放漫状態を離脱せしむるを得べしと信ず

(四)保護命令の実施

当署管内に於ける保護命令の実施せられたるは平南鎮保護区管内のみにして保護組合は年一、二回の会合により署の宣伝機関とする程度にして森林火災等の場合は組合設置なき地方と雖も防火に出動せしめ居る状態なれば爾来各保護区を通じ保護組合の設立に就き夫々研究中なるも管内住民の最も密切なる関係を有する住民は主として火田民にして之が処理に対する確たる方策の決定せざる限り其の成立は或意味に於て意義を失するものあるを慮り目下研究中なるも尚左記の如き事由は其の設立を阻む一理由なりとす

記

当地方の如き遐陬の地域に於ては「森林は衣食住に対する敵なり」の域を脱すること尚遠からず住民の森林に対する愛林思想極めて乏しくたま〳〵最近の洪水に依り多少反省するものありと雖も之等は国有林を去る遠き下流地方の比較的開けたる地方民にして国有森林の地元住民は殆ど無覚醒なると更に保護命令は此等住民にとりては単に義務のみにして保護組合員たるより得る利得は無償採取を認めらる丶枯木倒枝条の如き彼等にとりては殆ど無価値に等しきものにして之を利用するが如きことなく目前の利を追ふ彼等は組合設置を欣ばざる傾向あり国境森林地帯に於ては特に此の点に改正を加ふべき必要あり少くも自家用薪炭材及自家用補修材料の程度は無償譲与し相当恩典に浴せしむる一方犠牲的精神を喚発せしむる必要ありと認む

尚参考の為十五年中に於ける当署被害及其の原因を表示せば別表の如し

第一表　大正十五年中林野被害一覧表

種別	件数	面積	材積	金額
火災	一四	二〇八、〇〇町	四四九尺〆 八、一〇六束	一三五、二〇〇円
侵墾	五八	四四、〇〇	四、七五四尺〆 三、四三〇束	八八六、八九〇
盗伐	一五	一二、〇〇	一、一四五尺〆	四一二、二〇〇
盗採	二	、二〇	二六匁五	二〇、五四〇
山崩	一	二、〇〇	一三七尺〆	四三、八二〇
誤伐	三	一、四七七、〇〇	三八九尺〆	二七九、一〇〇
計	九三	一、七四三、二〇	六、八七四尺〆 一一、五三六束	一、七七七、七五〇

第二表　大正十五年中火災の原因別被害表

種別	件数	面積	材積	金額
火田耕作の目的の火入	五	三五、〇〇町	三、一〇〇束	三一、四〇〇円
国有林野外の火田より延焼	四	一二八、〇〇	三五四尺〆 一、五〇〇束	五三、五〇〇
林内焚によるもの	一	三、〇〇	五二尺〆	五、〇〇〇
煙草の吸殻によるもの	二	二八、〇〇	四三尺〆 一、二〇〇束	二一、〇〇〇
子供の弄火によるもの	二	一四、〇〇	二、三〇六束	二四、三〇〇
計	一四	二〇八、〇〇	四四九尺〆 八、一〇六束	一三五、二〇〇

中江鎮

（一）森林保護員を増員する事

理　由

当署保護区は一保護区にて別表の如く平均三〇方里に亘り国有林野二八、三〇〇町歩を管轄するも是が保護取締に当りては僅かに一保護区に一人の専任主事を配属するに止まり保護の完璧を期するは極めて至難に属す加ふるに人煙稀薄なる国境森林奥地を巡回取締の重責を負ふと雖も近来匪賊の横行は益々甚しく単身の巡視は危険常に身辺に迫り特に火田部落の取締の如きは単身実行し得可くもあらず保護の十全を期せんには是非共二人乃至三人の共同作業に出るの要ありと認めらる加ふるに産物処分事務司法警察の事務を兼掌するを以て広大なる区域の巡視は一巡視に五日乃至七日を要するもよく制規の巡視を遂行し得ず且犯人検挙の場合の如きは鮮語通訳に窮し同情す可き立場にあり

（二）森林令違反者は多く厳罰に処せられん事を望む

理　由

抑々恐る可き森林火災の原因を探究するに火田新墾、火入の延焼によるもの甚だ少からず火田新墾は林政上の重大問題なるを以て当署に於ては大正五年内訓第九号の趣旨に基き厳重取締中にして大正十四年度の如き火田侵墾者の大検挙を

施行し一網打尽ことごとく検挙したるも火田民は因習の久しき悪弊は容易に渇まず隙を窺ひ再び禁を犯さんとするものあり畢竟過日の罪過軽きに失したるものにして刻下の民度民族性より想察し峻厳なる法の威力を知らしむるは林野保護の十全を期するに於て亦已むを得ざるものと思料せらる

(三)森林令第十八条の改正の要あり

理　由

警察官吏に於て火入許可の場合は其の都度保護区に通知方依頼し処理中なるも火田火入は往々森林火災の因を為し国有林を延焼せしむる事あり依つて少くとも国有林の大部分を占むる当地の如きに於ては専門智識並緊密なる関係を有する保護区の許可を受けしむるが如き特例を設けられたし

(四)火田整理方針に関する法令を施行の事

理　由

火田整理に当りては大正五年内訓第九号に遵ひ森林令其の他の附属法規により着々整理中なるも因習の久しき容易に打破根絶せられざるの憾あり

厳重なる抗束力を有する法令の発布を得て広く宣伝周知せしめ弊習を絶滅し以て火田民を正業に就かしむるは今更言を要せざる所とす

(五)犯罪検挙補助の為密偵を常置する事

理　由

森林火災盗伐其の他の被害を防遏せんには此等の予防に於て最善の目的を達し保護取締の十全を期する所とするも犯則者は仮籍なく捷査探究し法の存在を知らしめ将来の改悛を促すは森林保護取締の究極の目的を達する一方法と信ぜられ且つ密偵の如きを常置するは公明正大なる文化政治と相容れざるやの疑あり面白からざる処置ならんも目下の民度民族性に徴し徹底を期せんには一の良法と思料せらる

(六)現耕火田は必要あるものに限り年期売却とする事

理　由

火田整理に関しては各所に散在せる小面積の火田及国土保安上廃止を必要とするもの、外広汎なる面積に亘り永続耕作性ある火田にありては他に適当なる移転地を求むる事難く之が取締の如何によりては事態紛糾を醸すの恐れあり故に此際漸次熟田化し得るものは茲に定着せしむる方法肝要と認む方法としては火田を改良ならしめ或は相当の施設を講ぜしめ其の成功見込耕作者に限り之れが年期売却の制定を樹つるを必要と認む

(七)火田民に対し集約農法工芸作物等の耕作を奨励し放浪性を制する事

理　由

管内火田民の性質経路並経済状態等を探究せしに大略左の三種に分類せられ得るものとす（国有林内の火田民）

(1)　純粋の火田民

(2)　老耄不具者

(3)　事業失敗者にして火田により衣食するもの（本項には近来支那官憲の圧迫に耐え兼ねたる対岸帰還鮮人を含む）

(1)　は父祖伝来の火田民にして放浪怠漫貯蓄心なく原始的なる衣食を以て足れりとし保護取締上最も厄介なる民にして根本的に思想改造を要するものとす是等に対しては地方庁と連絡を保ち肥培耕耘により漸次集約農法を奨励し同時に工芸作物農産製造等の地方特異の副業を奨励以て生活の向上を期し転化又は土着せしむるの外なし

(2)　土着せしめざれば何等かの社会的救済施設を要するものとす

(3)　は一時の火田民にして向上心に富み勤勉着実なるものあり当署管内小中江の如きに於ては地味豊饒肥沃なる為平地作の二倍乃至三倍の収穫を得年々一家族五〇円乃至百円内外の貯蓄をなすものあり是等は何れも相当の技倆を有するを以て厳罰主義又は追放等により容易に整理せられ得るものとす

(八)春秋二期の火災期には森林巡回人夫を使役する事

理　由

本項は効果大なりと認むるに付旧の通り使役するを可とす

(九)保護組合の報酬を増加する事

理　由

森林令第十条に依る保護組合は時期尚早にして目下の民度に適応せざる憾あり森林主事は巡視の都度保護組合の趣旨を説得し善導に勉むと雖も彼等は重大なる義務を負ふも報酬之に供わざるの感あり当地方にては枯木枯枝倒木の如きは少許の修繕用材の外燃料としても顧みられざる状態なるを以て報酬を増加し恩威並行せば保護組合の活用期して見る可きもありと信ず当署管内自家用薪炭材の毎年の払下は一万五千尺〆価格一千五百円に過ぎざるを以て此等は保護組合の報酬とするも一回の火災を防止せば償ふて余りありと思料せらる進んで優良組合は表彰又は報酬を増加する事に依りて益々真価を高め活用の域に達す可し

(一〇)保護組合員に拘束力を有する法令施行の事

理　由

森林令第十条に依る保護命令実施個所は従来の実績を検するも地方住民未だ文化の程度低く殆ど其の日稼の生活大部分を占め自制力を以て組合の事業を執行する能力を有するもの殆ど稀なる現況にして組合の実績又如実を示し理想と相去る遠きものあり組合員は規約に違反したる場合の如き十円以下の過怠金を徴し得るの制ありと雖目下は殆ど有名無実の状況にて山火消防に対する出動を背ぜざりし場合の如き懲戒軽きに失し効力を疑はるゝに付如斯場合は他に拘束力ある厳重なる罰則を設定するは現下の民度に照し効力大なりと信ぜらる

(一一)当分の間保護組合長を有給とする事

理　由

前項の如き保護組合は名実共に実績上らざる状態なるを以て当分の間保護組合長を有給とし専念組合事務に当らしめ漸次組合員を誘掖指導するは一面現今過度期に於て必要なる事項と思料せらる

中江鎮営林署管内保護区別面積人口蓄積及処分数量調査書

保護区別	総面積	国有林野	国有林距離歩合	戸数	人口	国有林野蓄積針濶調			林産物処分調（小口）		
						針葉樹	濶葉樹	計	用材	薪材	計
中江鎮	町 二四、二四一・六九	一八、八七九・八六	% 七七・九	二、〇三一	一〇、〇九九	一、〇四四、〇六四	八二五、〇五六	一、八六九、一二〇	四、〇八九	八、六七〇	一二、七五九
土城	四〇、三四八・九一	三一、六三四・七一	七八・四	一、九三六	一〇、四七七	一、四一六、九六〇	一、二三六、〇四五	二、六五三、〇〇六	三五七	六、〇三二	六、三八九
慈城	六二、六四一・四六	五一、一四二・一二	八一・六	一、九七七	九、九七六	一、九八八、七六七	二、〇四四、七九二	四、〇〇三、五五九	一、三八五	三、五九八	四、九八三
旧中営	二九、〇五九・八二	一一、六〇五・六八	四〇・〇	一、六九五	九、五一一	二九五、二五〇	二、三二一、〇〇〇	二、六一六、二五〇	六七四	二、三七八	三、〇五二
計	一五六、二九一・八八	一一三、二六二・三七	七二・四	七、六三九	四〇、〇六三	四、七四五、〇四二	六、四二六、八九三	一一、一七一、九三五	六、五〇五	二〇、六七八	二七、一八三

備考
(1) 国有林野より一戸当り処分平均尺締を示せば用材〇尺締八五一薪材は弐尺締七〇六
(2) 総面積中には河川道路池沼等を含まず

厚昌

（一）森林の保護取締

(1) 森林主事の増員

管内国有林面積二十万九千町歩に七保護区を設置し之に配属するに森林主事七名を以てせり、一人当り平均担当面積三万町歩、保護取締に手不足を痛感する次第なり、主事の増員に関しては本府に於ても御考慮中に属するを以て茲に贅言を要せず経費其他の都合つき次第増員を望む

(2) 保護区に林業夫を配属せしむること

当署配属の内地人森林主事は皆相当鮮語を解すると雖森林令違反者其の他を取調ぶる等稍複雑なる事件に遭遇するときは通訳を使用するに非ざれば調査を行ふこと困難なる現況にあり一方毎木調査漂流木整理等営林事業に従事するに際し相当経験ある鮮人を使役し得ると否とは森林主事の能率増進に至大なる影響あり故に鮮人を林業夫として各保護区に配属したし

(3)　森林保護組合を活用せしむること

管内国有林は悉く森林令第十条に依る保護を地元民に命じ現今保護組合の数三十五に達し専ら森林保護の補助機関となり森林主事の監督を受け組合員の連帯責任を以て国有林の保護に当らしめつつあるも未だ其の実績の見るべきものなきは遺憾とす此れ保護義務の多きにかゝわらず受くる報酬僅少なる従来の方針を改め

(イ)組合員には自家用薪炭林を無償譲与し

(ロ)山人蔘採取料金を保護区管内に限り免除し

(ハ)国有森林保護上特に功労ある組合を表彰し

(ニ)保護組合員に対しては機宜の時期に於て講演会、活動写真等慰安の方法を講じ次に陳述する農耕適地等の開放と相俟つて彼等に生活の安定を与へ一層森林の恩恵を知らしめ森林火災盗伐等各種の被害防止は組合員が自発的に従事するやう組合を活用せしめむとす

(二)火田整理に関する事項

(1)　速に国有林内に於ける火田及火田民の状況並に農耕適地を調査し農耕適地は之を開放すること

(2)　前項の調査に基き現行火田中熟田となり得るものは努めて之を熟田となさしむると共に其の土地に定着せしむるやう生活の安定を与ふる方策を講ずること

前記以外の火田は之を絶対に禁止し之が為生計の途を失ふものに対しては前項の農耕適地に移住せしめ生活の安定を与ふること

春　川

従来保護機関の設置不如意にして国有林の保護取締状況に幾分等閑に附せられたる嫌なきにしも非ず為めに種々の被害ありしは甚だ遺憾の極にして国有林の保護取締を充分に周約に実施するに於ては経営上の総べての欠点を一掃せらるゝこと明なる事実たり故に出来得る限り人件費の増額をなして森林主事の増員を計るは目下の急務たり

(一)森林火災

之れが原因多々存在すると雖も多くは入山者の或焚火或は火田侵墾者の火入の際の延焼によるものにして之が防止取締に関しては火田火入時季に当りて巡視人を増加し取締を充分ならしめ可成現場に於て制止すること、し且犯人に対して

は厳罰に処分方法を講ずるを最も適当とす

(二)盗　伐

事を未然に防止するは我々一般の職務たるは自覚する所なるも広漠たる山野に於てはその実績の上らざる甚しき状態にして純盗伐の検挙又困難の業たるにより現行犯並非現行犯たることを問はず森林令違反事件検挙者に対しては賞揚の意味に於て何等かの方法を講ずるは一策たるを感ずるにより宜しく改善すること

(三)火田整理

森林保護組合を設置するは良策たるも地元住民に対し意味を充分了解せしめ権利義務の主唱を平衡ならしめ火田侵墾者に対しては従来の方針を改め今少しく重罪を課することを実施し且侵墾地は地元住民をして稚樹を移植せしめ尚従来の火田侵墾跡地には造林を実行し尚火田侵墾防止策として生活上必要面積を提供し移転料を給与の上一定箇処に居住せしめ一般農事当局教育当局にも図りて教育其の力を以て彼等の反省を促すと共に農業に於て増収の方法を講ずること

(四)緑肥採集

管内地元民は主に農業経営者にして大多数生活上富裕者のみならずと雖も相当牛、豚の飼育する程度のもの多きを以て因習的習慣上の緑肥採取を厳禁し畑、水田耕作施肥料として厩肥作製の上使用せしめ絶対に入山を禁ずること

(五)樹実及薬草採集

地元住民中一部少数者に限らるゝも春、夏、秋の時期に於て樹実(ナラクヌギの実)桔梗の根沙蔘、芍薬、独活等を国有林内より採取し食用に薬用に供するも彼等は焚火或は煙草の吸殻の放棄により山火を起すこと明かなる事実にして絶対に入山を禁ずること

(六)山桑採集

近来一般農家の副業として当局の奨励と住民の覚醒とにより蚕業の発達著しきを見る然りと雖も未だ桑田の奨励之に件はず国有林内より桑葉を仰くのみならず採集者に於て失火せしめ森林を烏有に帰せしむるは甚だ不合理にして之を産業勃興の基礎たる治山治水の方面に対照せば一眼前の利益に過ぎず宜しく入山を禁ずること以上入山禁止事項は森林保護組合令を地元民に徹底する期間凡そ三年と見込み此の後に於て禁止解除すること

（七）頂は桑田発達の年数凡三ケ年乃至五ケ年間を保留すること

（八）国有林境界標識並制札

当管内の境界標識は天然石杭木及立木等を利用したるものを見る而して之等は重に区分及整理調査の場合の測点として利用せられたるものにして距離余り隔り且亡失して殆ど不明なるもの多数巡視の際境界点発見に固懥するもの尠からず之れが徹底的に同一標識に更新設置を要す又制札に於ても同様更新を要す

（九）山火防止の宣伝

既配給「山火注意」（サンプルチュウイ）ポスターは山火防止の宣伝に頗る有効なる事実明なりと雖も之を掲揚箇所は山中峠或は交通の頻繁なる箇所にして常に風衡地なるが為め動揺烈しく銅線の細きは切断落下し遂に亡失の慮あるにより型の横幅を二倍となし「山火注意」（サンブルチュウイ）の二行に記載し制札様の如く立つるを有利なりとす

（一〇）巡察函の設置

各森林主事に分担区を受持しめ巡視日程表の通り巡視実施を記録に残し監督者をして一ケ年数回を定め点検せしむるは保護取締上有効なりとす巡察函は適当場所を撰定設置すること

（一一）森林主事の配下に高給者ならざる二、三名の森林監守を配置し巡視の援助をなさしむるを要す

（一二）防火線の設置

谷間渓流を自然防火線として蔓茎類等を切開き一掃し峰通りには五間―七間幅の防火線を徹底的に設置すること

森林令第十条に依る保護命令実施に付て

元山林課の出張所管内地元民は森林令第十条の意味は稍了解したるものと認めらるゝも林制統一の結果新に編入せられたる管内地元民は未だ了解せざるものは多数にして彼等に対しては努めて意味を了解せしめ（施行規則第三十六条三十八条）たる上に強制的に各面に森林保護組合を設置し（森林令施行手続第三章準用）保護取締を計るは必要のことにして其の意味を徹底的に了解せしめざるに於ては権利のみを主張して義務を怠る例尠なからず此の意味に於て前項記載事項を決定するは最も肝要のことにして組合役員は各面の有力者を撰定三ケ年位を以て交替せしめ組合員若し義務のため出役したる際少くとも草鞋代或は飯代を幾分給与するは必要の事にして将来に関しては未だ明言するを得ざるも現在に

於て彼等の権利を充分獲得せしむる紫草枯損木等平均に分与するに少量なるを感ずればなり
一例を示せば突然山火ありとの声に人夫集合せしむる際彼等は草靴、飯代を先づ考へ集合するに数時間を要し為めに自ら山火を進展せしむる例甚だ多し然して草靴飯代給与分配方は営林署員並警察官立会の上なさしむること

麟蹄

近時被害事項の著しく減少せるは喜ぶべき現象なるも尚万全を期せんが為めには元山林課出張所箇内地元民は森林令第十条の意味は稍了解したるものと認めらるゝも林制統一の結果新に編入せられたる箇内地元民は未だ了解せざるもの多数にして彼等に対しては努めて意味を了解せしめ（施行規則第三十六条三十八条）たる上に強制的に各面に森林保護組合を設置し（森林令施行手続第三章準用）保護取締を計るは必要のことにして其の意味を徹底的に了解せしめざるに於ては権利のみを主張して義務を怠る例尠なからず此の意味に於て前項記載事項を決定するは最も肝要のことにして組合役員は各面の有力者を撰定三ケ年位を以て交替せしめ組合員若し義務のため出役したる際少くとも草靴代或は飯代を幾分給与するは必要の事にして将来に関しては未だ明言するを得ざるも現在に於て彼等の権利を充介獲得せしむる柴草損枯木等平均分与するに少量なるを感ずればなり
一例を示せば突然山火ありとの声に人夫集合せしむる際彼等の草靴飯を先づ考へ集合するに数時間を要し為に自ら山火を進展せしむる例甚だ多し然して草靴、飯代給与分配方は営林署員並警察官立会の上なさしむること尚保護員の増員並森林火災盗伐に対する加刑（現在の法規は軽きに失せずや）特別法令（火田目的の為めの盗伐は如何に処理すべきや）の発令を要す
又火田整理に就ては現存火田民には其の耕作地を強制的に返還せしめ一定箇所の農作地に集合せしめ生活状態に応して適当面積を譲与し侵墾を厳禁し農事当局をして増収方法を講ぜしめ地税を徴収するを適当と認む

通川

森林の保護取締に関する事項
（一）森林火災
森林火災は其の原因種々あるも其の主なるものは入山者及林内通交者の焚火、煙草の吹殻の不始末、火田火入の延焼（隣接営林署管内火田火入より延焼し来るものも亦相当あり）等にして森林被害中最恐しきものなるを以て之を未然に防止し被害あるも其の程度を最小限度ならしむる必要あるを認め左の施設を講ぜんとす
(1)　林内要所十数箇所に看視所を設け毎年火災時季たる四月上旬より五月下旬迄及十月中旬より十一月下旬迄の間毎日

一名の看視人を配置して見張らさしめ一方巡視人（保護組合に於ては各支部より毎日一名乃至二名出役す）を雇傭して林内を巡視せしめ通交者並に入山者あるときは住所氏名行先地等を手帳に控へ（事故発生したるとき犯人捜査上の便に供ふ）火気に注意を与へしむ、火災発生したるときは看視人及巡視人は直に最寄部落に通報して消防に出動せしめ同時に関係保護区森林主事及署に報告せしめ署は直に適当措置を採る
(2) 林内交通の頻繁なる要所に休憩兼焚火場を設くること
(3) 火田の火入は絶対に禁ずること
(4) 関係営林署と協議の上其の境界たる峰通に約二十間幅の防火線を設くること
(5) 火災予防宣伝ポスターを可成多数配布又は林内に吊し一般の注意を喚起すること
(6) 熊手、鍬、鎌等の器具を各部落に設備すること

盗　伐

森林主事の巡視日数を能ふ丈け多くし、保護組合より出役する巡視人の出役を奨励して監視を厳にし盗伐の余裕なからしむること

誤　伐

近時誤伐は殆んど其の跡を絶ちたる感あるも尚之が防止策として森林主事をして払受人の事業地に必ず一回以上臨検して誤伐なき様事業者使用人を説得せしむ

侵　墾

現在侵墾せる箇所は本年秋季限り耕作を禁じ保護組合をして播植せしめ今後新に侵墾したる者には直に播植を命じ司法処分に付す元来侵墾は境界の不判明より起るものなるを以て境界標を判然たらしむる必要あり区分調査及整理調査の際に設けたる境界標は調査の便宜を主眼とし境界標の使命たる限界明確を欠きたるの感あるを以て漸次改善を要す尚一目何人と雖も直に国、民の境界たるを判然たらしむ可く保護組合を督励して境界線の刈払をなさしめ之に桑を植栽して副業を奨励せんことを計画しつゝあり

保護命令の実施

所轄黄龍山事業区（黄龍山国有林興谷国有林）楸地嶺事業区（双鶴山国有林、楸地嶺国有林、泗嶺国有林の大部分）は大正十四年八月、同十五年一月の二回に亘り森林令第十条の保護命令発布せられ指示により各地元民は直に保護組合を組織し国有林の保護に当ること、なれり指示事項左の如し

第一条　各里保護区域は幅五間以上の防火線を切り里民は毎年春秋二期に於て手入を行ふべし

第二条　保護区域内の稚樹保育に関しては営林署長の指定に従ふべし

第三条　樹木の枝打は之を禁ず

第四条　落葉の採取は之を禁止ず

第五条　森林保護に要する労費の分担及産物の分配方法は代表者に於て営林署長の承認を経て之を定むべし

第六条　左の事項は実行前案を具し営林署長の認可を受くべし

イ、枯木、倒木、及枯枝の採取区域及期間

ロ、自由採取を為し得る副産物の種類及其の採取区域及期間

第七条　左の事項は案を具し営林署長の認可を受くべし

ハ、火災の予防、防止に関する方法及施設

ニ、盗伐及侵墾其他加害行為の予防及防止並有害動物の駆除、境界標其の他標識の保存に関する方法及施設

第八条　保護命令区域及保護方法に関しては森林主事の指示を受くべし

而して保護命令を受けたる部落は七四ケ里三、三四八戸にして通川郡総里数、戸数一六一ケ里七、六〇二戸に対し里数に於て四割六分戸数に於て四割四分即共に約五割を占む故に之等多数の保護組合員をして指導其のよろしきを得組合規約を完全に履行するに於ては国有林の保護は遺憾なく其の実績挙り地元民の最も欠乏困窮を感じ居る燃料問題も自ら解決せられ産業の開発又期すべきなり然れども是等多数の組合員中には無智の徒あり保護命令の趣旨を解せず稍もすれば権利の主張のみに走り義務を怠らんとする傾向あるを以て森林主事をして常に保護組合員を説得し之が指導監督を厳にし斯る不心得の者を一掃し充分其の趣旨を徹底せしむることに努めつ、あり

尚森林の保護取締の施設改善として当局の一考を煩したきは保護員増員の件なり如述の方法施設を講じ日夜保護取締の

任に当ると雖も担当面積広大なるが為之が実施上遺憾の点少からず当署森林主事一人当担当面積は平均約一万町歩他に比し小なる方ならんにして各森林主事は全力を尽して其の担当区域の保護取締に当り其の労苦や誠に同情に値すべきものあるも尚完全に事故を防止すること能はざるの状態にあり朝鮮森林の現在及将来に鑑み速に保護員の増員（少くとも一人担当面積五千町歩位に縮少する迄）位充実を断行せられんことを期す右増員に対する意見左の如し

（一）能ふべくは現在の森林主事定員を増倍すること

（二）前号不可能なれば森林主事補又は森林監守（共に雇員待遇）の制を設け森林主事一名に対し一名の割を以て之を採用し森林主事の補助たらしむること

（二）火田整理に関すること

所轄国有森林に於ける現耕火田は国有林に居住し火田、（自己所有の田畓全くなき者）耕作のみにより生活せるもの即純火田民三四戸国有林に一部火田、（田、畓を所有し之より生ずる収穫物のみにては生活困難なるため之を補ふ目的を以て国有林の一部に火田耕作をなす者）耕作をなす者即半火田民七六戸にして其の数に於ては多き方にあらず従て之が整理も亦比較的容易なるものと認む）元来之が整理に関して道に於ても何等一定の方針なく積極的整理に着手したるを認めす元道森林主事に於て種々火田の弊害を説得したると作物の収穫無きに至り自然他に移転したるとにより二、三戸整理したるに過ぎず其の他は依然として今日に及べり彼等火田民の生活状態を観察するに誠に憫然たるものあり之が整理に当りては恩威併せ行ふべき必要あるを切に認む

左の方法を以て整理に着手せば向後二ケ年にして完了し得る確信あり

（一）一部耕作者即半火田民は自己所有の田、畓もあるを以て本秋季作物を収穫し終らば直に廃耕せしむ、右は春季耕作に際し予告を与へ同時に請書を徴す

（二）純火田民は家族の多少を参酌して一戸に対し五十円以下の移転料を支給し比較的裕福なるもの一七戸は本秋収穫を終ると共に東拓小作民として移転せしめ残り一七戸は昭和三年秋季の収穫と共に東拓小作民たらしむ尚請書を徴すること及予告を与ふることは前号に同じ、尚移転料支給の外移居家屋建築材の一部を補給、（枯損木燃損木又は生育不良なる立木）し得る途を講ぜば一層可ならん

而して右移居地は東拓と交渉し一ケ年一七戸位なれば引受けて差支なき旨内諾を得たり

襄陽

森林保護区の人員増加を計ること

(一)現制度に於ける保護区の人員は森林主事のみにして面積の広大なる割合に職員少なく一人にて広大なる面積を分担せるを以て森林の保護取締の完全を期し得ざるの感あり即ち盗伐犯人等逮捕に当りては身に危険を伴ふを以て犯人を検挙し得ず又山火発見の際等も消火通知、指揮等手不足の為大火となりて多大の損害を蒙むることあり而して森林主事は判任官にして彼等を漫りに増加するは経費多額を要するのみにして実績挙がらざるを以て左記二種類の補助員を保護区に配属せしめて保護取締の充実を計るを要す

イ、森林主事補（又は森林巡視夫）

普通学校卒業程度にして現在の林業夫に相当するものにして保護区に勤務し常に森林主事の補佐役として国有林経営及保護に従事し司法警察吏の職務取扱をも行はしむ給料は傭人料単価を以てし森林主事と同員数位を配置せしむ

ロ、森林監守

盗伐の盛なる箇所又は有用樹の蓄積多大なる林地附近に住する人望ある人物を任命し常に附近国有林の状況を保護区に通知せしむ給料年額二十円乃至三十円位とす

(二)木器及艪櫂用資材売却に関し取締規則の制定

木器及艪櫂用資材は山奥の交通不便の箇所に多数の蓄積を有し一旦願人に売却許可するに於ては被許可人は夫を唯一の権利又は資源として不良の徒を勝手に入山せしめ各人より山税を徴し彼等不良の徒は山奥にして人跡到らざるを奇貨とし手当次第に盗伐製造するを常とし殊に木器に至りては鳥ならでは通ひ得ざるが如き山奥に這入り盛に盗伐するが常例なるを以て本署に於ては取締の充分なる箇所以外は絶対に許可せざる方針を取れり然れども他管内に於て随時許可せらるゝに於ては何等効績なきに鑑み左の取締規則を設けて全鮮の統一を計り其の盗伐を防ぎ以て林利の開発に資する所あらんことを希望す

イ、木器及艪櫂の製品に対しては許可したる営林署に於て検査証印を押捺すること

ロ、国有林以外に於て製造する木器及艪櫂に対しても所轄営林署に於て同様の取扱を為すこと

此は所轄保護区森林主事をして現場に於て取扱はしめ検査日の明記さるゝ日附スタンプ印を以てし取扱者は即時許可数量又伐採本数に対する製品数を営林署長に報告せしむ

ハ、検査証印なき木器又は艪櫂を販売するものは科料に処し且つ現品を没収すること

営林署職員（保護区を含む）及警察官をして取扱はしむ

(三)国有林内に於ける特別狩猟免許権を道知事より分離して営林署長に附与せしむること

国有林内に於ける有害鳥獣の駆除は何等必要を認めざるが如きも新植地及天然更新地に於ては種子及幼稚樹等を盛に此等鳥獣に貪食せられて被害少からざるものありて之れが駆除は森林主事及営林署職員の活動を待つにあらざれば保護を全ふし得ざるものあり而して目下江原道に於ては該特別狩猟免許権を警察署長に一任しあるもの、如く彼等警察署長は皮相の観を以て只森林主事のみが此等の駆除に従事するものなるが如く解するものありて同じ江原道内に所在する営林署職員にて特別狩猟の免状を得たる所と得ざる所とありて区々に互れり即ち前者は通川、平昌、蔚珍、麟蹄の四ケ所にして後者は江陵、福渓、襄陽の三箇所たり（春川は出願せず）道知事が委任されたる権限を警察署長に一任して其の権限を乱用さるゝに至たりては沙汰の限りにして施政上面白からざる結果を生ずるのみならず営林署長が国有林の経営及保護の任を完するに当りては国有林内に於ける有害鳥獣の駆除目的たる特別狩猟免許権の如き当然附随して附与せらるべきものと認めらるゝに依り速に之が実現を希望す

(四)火田整理に関する施設

火田整理係を設けて全道に於ける火田民の戸口調査を行ひ此が移居地を撰定し年々幾分宛を移住せしめ火田民の跡を絶つにあり而して地元部落民にして火田を耕作するものは即刻過重なる罰金刑を科する制度を設けられんことを希望す

(五)保護取締の宣伝

森林火災盗伐等は被害の多大なるものなるを以て未然に防ぐの方法を講ずるの要あり而して此は地元部落民を集めて火災予防の講話若くは造林上の指導講話等必要なり然れども地元民を只漫りに集合せしめんより彼等に慰安を与へつゝ不知の間に指導するが策の得たるものにして此れには各営林署に蓄音機等購入し之を携へて部落を巡回講話するにあり又は大々的には活動写真班等を設けて各署を巡回するも一策ならんと思考す

（六）功績者の表彰
森林火災盗伐其の他の被害防止に当り功績顕著なる者を毎年郡当局者と協議して郡の徳功者又は納税表彰の際に執行するを有利なりと認む

江陵

（一）森林保護区配置に関する制度改正の件
現在制度の下に保護区の増設を以て其理想とせんも経費の関係之を許さゞるものあるべく従って可及的少人員の保護員にて保護取締の実を挙ぐることを必要とするものにして即ち現在の制度たる一担当区に二名乃至数名勤務せるを小担当区制とし一名宛勤務せしめんとするものなり内地人の森林主事にして鮮語に熟達せることを必要条件とするは勿論なるも現在の状態より予想すれば之を得ること至難にあらず或は尚充分なりと認め難き場合にありては僅少の経費にて足るべき鮮人傭人を配備し通訳に当てしむるか又は独立勤務の域に達せざる即ち教養中の鮮人主事を一名配置し見学又は教養を兼ねしむるに止むる程度とし独立勤務支障なきに至り之を他に移し欠員補充新規採用者を前記補助者として配置すること丶し担当区面積を普通のものより大ならしむるか又は事務繁劇なる個所を前記二名（補助者附）勤務保護区とし他は全部一名宛とし配置するにあり
由来数名勤務の例により考察するに
イ、各自責任を忌避し直接事件に干与せざらんことを望む弊なしとせず
ロ、犯罪事件検挙に対しても一般地元民より自己が他の同僚よりも好意を以て迎へられんことを慮り事件に直面せざらんことを望む弊なしとせず
ハ、責任の総ては主任の双肩に帰し自己の責任ならざるが如く曲解し自己のみ地方人民に好意を迎へんとする気風なきにあらず
ニ、主任以外の者は総べて事件に直面したる責任者にあらざるが為め努力熱誠を欠き従って尚上研究の気風に乏しほゝ、下級森林主事にして非凡の手腕才能を有する者も之を発揮することなく徒らに平凡化する場合なしとせず
以上の如き事情の為め実際に於て多数人員に対する程の実績を見ざるが如く思料せらる然るに之を小担当区制に依るときは

イ、各自責任を自覚し積極的成績の向上に努力するに至らん
ロ、担当区内成績の優劣を対照せらるべき他の担当区が多くなるにより従って競争的に自己担当区の成績向上に努力するに至らん
ハ、自己担当区内の総ての事情に通暁し且つ如何なる事件と雖も自己進んで解決善処すべき責任を有するに至るが故に不断の研究努力を必要とするに至り従って向上発達の結果を見るべし
大要以上の如くにして根本的制度改正により本題目に対する総ての改善発達を期し得べしと思料せらる蓋し鮮人主事を以て単独勤務の任に就かしむるは諸種の弊害を生じ易き虞あるが如く解するものあるが如きも人選其宜を得且つ営林署官制発布により旧来制度を改変し従来道知事配下に属したる時代と異り完全に指導監督せらるゝ事となりたる今日前記消極政策の域を脱し積極政策に依るべきものと思料せらる

(二)火田整理に関する件

(1) 火田及之に類する耕地（水田及畑地にして区分調査前より引継耕作し来れる畑を示す）並こ国有林内に居住する家屋敷地等に対しては国有林経営上支障なきものゝみに対し有料貸付地として料金を徴収し貸付期間満了の際又は期間中と雖も国有林経営上支障を生じたるものは返地を命じ一方新規耕作に依る貸付を許可せざる方針を以て処理するに於ては地力の減退により漸次放棄するものを生ずべく又は料金の負担に耐えず返地するもの等により逐年耕作面積を減ずるに至らん

就中国有林経営上支障なき水田又は道路沿線の宿屋、飲食店等永住的建物敷地に対しては慎重考慮の上場合により売却処分に附するを可と認む

(2) 火田民に生業を与ふる意味に於て造林事業の連年継続実施せらるゝ部落に移居せしめ林業労働者として使役するも可ならんと思料す

(3) 休耕火田又は現耕火田にして其性質不良にして被害の大なるもの等に対しては播種造林又は一年生苗木造林等の方法により可及的経費を要せざる方法により造林をなすこと蓋し火田なるものは一ケ所に集団し大面積に達するもの稀にして小面積宛各所に点在せるものなるにより森林火災に対する防火設備困難なるにより多額の経費を投じてする在

来の人工造林は考慮すべきものと思惟す

福　渓　（一）森林の保護取締

朝鮮林野の現状は鴨緑江及豆満江の流域其の他一部森林地帯を除く外保護と造林の並行を計り速に緑林増成を期するに在り造林事業の積極的遂行の前には保護の徹底を期せざるべからず而して森林保護取締を期するには他にも種々方法あるべきも其の根本は火田整理の根本方針を樹立し統一ある整理を続行し併せて地元民の自覚を促すことを要す火田整理に関しては後節に述ぶるを以て茲には火田整理を前提とする地元民の自覚を促す緊急施設の一を記せん即ち

大正八年以前の山林監守制度の復活なり現在の経費予算を以ては急速に保護区の増設及森林主事の増配に依り担当区域面積を縮少し集約なる保護営林の実績を挙ぐること困難なるべきを以て前記の山林監守の制度を復活せしめ採用に当りては人物を厳選し尚之が教養に勉め且つ賞罰を厳にし之が運用に関しては森林主事と営林署長と連絡を密にし而して之が直接の指揮監督は森林主事をして当らしめ常に森林主事の手足たらしめ営林保護の能率増進を計るべし

本制度は弊害を伴ふものとなし廃止せられたるものなるべきも是れ監督機関の不備に基くものにして今日の如く林政機関統一せられ年と共に整備せられつゝある時機に於ては其の虞少きを以て須らく之を復活せしめ保護の充実を計るべきなり之れ火田整理に備へ且つ森林令第十条に依る保護命令実施に対する予備行為なり

如何に一定方針の下に火田整理進行するとも向ふ五ケ年乃至十ケ年計画の保護区増設を以ては火田整理の跡を確保することを得ざるべく再び旧態に復帰する虞あるのみならず保護命令実地には必ず予め地元民の訓練を要す其の訓練上是も適切なる方策と思料す

当署管内の如きは今日保護命令を実施すべき部落殆どなし何となれば地元民の日常生活の現状は保護組合準則と併立を許さず即ち火田整理をなさずしては今日直ちに火田耕作及燃料採取を厳禁すること能はずして保護命令を発し組合準則と併立を迫れば地元民の過半は林野以外に移居或は餓死する外なければなり依て保護命令は尚早と断ぜらる

保護命令の前には火田整理を先決し引続き特に厳重なる保護取締に依り地元民の自覚を促し然る後に保護命令の恩典を理解せしめ尚保護命令を発すべき部落に対して其の以前に於て相当財産を構成せしめ置くを要す

然らずして保護命令を乱発するに於ては益々森林の荒廃を見るに至るべし

斯く保護の充実を計り地元民の自覚を俟て保護命令を発し而して従来の山林監守を配し彼等に組合を操縦せしめ旁保護区に於て指導監督すること今日の場合最も適切なる施設と認む

此の山林監守の実例としては忠清南道の安眠島を参考とすべし（但し安眠島に於ては監守に対する支出は組合に於て負担し居る筈）

（二）火田整理

火田整理に関しては従来屢々内訓及通牒を発せられたるも現在の機関を以ては各営林署及保護区乃至其他関係官公署の片手間の整理は至難にして又遅々として進捗せざるのみならず縦令一部地域は之が整理鋭意怠ることなしと雖も他の地域之に伴はず又其の方法区々に流れ統一を欠き結局整理の効果見るべきものなく却て社会問題を惹起する虞なきを保し難し而して又従来の整理方針は微温的にして大正五年四月内訓第九号を発せられて以来既に十ケ年を経過す其の間火田民の移転地に或は水利事業に伴ふ耕地に移住又は副業奨励等計画されたるものあれども之等は実行上困難なる事情も伴ひ遂に殆ど予期の成果を納め難く今日火田の整理を遂げたるもの幾許もなかるべし

茲に於て第二次的火田整理の積極的政策を講ずること其の時機に於て恰好なり殊に産米増殖治水事業の一大根本方針樹立せらるゝに当り火田の整理は之等の問題と相関連して論議すべき性質のものにして今日は最も其の機を得たるものと思料す

従来の状況より考察し火田の整理を此儘に推移せしむるは朝鮮林業上憂慮に堪へず又其の推移を許さず依て此の機会に本府山林部内に火田整理課（或は元の整理係の如き大規模の係を設くること）なるものを特設し統一ある積極的整理を続行し朝鮮林政の振興延ては其の他産業を助長せしむるを要す之れ亦目下の急務なり

当署に於ては管内火田整理に関し特に施行したる事項なきも其の被害及支障を目撃しつゝあるを以て其の整理の方法に関しては常に考究を怠らず然れ共合理的にして最も根本的整理に触れる名案なし唯前記専掌機関を特設の上左の方針に依り整理するに於ては今日の処比較的合理的にして多少根本的整理をなし得るものと思料す

(1)　現在国有林に居住する火田民に対しては国土保安上其の他重大なる支障なき箇所にある現耕火田中熟田となり得る見込の地域、現耕火田にあらざるも熟田となり得る見込の地域（区域の広狭に拘らず）及自家用薪材林は夫々一戸当

標準面積を定め無償譲与をなし安住せしむること
但し五ケ年（或は十ケ年）位の期間を定め其の間は其の区域以外に於ては新耕火田或は産物の盗採其の他の不法行為を厳禁し一方附近国有林の保護の義務を負担せしめ若し指定事項に違反したるものは前譲与の土地を返還せしむる条件を附すること
(2)　国有林以外の地域に居住し国有林に火田耕作をなすものには現耕火田中熟田となり得る見込のものを前記同様譲与し条件を附すること
但し此の類の者には自家用薪材林は見込む要なし
(3)　現耕火田にあらざる農耕適地は火田民の移住を奨励し夫々譲与をなし同様条件を附すること
(4)　尚一方産米増殖及治水工事実現と共に水稲作地に積極的火田民の移住を計ること
但し火田民は従来粗放なる農業に従事し惰眠の民なるを以て水稲耕作地の経験なきのみならず集約なる農業或は文化社会には耐へ難く再び火田民に化す習癖あるを以て移住に当りては先づ其の旅費の支給を要し移住後水稲耕作を習得する迄又自作自給に依り生活し得る迄少くとも三ケ年は小作料の免除諸種の賦課金の免除を計り移住後の彼等の生活を保証せざる限り火田整理を意味する移住の目的は到底達し難し
(5)　一方一般地元民に対しては調査の上明治四十四年官通牒第三三一号による部落予定林の過小に失したるものは更に各部落の手近に相当の薪材採取の林野を無償譲与なし前記の通り条件を附し一方森林保護区を増設し之が指導監督をなさしむること
(6)　尚右方針による整理を助長せしむるため副業の奨励及農業の改善増収を特に計ること
現在に於ては火田耕作其のものが不法行為なるを以て甲地を追はれたる火田民は乙地を侵し又現火田の生産が減退するときは現住所に執着なく他の国有林に移住し侵害するを以て火田民戸数及其の面積は朝鮮全土を通ずるときは殆ど減少することなかるべし
然れ共右整理方針に依るときは各地を彷徨する必要なきのみならず整理後は却て国有林内に夫々不動産を得て安住され其の不動産に対する執着の念は能く命ぜられたる義務履行を果す結果となり指定期間内の義務履行の観念は終に愛林思

想に変じ国有林を侵害するが如き習慣は自然消滅するものと思料す

尚他の一策として

間島方面へ移住を奨励すること

近時年と共に山間僻地に居住するもの自ら間島方面に移住するもの増加しつゝあり之れ必ず該地方は火田民に適切なる生計が立て易き点あるに相違なきものと思惟せらる依て該地方の状況を精査の上移住に適するものとせば支那政府と直接商議の上相当地域を定め移住後は彼等移住民の生命財産を保証する機関を設け彼等を保護するに於ては朝鮮林野と関係を断ちて火田の整理をなすことを得べし

平昌

国有林の保護取締に関しては保護区に主任森林主事（以下主任主事と称す）を置き是に若干の森林主事を配属せしめ以て其の業務の全般に当らしめつゝあるも是林制改革前と何等選ぶ所なし然り而して一保護区には普通二人以上の主事を配置せらるゝを以て保護区域面積自然尨大を来せり然るに是を主任主事の手裡より脱し且主任主事てふ名称制度を廃し各個人別々に受持区域を与へ恰も内地に於ける保護区の如く一保護区一人主義とし現在人員を分割するに於ては責任観念自然増大し現今の制度の下に活動するより以上其成績を向上せらるゝものたるを信ず而して将来内地人主事は採用資格あるもの、内特に鮮語を自由に話し得るものを採用し特に枢要の地に置くの外成るべく鮮人の農林学校出身者を採用するを得策と認む蓋し鮮人の取締に関しては風俗習慣及心理状態を同ふする鮮人を以て是に当らしむる方林政の運用上諸種の便宜多き所なりと信ず

尚ほ保護取締の徹底を期せむ為に各里洞間に数名の内報者を設け森林令違反者は直に密報せしめ其事件の大小に応じ報酬として一定の金額を支給する如く将来若干の機密費を配布せらるゝか又は雑給雑費を以て支弁し得る如く改善するを有利と認む

火田整理に関しては其の対策に関し屡々論議せらるゝを聞く所なるも要するに火田は一部鮮人の伝来の習慣に付彼等の風慣及火田整理後の社会に及す影響等を考慮するに於ては俄に整理し得ざる所なり即ち火田整理を徹底的に断行せんと欲せば法令を設け是を整理するにしくなく

而して火田民と雖其居住面より戸数割を賦課せらるゝを以て納税上に関し一般面民と何等選ぶ所なし依て彼等は火田所在

の面長に引渡を行ひ面内一定の地を定め一般民衆に同化定着せしむるか又は火田民の原籍地に逓伝移送返還し火田家屋は全部焼払ひ以後火田耕作者は厳罰に附する如く為すを火田整理の捷径とす
是か為に火田民収容面に対し相当条件を附し国有未墾地又は国有林の一部を無償譲与を行ふものとす
森林令第十条に依り保護命令実施に当りては其の報酬として譲与する産物は地元民の自家用に限定し止むを得ざる場合の外売買を禁止するに非らざれば普通盗伐木との区別判然せず是が取締困難にして保護命令の効果少きものと思料す

咸興

(一)国有林野の被害は火災、火田火入、盗伐等にして

(1) 火災を予防防止するは甚だ困難なる事項にして現に制札及宣伝ポスターを以て部落民及通行人の注意を喚起すると共に森林令第十条に依る保護命令の実施せられたる国有林野にありては春秋二期の火災時期には巡視人夫を配置して巡山せしめつゝあるも其の効微弱にして完璧を期すること能はざるは遺憾なり尚右に対し施設改善したきは左記の通なり

イ、火田火入よりの延焼が山火最大の原因なる為火田火入を厳禁すること若し火入を許可せんとする場合は森林に接する面及危険面には一時的防火線を設定せしむると共に必ず森林官吏を立会せしむること

ロ、針葉樹の大なる純林は周囲に幅員二十間以上の永久的防火線を設置すること

ハ、森林の外部及内部には幅員二十間以上の永久的防火線を設置し厳重監督の下に農地として利用さすこと

ニ、国有林内及附近に就ては凡そ火災を生じ易き行為を禁止せしむる為には現下の宣伝を多からしめること

(2) 盗伐防止に就ては左記により徹底を期せんとす

イ、保護機関を充実せしむること

ロ、搬出物件に対しては許可指令条項に「搬出物件は一定の個所に集積し森林官吏の許可を受け検印を打記せざるに於ては搬出することを得ず」を加ふ

(3) 森林境界の不備及欠損に依る損害森林の境界不備なる為盗伐或は侵墾を容易ならしむる傾向あれば完璧を期する為修繕新設を急くこと

(4) 国有林附近の部落林には全部保護を命じ其れに基き森林保護組合を組織し森林令第十条の規定に依り実行しつゝあると云へ労苦多きを厭ひ且組合の役員は名誉職なるを以て熱心に組合事務に当るものなし故に右組合を有効ならしむ

るには第一組合に資金を有せしむべからず之が為には組合の基本財産として国有林野の一部を貸付し造林を命じ成功の暁には無償にて譲与し以て益国有林との関係を徹底せしめ国有林経営上の一機関とし指導するを適当かと愚考す

(二)火田整理

火田の整理に就ては大正五年内訓第九号に依り各道及元営林廠管内に於て整理方針を樹て火田の耕作を制限し又は火田を禁止し火田民収容地を選定して一定の場所に収容する計画を樹てられ当署管内にも新興郡所在柤田嶺及麒麟山国有林の一部を解除して収容地に充てたる模様なるも十年以上を経たる今日に於て其の実跡顕はれず年を逐て火田民の増殖しつつあるは如何にも本件が重大且困難なるかを証するものなり

仍つて当署は其の関係及研究浅きを以て完全なる具体案を見るに至らざるも先対応策として

(1) 現在の火田耕作箇所及人口、生活状況火田耕作の端緒等を精査し図面及台帳を作製して面別に農耕適当地を選定し一定の箇所に移転せしめ無料貸付を行ひ事業成功の上は其の土地を付与すること、し其れ以外の土地を侵墾又は新墾するときは厳罰に処すること

(2) 労農方法を改善せしめ純粋の火田耕作法を棄てしめ施肥方法等を指導し集約的農業を営ましめ流浪的生活の弊害を矯正するに努むる様方法を講ずること

施肥に就ては山間部落に於て甚だ実行困難なるを以て金肥の購入を斡旋し又は経費の一部の補助を与へ漸次熟田化せしむるを要す

(3) 傾斜二十度以上の耕作を禁ずること

現に三十度以上の火田を行ふもの多きも其れを二十度以下の土地と交換を為すこと

(4) 火入は絶対に禁止すること

若し火入を為さざるべからざる事情あるときは必ず森林保護区に届出て森林官吏の出張又は森林組合役員の立会を求め之を為すこと

以上の如く実施せば庶幾火田整理の一方法たるを得るものと思料せらる

元　山

管内国有林の保護取締に対しては目下森林主事内地人一名鮮人四名をして直接其任に当らしめつゝあり

森林の保護取締たるや、目下の朝鮮国有林経営中の最大要務たるを以て、地方官憲とも連絡を計り違法者に対しては仮借なく厳重なる処分をなすと同時に、此が積極的被害防止策としては、常に地元住民に対して愛林思想の鼓吹宣伝をなし、法令を懇説し、森林火災盗伐其他の被害の予防に努力しつゝあり

森林令第十条に依る保護命令につきては管内中未だ実施せるものなきも、安辺郡に於ては各面を単位として森林保護組合設立認可方願書提出せるもの既に四件に達し残る一面も亦追て提出の筈なり、当安辺郡は管内中林相比較的良好にして交通運輸の途も開け国有林と地元住民とは最も密接なる関係にあり、従て林産物売却処分件数に比例して森林犯罪件数も多きを以て此等の出願に対しては実地につき精査の上夫々許可を与ふべき方針なれども此を悪用して却って反対に森林犯罪の増加することなきやを虞ひ、先最初此等の内最も信用し得べきものに付試験的に認可を与へ、其成績良好なるときは逐次他のものにも認可を与へ進んで管内全部に及ぼさんとす、安辺以外の他の二郡に在りては、従来保護取締の殆んど不備なりしため森林の荒廃甚しく、徳源郡の如き火田民の巣窟の如き観ありされば此等の地方に対しても将来保護命令の実施をなす予定なれども、此等二郡に於ては保護命令実施の過程として国有林中特に厳重なる保護取締を必要とする個所に森林監守を置きて森林主事の監督の下に森林の保護に従事せしむる方法を採らんとし目下考案中に属す

火田整理の対策は一の社会問題としても慎重考慮を要する事にして目下は只消極的に新規開墾を厳禁し、従来のものと雖急斜地又は必要なき個所は廃耕せしめ止むを得ざるものは是を火田となさしめつゝあり。火田民に対しては特に愛林思想の涵養に意を用ひ、林業労働に従事せしめて生活の安定を計り、火田整理の際には即時実行し得る様注意を与へつゝあり。而して此等諸所に散在して絶えず移動しつゝある火田民の取締は実に難事中の難事にして此れに対する積極的整理案としては国有林中一定の個所に集合永住せしむるの外他に途なきものの如し

次に管内国有林は何れも境界線複雑にして民有林と接するもの多く其不明瞭は保護取締上支障多きを以て必要なる個所に対しては保護命令により一定幅員の刈払を施行し境界線の明瞭を計ると同時に山火の防止をなさしめんとす猶国有林の造成保護と相俟ちて民力による私有山野の造林及林業奨励の結果は一般地方民の愛林思想を助長し林産物の需給関係を円滑ならしめ率ては国有林の経営保護を容易ならしむべきを以て実地を敏速ならしむべく此等に関する法規の改善又は何等かの施設をなすを必要と認む

永興

（一）森林保護取締

(1) 保護区員の充実

(2) 火田民整理

(3) 国有林野巡視励行

(4) 林産物件搬出前造材検印押入励行

(5) 伐跡検査の励行

即ち

(1) に対しては

森林主事		備考
内地人	鮮人	
三	三	

保護区名	森林主事配置数		備考
	内地人	鮮人	
宣興	一	一	
横川	一	｜	
耀徳	｜	一	
高原	一	一	
計	三	三	

林政統一以前に於ける森林保護取締は頗る不徹底なりし結果横川、耀徳、高原保護区管下の如きは全く国有林民有林の分界不明且つ一般地元住民の愛林思想の之れなき関係上内地人森林主事よりは善良なる鮮人森林主事を以て森林保護の任に当らしむる方反って好結果ありと思料せらる

(2) に対しては

別項にて詳述

(3) (4)、(5)、に対しては

答申書第一項森林主事監督の項に於て詳述せり

森林令第十条に依る保護命令実現に就ては火田整理後に於て実施の見込

即ち

現状の如き国有林民有地の区別さへ不解なる地元住民に対し直ちに保護命令の実施は不可能且つ森林保護取締を一層困難ならしむるものと思料す

(二)火田整理

(1) 国有林野境界標識の補修及び新設

(2) 要保存予定林野内居住火田民の国有林野外退去

(3) 地方庁並に官憲と協力一致副業奨励及び補長

(4) 火田に依る生活安定者と非安定者の区分調査

(5) 要存予定林野の解除

即ち

(1) に対しては

境界査定後の国有林野保護取締不完全なりし結果国有林野境界頗る不判明となり居るを以て保護区員充実と共に境界標識補修並に新設を決行し然る後に於て火田民整理の第一歩に入る予定

境界標識補修新設方法としては区分調査見取野帳及び要存予定林野境界図面に基き営林署内に境界標識掛を置き所轄

森林主事と協力して全国有林野境界標識補修及び新設を一ケ年以内に於て完成の見込
境界標識掛は別途申請配置定員内より採用

(2) に対しては
要存予定林野内居住を厳禁すると共に火田耕作(新規開墾を除く)は当分の内(五ケ年)認容し極力地方庁と協力して副業奨励

(3) に対しては
地方庁並に官憲と協力して養蚕、養牛、養豚、養蜂、植桑、果樹の植付け、木器の製作、蔓細工、製炭事業、椎茸栽培の奨励補長を図ると共に販路の指導監督

(4) に対しては
地方庁及び官憲と協力一致して火田生活者中安定者非安定者の区別調査を施行し非安定者の一団を作り人口稀薄にして農耕適地となるべき山林部要存予定林野を解除して此処に火田民を収容するの外方策なし

(5) に対しては
火田民収容に要する要存林野解除個所等に就ては上司にて御決行相煩度

下碣隅

(二)森林の保護取締に関し施設改善を要すと認むる事項
当署開設以来の森林被害事故は別紙第一号表の通なるも当地方の被害事故中最も忽にすべからざるは森林火災にして其の原因は故意に依る放火又は旅行者の不注意に基く失火等は漸次其の件数を減じ主として火田開墾の目的を以て森林の奥地に潜入し無許可火入を為すに基因し盗伐は私有林伐採許可又は若干払下材料の存在を奇貨とし実行するを常とし何等依る処なく純然たる盗伐行為に出るものは極て稀なり
故に森林火災の原因除去と火田整理とは極めて密接なる関係を有するものなるを以て火田整理の根本方針確立実施の上は森林火災は激減するに至るべし
森林被害防止に付効果あるべしと思料せらるゝ事項を列記すれば左の如し
(1) 火田開墾及無許可火入に対する刑罰を重くすること

現行森林令に依れば本件は何れも二百円以下の罰金にして現在検事局又は警察署に於ては普通二十円乃至四十円の即決を為し他の犯罪に比し極て軽きに失す然して其の拠る処財産刑の如き其の言渡額の徴収困難の事情あるべしと雖も一面之が為森林令違反は却て助長の傾向あり殊に侵墾に対する既墾地の再耕作を処罰する能はざるは保護取締上最も苦痛とする処なり国家は火田整理の為大なる犠牲を生ずるも又已むを得ざる手段と思料せらるゝを以て罰金刑と共に体刑を科し猶既墾地の再耕作を処罰出来得る様法令を改正し以て火田整理の趣旨を徹底せしむるの要あり

(2)　保護区の増設又は保護区員の増員を行ふこと

当管内各保護区の担当区域は別表第二号表の通其の平均面積約四〇、六六四町歩にして其の面積広汎なる為森林主事一名にては保護取締の完璧を期すること能はざるを以て之が増設又は森林主事の増員の要あり

(3)　警察官に森林主事の職務を嘱託せしむること

前項の通森林主事一名にては保護取締不充分に付国有林附近の警察官駐在所の巡査に山林事務を嘱託し相当の手当を支給し森林主事と相互協助せしむるは其の効果大なるものと思料せらる

(4)　各里枢要地に威厳ある掲示場を新設し時々適切なる注意事項を掲示す

(5)　郡、面及地元有力者と常に連絡をなし講話其の他の適当の方法を以て地元住民を指導すること

(6)　健全なる森林保護組合を設立する様指導監督すること

(7)　春秋の火災時期に森林巡視人夫を管内適当の箇所に配すること

五月及十月の候は森林火災の最も頻発する時機なるを以て臨時森林巡視人夫を雇傭し管内に於て火災の虞ある箇所を間断なく巡視せしめ火災の防止に備ふる一方盗伐侵墾等の犯罪を未然に防止せしむるを要す

(二)火田整理に関し施設改善を要すと認めらるゝ事項

当署管内は気候寒冷、土地瘠薄、且農耕地狭隘にして農業の如きは一般に朝鮮古来よりの疎放農業なるを以て之が耕地に大面積を有するのみならず耕作年数の如きも数年乃至十数年なるを以て到底彼等農民の資を充すに足らす仍て勢森林地帯に侵入し火田侵墾を為し生活の資を補はんとする者日々増加の傾向あり

此の現象は朝鮮古来よりの俗習にして之が矯正は頗る難事にして一朝一夕に矯正すること不可能なり従来之が対策とし

て地方農事の改善、産業の促進、愛林思想の宣伝等に依りたるもかかる消極的方策にては之が完璧を期すること困難に付森林保護に関する職員を相当増加し前記消極的策と共に左の方法に依り火田侵墾の拡大を防止すると共に現耕火田も漸次禁止するを刻下の急務と思料せらる

(1) 前記イ、項(1)の通法令の改正を行ひ森林被害に対する刑罰を重くすること

相当の覚悟を以て右実施すれば近き将来に於て止むを得ず農事改良等は出来得るものと思料す

(2) 現行火田耕作認容地にして差当り国有林経営上存置不必要なる箇所は貸付其の他の手続に依り熟田に成るを俟て所有権を与ふる端緒を開くこと（今後五年間位とし無償にて耕作せしむ）

(3) 現行火田認容地にして存置必要と認むる箇所は直に耕作を禁止立退かしむるか又は植付及手入費に相当補助を与へ天然生、苗木を以て混農林業を奨励し数年後農耕不能なるに及び他に転出せしむべし

(4) 火田民に対し不要存林を開放し五ケ年位の年期無償貸付とし其の成功を条件として無償譲与を行ひ之が立退に際しては一定の移転料を与ふ

(5) 要存置林内にして国有林経営上支障なき土地は開放の上収容すること

前記各項実施に際しては何れも現耕火田面積、戸数、人口等精査の要あるべしと思料せらるるを以て之が調査事項決定の上、全国有林に対し一斉に調査実行せば其の得る処蓋し莫大なるべし

(三) 保護命令実施に関する事項

当署管内は何れも交通不便にして且地元住民中には永住の意志を有せざる無智曚昧なる火田民多数を混じ居れる関係上少数の森林主事又は他官憲の他動的保護の方法にては到底国有林の保護は十全を期し難き実情の下にあり故に地元民の自覚を促し其の協力に俟たざるべからず之が対策として鞏固なる森林保護組合の設立を期待するは極めて捷径なりと信ぜらる

然して当署管内には既往に於て之が組織を見たるも区域其の他に付不完全なる箇所多々あり殆ど有名無実の状態なりしを以て別紙第三号表の通元新乫坡鎮営林支廠時代に於て之が改廃申請せるも実施を見ずして林政改革となり其の儘となり居るを以て至急御認可を受け設立の予定なるも当地の如く林木の比較的貴重ならざる地方に於ては其の報酬として受

くる処は甚だ少なきを以て彼等の献身的保護を期待すること至難なるに付今後左の通之が権利を拡張の要あるものと思料せらる

(1) 組合員自家用薪材は勿論自家用建築材等は無償譲与すること（但し針葉樹は枯損木とす）

(2) 数年間一定の土地に居住し組合の模範たる者に対しては林産物払下等に対する優先権を認め又は適当の方法に依り之を表彰すること

(3) 組合に対しても前項に依ること

（別紙）第一号表

下碣隅営林署管内林野被害一覧表　自大正十五年六月十四日　至昭和元年十二月末日

被害種類	件数	被害面積	数量		価格	摘要
			本数	材積		
盗伐	三	二九・一八町	一三三	六四〇・〇尺〆	三五〇・六六〇円	主として闊葉樹雑にして少数のテウセンカラマツ、タウヒ、モミ類の生枯木を含む
開墾	一〇	一七・五七	八、三〇五	一、七六六・〇	三六三・七二〇	
誤伐	二	・九〇	四五	八四・〇	三一・一〇〇	
水害	二	・八〇	—	一三〇・〇	三三・三〇〇	
計	一七	四八・四五	—	二、六四〇・〇	七六七・七八〇	

備考

下碣隅営林署の開設は大正十五年七月十三日

（別紙）第二号表

下碣隅営林署管内各保護区面積表

保護区名	国有林名	面名	面積	主事配置人員	主事一人当り面積	備考
徳実	大紅山、雲水山、大南山	上南	七三、六八〇・四〇町	一	七三、六八〇・四〇町	
泗水	水砧山、豊流里、秩物峰	中南	三六、一三三・三五	一	三六、一三三・三五	
柳潭	小白山、東白山	旧邑	二一、六一四・二三	一	二一、六一四・二三	
古土	東白山、北山	新南	一三、九三六・一七	一	一三、九三六・一七	
元豊	三水嶺、有麟嶺	東上	五八、九六六・六六	二	二九、四九三・三三	
計			二〇三、三三〇・八一	六	三三、八八六・八〇	一保護区平均面積四〇、六六四、一六

第三号表 各保護区別保護組合改廃数調

保護区名	既設保護組合 組合数	既設保護組合 面積	既設保護組合 戸数	改正せんとする保護組合 組合数	改正せんとする保護組合 面積	改正せんとする保護組合 戸数	摘要
徳實	二六	二〇、三五〇町	一、〇一六	一三	七三、六八〇町	一、二六二	
泗水	一〇	七、九五〇	四八四	四	三六、一三三	四一四	
柳草	二〇	一四、四〇〇	六八二	七	二一、六一四	五七七	
古土	二〇	一一、九〇〇	一、四五七	一三	一三、九三七	一、二一七	
元豊	—	—	—	八	五八、九六六	二、八五〇	
計	—	—	—	四五	二〇三、三三〇	六、三二〇	

備考

元豊保護区の分は総督の許可ありたるも目下朝鮮水電株式会社工事施行中にして其異同甚敷き為当分設立を見合し居れり

豊山

（一）主管林野の保護は管内を四保護区に分ち要所に保護区を設け茲に森林主事を配置し担当森林保護区内に於ける国有森林山野の保護に従事せしめ窃盗、火災、侵墾、其他森林被害、境界標其他標識及制札等の保存、保護施設を要すべき事項の有無等に注意せしめ以て保護取締上遺憾なきを期し居れり

尚本年度（昭和二年）より森林保護施設の一策として管下保護区管内須要の地に防火線を設定し森林火災を防止せんとする計画にて一件書類別途進達中なるを以て之が実現を希望する次第なり

（二）火田整理に関しては未だ具体的方法を講じおらざるも差当り森林主事をして火田侵墾の憂ある部落附近国有林の巡視を特に励行せしめ以て加害行為を未然に防止するに努めおれり尚火田整理に付ては一層具体的方法を講究中なり

（三）森林令第十条に依る保護命令実施に関しては現在の処当署管内は比較的大小の民有林多く之がため建築用材其他薪炭材等に不便を感ぜざる状況にして強て保護を命ずるの必要なきものの様思料さるるも早晩保護命令実施の必要到来するものと思惟せらるるも現在の処其の必要を認めざるが如し

新乫坡鎮

（一）森林の保護取締及改善を要すと認むる事項

国有林経営の基礎を永遠に確保せんには森林の管理保護を周到にし其の完璧を期するの要あり而して当署所轄面積三四一、四六五町四九にして管下に於ける各保護区配置及担当面積及其管下の状況を察するに陵口保護区の一〇五、六九二町四六を最大とし最少の新乫坡鎮保護区にても尚一〇、八七八町〇四となり平均一保護区担当面積は五八、〇〇〇余町歩となり広汎に過ぎ且傾斜急なる山岳羅列地帯多く人跡稀なる区域を包含し担当保護区員を善導監督し如何に努力せしむるも保護取締の完璧を期し難しと悲憂さる殊に大正十三年秋季及大正十四年春季の稀有の大山火に遭遇し特に此感を強くせる処にして独り担当保護区員のみならず其の任に当るものは常に管下地方官憲と協力し保護取締の任に当り又地方警察官憲は治安上当然森林被害の防止併に保護取締の任にあるべしと思料せらるるも従来の実績に徴するに之が完璧を尽せりと認め難きに非ずやの疑念なき能はざるなり而して主事一人の担当面積は尠くとも一万町歩を標準となし善導

監督し以て保護取締の実を挙ぐるは目今に於ける最緊急事と思料せらる尚警察官憲に対しては大正元年十二月二十八日附訓令第二三号森林山野の保護に関する件末記並同年同月同日附訓令第二十二号森林山野の取締に関する件に依拠し其の具体的方法及其の統一を期する為鴨緑江岸に於ける税関事務を委任しあると同様尠く共警察官駐在所首席に現行税関と同一程度の待遇とせる山林部所属森林主事補を命じ主事の下に居せしめ所轄保護区担当内に於ける国有林の保護取締を担当せしむる事とし森林主事並に署員と行動を共にする任務を負はしむれば保護取締其他に付一層実績を挙げ得るものと思料せらるるにより可及的速に此の途を開く要あるものと認む其他巡視人夫の配置宣伝ビラ配布制札の建設境界標識の完備並春秋二季の山火発生期に於ける巡視人夫は従前の通配置の要あり

（二）火田整理に関する事項

現行の火田整理に就ては火入及侵墾等に付取締をなす消極的の取締にして未だ積極的施設の見るべきものなきも今や林野区分調査完了せしを以て大正五年四月二十五日附内訓第九号左記第三項により農耕適地の選定及不定火田民の整理を断行し農事の改良指導をなし集約的農業に従事せしむる方法を講ぜざる限り因襲の久しき国有林の侵墾に対しては如何に厳重なる取締をなすとも現行の如き表皮的手数を以てしては到底徹底せる火田整理の満全を期し難しと認めらるるに付将来必ず来るべき本問題に対する根本的整理の準備に資せんが然其の方法夫々研究中なり

今大正十五年九月末現在に於ける火田民の戸数、人口並に火田面積等を示せば左表の通にして大正十四年九月末現在に比し増加の傾向を示せるは大正十三年秋季及大正十四年春季に於ける稀有の大山火に依り其の火災跡地が開墾有望なりとの風説北青、咸興、端川、豊山、洪原の各郡地方に伝り多数の移住者ありたるに依るものと認められ尚此移住者漸増の傾向あり而して既往に於ける火災跡地殊に大正十三年秋季及大正十四年春季に頻発せる山火の原因を調査するに通行人の失火、隣接私有林地に火入の延焼等的確に断じ難きものあれ共其の火災跡地が旬日ならずして侵墾せられつつある状態に付此の結果より推断して極言すれば畢竟火田生活夢想の徒の時機を利用せる伝統的慣習に基く火田侵墾を目的とせる放火に基因するものと断定するも敢て過言にあらざる実状にあるを以て私有林地の火入及火田侵墾に付き地方官憲と協力し其の取締を厳重にし反行者には必罰主義を取り彼等の自覚を促すのみならず此間速に前述の大正五年四月二十五日附内訓第九号左記第三項に依る耕作地の選定及不定火田民の整理を可及的速に断行し農事改良指導をなし以て集約的農業に就かしめ森林火災防止に付き根本方策を樹立せざれば当地方の如き森林火災を防止し火田整理の完璧を期し難し

火田耕作状況調（大正十五年九月末現在）

保護区名	国有林名	火田耕作するもの			熟田と火田とを併耕するもの 火田を耕作せざれば生活し能ざるもの			熟田と火田とを併耕するもの 必ずしも火田耕作を要せざるもの			計		
		面積	戸数	人口	面積	戸数	人口	面積	戸数	人口	面積	戸数	人口
上洞口	永城嶺	一三七	△七 三一	△二八 一四二	一五八	七四	三六二	—	—	—	二八五	△七 一〇五	△二八 五〇四
	白山嶺	一五	△五 五	△一五 一五	二八四	三九	一、一六四	—	—	—	二九九	△五 三四	△一五 一、一七九
	太陽洞	九四	△一〇 三九	△四七 一五八	一六三	八四	四五〇	六	六	三二	二六三	△一〇 一二九	△四七 六三九
	魚面堡	五五〇	△二一六 二三九	△一、三四九 一、四〇六	四〇四	四三〇	二、三一七	—	—	—	九五四	△二一六 六五九	△一、三四九 三、七二三
	計	七八六	△二三八 三〇四	△一、四三九 一、七二一	一、〇〇九	九一七	四、二九三	六	六	三二	一、八〇一	△二三八 一、二三七	△一、四三九 六、〇四五
魚面堡	太陽洞	五三	一九	九五	一八一	六八	三二五	—	—	—	二三四	八七	四二〇
	田地嶺	一三五	二五	一五二	三一五	一七〇	九七五	—	—	—	四五〇	一九五	一、一二七
	魚面堡	八	三	一六	五〇二	一七九	八七三	—	—	—	五一〇	一八二	八八九
	計	一九六	四七	二六三	九九八	四一七	二、一七三	—	—	—	一、一九四	四六四	二、四三六
新乫坡鎮	永城嶺	二七三	△六八 六八	△三四五 三四五	一七七	四六	一八四	一五	二〇	九七	四六五	△六八 一三四	△三四五 六二六
	晩頂里	二	△一 一	△七 七	三	二	一一	八	五	二五	一三	△一 八	△七 四三
	太陽洞	四〇	△一五 一五	△九二 九二	七〇	二三	一〇五	四	三	一五	一一四	△一五 四一	△九二 二一五
	計	三一五	△八四 八四	△四四四 四四四	二五〇	七一	三〇〇	二七	二八	一三七	五九二	△八四 一八三	△四四四 八八一
仁山	稀塞峰	二八	八	五八	二三五	七九	四五九	一八九	一七二	一、〇三八	四五二	二五九	一、五五五
	奉天山	一七	五	三四	二一五	七一	四三〇	一七五	一四〇	八五〇	四〇七	二一六	一、三一四
	計	四五	一三	九二	四五〇	一五〇	八八九	三六四	三一二	一、八八八	八五九	四七五	二、八六九

陵口	雪隣嶺	四五	△一三 一三	△五六 五六	一八五	二二四	一、二二〇	八	一一	九四	二三八	△一二 二三七	△五六 一、三七〇
	稀塞峰	—	—	—	二	六	三五	—	—	—	二	六	三五
	青山嶺	一〇	△一 二	△七 一三	一一〇	九〇	六三五	五	四	三七	一二五	△一 九六	△七 七八五
	雪梅嶺	二三	△五 五	△二八 二八	一九〇	一六六	九九五	五	五	三八	二一八	△五 一七六	△二八 一、〇六一
	計	七八	△一八 一九	△九一 九七	四八七	四七六	二、八八五	一八	二〇	一六九	五八三	△一八 五一五	△九一 三、二五四
長津	大紅山	三九二	一〇六	五一五	九二三	一一五	一、八八〇	一一	九	四八	一、三三六	三三〇	二、四四三
	稀塞峰	一九二	四六	三四四	四九八	九八	三四八	—	—	—	六九三	一四四	六九二
	大南山	—	—	—	一四	一一	五八	—	—	—	一四	一一	五八
	計	五八七	一五二	五八九	一、四三五	三二四	二、二八六	一一	九	四八	二、〇四三	四八五	三、一九三
総計		二、〇〇七	△三四〇 六一九	△一、九七四 三、四七六	四、六二九	二、三五五	一二、八二六	四三六	三七五	二、二七三	七、〇七二	△三四〇 三、三四九	△一、九七四 一八、五七五

比較表

大正十五年九月末現在	二、〇〇七	六一九	三、四七六	四、六二九	二、三五五	一二、八二六	四三六	三七五	二、二七三	七、〇七二	三、三四九	一八、五七五
大正十四年九月末現在	一、六九七	五五七	三、〇二八	三、五四八	二、〇三〇	一二、三六五	七七九	三七五	三、〇三三	七、〇二四	二、九六二	一八、四二六
増減	三一〇	六二	四四八	八一	一、三二五	四六一	△三四三	—	△六六〇	四八	三八七	一四九

備考

(1) 面積は町を単位とす

(2) 老幼不具者等労役に堪へざる者と雖も同一戸内に在るものは人口に掲上せり

(3) 左側に△を附して記載したるものは国有林内に居住する者の戸数及人口を示す

(4) 大正十四年九月末現在に比し増加せるは大正拾参年秋季及大正拾四年春季に於ける森林火災に依り当署管内開墾有望なりとの風説伝り北青、咸興、豊山地方より多数の移住者ありたるに依る

火田耕作状況調（大正十五年九月末現在）

国有林名	火田耕作するもの			熟田と火田を併耕するもの						計			摘要
				熟田を耕作せざれば生活し能ざるもの			必ずしも火田耕作を要せざるもの						
	面積	戸数	人口	面積	戸数	人口	面積	戸数	人口	面積	戸数	人口	
永城嶺	四〇〇	九九 △七五	四八七 △三七三	三三五	一三〇	五四六	一五	二〇	九七	七五〇	二三五 △七五	一、一三〇 △三七三	
白山嶺	一五	五 △五	一五 △一五	二八四	三一九	一、一四六	｜	｜	｜	二九九	三二四 △五	一、一七九 △一五	
太陽洞	一八七	七三 △二五	三四五 △一三九	四一四	一七五	八八〇	一〇	九	四六	六二一	二五七 △二五	一、二七五 △一三九	
魚面堡	五五八	二三二 △三一六	一、四二二 △一、三四九	九〇六	六〇九	三、一九〇	｜	｜	｜	一、四六四	八四一 △二一六	四、六一二 △一、三四九	
田地嶺	一三五	二五	一五三	三一五	一七〇	九七五	｜	｜	｜	四五〇	一九五	一、一二七	
晩頂里	二	一 △一	七 △七	五	二	二一	八	五	二五	一三	一八 △一	四五 △七	
稀塞峰	二二三	五四	四〇二	七五五	一八三	八四二	一八九	一七三	一、〇三八	一、一四七	四〇九	二、二八二	
奉天山	一七	五	三四	二一五	七一	四三〇	一七五	一四〇	八五〇	四〇七	二一六	一、三一四	
雪隣嶺	四五	一二 △一二	五六 △五六	一八五	二三四	一、二三〇	八	六	九四	二五八	二三七 △一二	一、三七〇 △五七	
青山嶺	一〇	二 △一	一三 △七	一一〇	九〇	六三五	五	四	三七	一三五	九六 △一	六八五 △七	
雪梅嶺	二三	五 △五	二八 △二八	一九〇	一六六	九九三	五	五	三八	二一八	一七六 △五	一、〇六一 △二八	
大紅山	三九二	一〇六	五一五	九二三	二一五	一、八八〇	二一	九	四八	一、三三六	三五〇	二、四四三	
大南山	｜	｜	｜	一四	四一	九八	八	｜	｜	一四	一一	五八	
計	二、〇〇七	六一九 △三四〇	三、四七六 △一、九七四	四、六二九	二、三五五	一三、八二六	四三六	三七五	二、二七三	七、〇七二	三、三四九 △三四〇	一八、五七五 △一、九七四	

比較表

略

(三)森林火災盗伐其の他被害防止に関する事項

管下に於ける森林被害は人為的被害として最も恐るべき山火によるもの其の大部分を占め之に附帯せる侵墾並に林産物処分に伴ふ事犯として過誤伐（採）盗伐（採）にして森林火災に対する原因に付調査するに火災跡地開墾を目的とする失火及放火は各種被害中九割を占むる状況にあるを以て前第二項記述せる如く農耕適地等の解放を断行し火田民を収容し農事の改良指導をなし尚左記事項を実行するに於ては山火の予防防止上相当効果あるものと認む

記

イ、今後一層機会ある毎に講演を為す外宣伝ビラ等により愛林思想の鼓吹宣伝に努むること

ロ、違反者は事犯の大小を問はず必罰主義を断行すること

ハ、侵墾火田耕作物を刈払ひ又は処分をなし其の目的とする火田開墾の計画を齟齬せしむること

ニ、私有及部落林野と雖も相当管理方針を定め当分開墾を目的とする火入は絶対に許可せざること

ホ、火田調査を実行し完備せる台帳を調製し其侵墾及新規の無断開墾を絶体に禁止すること

ヘ、植伐其の他保護取締上必要なる個所に防火線並林内歩道等を開設すること

ト、山火の予防防止に付特に功労ありしものを相当表彰又は授賞すること

チ、以上は直面せる取締方法にして其の直面必然的の根本政策として農事特に施肥及耕作法に対し権威あり且内容充実せる指導実行の実現を期すること

而して産物処分に附帯する事犯に対しては其の調査の正確を期するは勿論作業期間中の巡視を励行し事犯敢行の機を生ぜしめず一度不正行為を発見するに於ては原因を飽迄探究し二度発生せしめざる様断然たる処置を取ること

(四)保護命令実行実施に関する事項

管下に於ける森林保護組合は大正五年中長津郡及三水郡の一部分に設置せられしも森林保護上何等の権威なく且組合員異動し其の成績として何等見るべきものなく有名無実の現況にあり且既往の実績を徴するに森林火災其他是に附帯せる事犯は年と共に増加の傾向を示し経営上甚だ遺憾にして保護取締は一日も忽諸に附する能はざる実情にもあり是等森林

被害の未然に防止防遏に対する対策は単に署員及地方官憲の他動的方法に基きしのみ其の万全を期し難きを以て地元民の他動的指導は勿論進んで自発的覚醒による協力を待て之が完璧を期すべく其の第一歩として国有林野整理調査も既に完了せるを以て既設組合に対しては是が改廃を行ひ尚ほ設置区域に対しても組合を新規設立し管下全般に亘り新規理想的組合の実現勧誘に努力せし結果大正十四年度中に管下全部に亘り其の設立及改廃調査を了し一部組合設立するに至りたり即ち左表の通とす

保護区名	組合設立上申数			許可指令数		許可指令月日	設置件数	摘要
	新設	改廃	計	新設	改新			
新乫坡鎮	三	｜	三	三	｜	大正十四年十一月九日	三	未設置区域に対しては至急御認可相成様大正十五年十一月十六日附新営第一、四八二号を以て申請済なり
上洞口	五	｜	五	五	｜	大正十四年十一月九日	五	
魚面堡	六	一	七	三	｜	大正十五年三月七日 大正十五年三月七日	三	
陵口	二	一九	二一	｜	｜		｜	
仁山	｜	九	九	｜	｜		｜	
長津	｜	五	五	｜	｜		｜	
計	一六	三四	五〇	一一	｜		一一	

而して設立後に於ける組合に対しては善導を為し保護の報酬として受くる物件分配方法組合の維持方法に付充分監督を為し若し組合員にして利権の獲得にのみ趨り保護取締の責務を履行せざる者ある時は断然たる処置に出づる方針なり

鏡城

(一)木札の建設

旧甫上保護区には木札ありしも其他には云ふに足るべきものなかりしに依り三十本を建立せり

(二)大木柱の建設

旧管内には保護区の設置なく保護設備に付十全の方法を講じたるものなかりしに依り保護区設置後一ケ年間は先づ宣伝

時代として専ら努力せり即ち尺角高さ一丈の大木柱に宣伝文を記載し極めて枢要なる個所に十二本建立せり

(三)イ、本府より配付のポスターの掲示

此のポスターは小形に過ぐ約三倍のものを適当の太さと認む

ロ、林産物払下附近のポスターに付

梧村堡国有林に於ては奥地迄長き道路を開鑿し多くの林産物を搬出するを以て人馬の往来繁く従来保護区の設置なかりしを以て隣道の稚樹を損傷するもの多かりしを以て亜鉛板を切りてポスターを作り要所の樹木に貼附せり

(四)大掲示板の建立

地方に依り其趣を異にする事あるべしと雖も保護区より便利にして枢要の個所に建立し洋紙にて其季節に応じたる宣伝文を貼附して取扱ふるも良法なり

(五)炊事場の設置

山火は地元民が十分の注意をなせば発生すること甚だ少なきは小官の南鮮にて知り得たる所なり故に旅人の炊事又は喫煙をなすが如き個所に□形の炊事場を設置し此処にも木札を建立せり其数現在九個なり

(六)自然石に宣伝文記載

自然石にして良好なる形態を備へ人目に触れ易きもの多きは目撃する所なり故如斯個所にして自然美を損はざる様「山火注意」として山火は赤、注意は白ペンキにて字の大さ二尺にして書き居りたるも本府よりポスター来れるを以て爾後中止せり

(七)境界点の修理

旧甫上保護区管内は林野調査の時「山」印及番号を彫刻済なり然れども主事が境界点を時に巡視する事の必要を考へ一年又は二年隔き毎に白ペンキにて修理すべき冬中の作業として目論見居りしも寒気激烈のため事業不可能なり少しく温暖となりたる時実行に着手すべく予算増額申請中なり

(八)製材検査の施行

誤伐盗伐を防ぐため木炭資材大口処分の外は総て製材検査を受けしめ警察官憲と連絡を保ちつつ搬出せしむ

（九）伐跡検査に願人を立会せしむ
伐跡検査には願人を立会せしむるを便とす然れども願人は事業完了後の事なれば仲々立会せず故に許可書に特に伐跡検査に立会すべく条件を加へあり
（一〇）保護組合員の収得物たるものの内用材又は販売用のものに対する取締方法
用材及販売用のものは総て森林主事の許可を受けしむ
（一一）火田整理に付て
当地方は人口稀薄にして地元住民少く火田の如きも甚だ少く他の地方と其趣を異にす而して鏡城にては咸鏡北道の九割余の苗木生産地にして清津、羅南の市場を控へ且つ咸鏡鉄道の工事中にして人夫は常に不足し賃銀高く連続的ならざる吾々の事業は常に人夫募集に困難を来し南鮮の如く大規模の事業を経営し得ざる恨あり故に地元住民を出来得る限り使役することとし火田の新墾侵墾等は之を防止するも従前の分に対しては当分之を黙認する方針なり
（一二）火田台帳の調製
火田の耕作を禁止せざる方針なるも火田台帳を調製する予定なり即ち林野図に見取図を記入し各国有林の内里洞毎に火田地番を作製し見込面積所有者を記載す
尚漸次火田を整理する必要ある個所にては此外火田の傾斜、土壌、耕作人の家族数等を斟酌し其年限り又は三ケ年五ケ年間当分黙認して台帳に記載し累年襲用として整理をなせば便なるべし此方法は小官は奉化営林署県洞保護区古善里保護組合にて調査を完了したることあり火田には耕作者をして耕作人氏名面積廃耕年を記載せる木柱を建てしむ
地形に依り永く耕作をなし得ざる個所にては適当の耕作地を国有地の内にて与ふる事とせり之は勿論保護組合の保護巡視官営事業等に便利なる個所とす
此の如く台帳を作り置く時は半遊牧的に流浪するものが其管内に新に入るも台帳なきに依り耕作すること能はざるのみならず一度火田民が奥地を離るる時は其火田は廃耕となるものなり
（一三）保護組合に付て
管内六個組合の内保護区又は山林監視所にて指導監督せしは二個組合に過ぎず他は命令あるも郡庁にて全然指導せず

旧来の内甫老谷組合にては別に巡視人六名を任命して時に巡視せしむ巡視人は黒襦子事務服に袖に赤筋二つを巻きたるものを纒ひて巡視す之が一ケ年の手当は一日約一円に相当す基本金約三百円を有す上七洞組合は春秋の火災の危険なる時に於て組合員順次巡視をなし基金約八十円を有す
其他の組合は規約ありて役員あるも数年前のものにして指導もなく整理もなきに依り林政統一に伴ひ十五年林務乙第六二〇号通牒に従ひ規約の改正を行ひ役員の任命をなせり
昨秋は設立の年なりしを以て新しき組合は巡視せしむるに到らず主事の日曜日に巡視せしめたる組合一つありしのみにて他は本春より巡視を実行すべく手筈をつけあり
官営事業の人夫募集監督に役員は総て組合員を分担々当せしむ
従来の組合は山元を遠く難れて利害関係の少なき里洞を組合に入れあるものあり又は山元の部落を漏したるものあり斯くては組合員の歩調を乱す懼あるを以て之が整理中に属す
(一四)入山券の発行
組合員の収得物にして其内一部のものが恩恵に浴するものには入山券を発行して料金を徴し組合の基金として積立をなす
(一五)保護組合役員の組合員の区画分担
組合役員に対し組合員を分担せしめ官営業あるときは各其分担区域内の組合員を引率して出頭せしめ其役員は監督員に使用するときは人夫募集に便にして役員としての自負心を満足せしめ且つ保護組合の何物たるかを知らしむるに便にして出来る丈地元民を使役することを得るを以て率いて国有林に対する観念を惹起せしめ得るのみならず山火等の場合は少数の監督者にては指揮の達せざるのみならず単に呆然たる組合員として使役するよりも役員をして組合員を引率し其役員に対して部署を指定する事は甚だ有効にして従来小官の経験し来れる所なり
(一六)有用樹種を禁断木として組合員に周知せしむること
公山制の惰性は一朝にして改むべくもあらず諸規定に依り禁ぜられたる事項も人民が之を知悉する事は望むべくして困難の事に属す故に半紙半截の大さに禁断木名を記し各組合員に配付し家内の最も見易き所に添附せしむるは良法の一つ

なり

（一七）保護組合連合会組合又は組合員表彰に関する件

営林署管内を一括せる国有林保護組合連合会の設立優秀なる組合又は特に功労ありし組合員を連合会員組合又は営林署にて表彰すべく去る管内全森林主事会議の時研究宿題となし研究中にして追て実現せしむる予定なり

明　川

当署に於ける国有林の被害中其主なるものは盗伐、火災、火田等人為の被害にして之等の被害を予防、防止するには直接其任に当る森林主事の誠実なる勤務と周囲に於ける部民の理解により其目的を達し得べしと認むるを以て以下是等に関連せる事項を答申せんとす

（一）保護取締

一、巡視線路及巡回々数を定め其要路に巡羅箱を設置のこと

主事勤務規程に於ては巡視日数定められ居るも巡回線路及回数は各自任意に実行しつつあるを以て遠距離又は交通不便の地は稍ともすれば巡視の徹底せざる感なしとせず依て取締の緩急を図り大様を概観し得べき要路を撰び線路を定め線路番号を附し之に対する巡回々数を予定し之が実行に努め要所には巡羅箱を設置し巡回の際捺印せしめ実地勤務の状況を時々臨検するものとす

一、森林主事の欠員又は全然配置なき場所に定員を充員せしむること

一、森林保護区に於ける主事は一保護区一名制度とし保護区数を増加すること

一、産物売却物件搬出に当り製品には旧営林廠に於けるが如き極印打記方に統一すること

一、腸社寛村保護区域国有林に対し森林令第十条の保護命令をなすこと

一、森林令第十条による保護受命者の設立する保護組合規約の準則を定むること

一、愛林思想普及に努むる為活動写真機（見込なければ蓄音機にても可）を購入し部民を集め講話をなすこと

一、取締上の従来に於けるビラ制札ブリキ札等の外保存上人目に触るる路傍の天然岩石にも色ペンキを以て要項を簡単に記入すること

一、火災予防の為通行人の休憩所建設のこと

一、火災時期四、五、六、十の四ケ月間月拾円位の給料を支給し林野巡視を採用すること
一、被害予防々止上特に顕著なる功労者に山林部長より感謝状を交付すること
一、結氷中の農閑期に保護区附近の青年児童を集め夜学を開始し同時に愛林思想を吹込むこと
一、森林令第十条に依る保護命令実施中のものは熊店保護区内のみなるも昨年一月以降実施中にして未だ成果を見るの域に達せざるを以て組合規約の励行を一層監督指導するの外改善意見なし

(二)火田整理

近来警察、森林保護区等の取締厳密なるを以て穀類耕作の為にする新規火田は殆ど其跡を絶ち稀に阿片密作の為に新規の火田をなすものあり而して現耕火田は地力年と共に衰へ収穫亦減少するを以て火田民の生活は不足勝にて些の余裕を有せず何れも衣食に窮し寧ろ悲惨なる状況にして年々間島方面に移住するもの増加の傾向あり然れ共他に移住する資力なきものは常食たる燕麦馬鈴薯欠乏するや草根木皮及燕麦の殻を粉末とし食するものさへあり故に将来共益々厳密なる取締徹底したらんには自然火田民は生活し能はざるを以て整理せらるることとなるも如斯整理は消極的なるを以て積極的に行はんとすれば全然禁止策を講ずるを最も捷径とするも人は衣食足って礼節を知ると云へるが如く彼等は世の落伍者となり辺鄙なる山奥に居住し説示すれば火田の非なるを悟らざるにあらざるも食はんが為には官憲の眼を窃して法に触るる阿片密作の為に新なる火田を敢行するものにして常に平坦地に出で普通民の如き生活を希望するも資力なき為策の施す所を知らず火田民として甘ずるより外途なき者にして為政者が如斯方法を講ぜんが忽ち彼等の生活を脅威し窮鼠は却て猫を噛むが如く彼等は世を呪ひ人を呪ひ山を呪ひ結果は由々敷社会問題を惹起し森林は悉く焦土と化し其災害の及ぶ所測知し難かるべし故に相当移転料を支給し適当の地を選び移住せしむるを良策とするも移転料を給すること亦容易に実現し得べくもあらざるを以て現在に於ける火田整理は勢ひ消極的方策より以外に適策なし即林業経営国土保安上支障あるが如き地は絶対耕作を禁止せざるべからざるも其他のものは現耕を認容し造林、伐木運材等に従事せしむれば有利の点もなきに非ざるを以て努めて彼等を有利に利用し徐々に現耕面積を縮少するも生活し得る方策を取らざるべからざるものと認む依て以下消極的方策に付列記すれば

一、農事当局者と共力し相当施肥せしめ地力の恢復を図り収穫を増加せしめ且つ副業として麻布、木製あんぺら木鉢朝

鮮式間戸、障子、棺材、木炭等の製造を奨励すること
一、産米増殖計画地にして耕地増加等の為移民を要する地方と連絡し移住せしむること
一、現行火田は場所面積、耕作者氏名を届出しめ（廃耕減耕他に移住の時も同様）現場には耕作者氏名面積を記載せる標柱を建設せしめ保護区に火田台帳を備へ保護取締の便に供し現耕者他に移住の場合其代りに他より移住し来れるものには継続耕作を禁止事項又は届出事項を怠るものに対し罰則の制定をなすこと
一、伐跡地無立木跡散生地等にして特に営林署に於て造林するに足らざる一町歩内外の各地に散在する要造林地に対し一町歩当造林費用を定め置き希望者をして苗木又は播種造林を行はしめ成林の見込ありと認むる迄撫育せしめたる後規定の費用を給するの途を設くること
処理方法は造林願を提出せしめ苗木は官給するも可なり

富寧

保護の内盗伐に関しては当管内は人口の希薄並私有林に雑木等多き為国有林より薪炭材等を盗伐するが如き事無き為殆自家用としての盗伐尠く尚販売用としての各出願に伴ふ誤伐盗伐等も一度不正事件ある時は今後絶対に払下を為さざる旨言含め保護上遺憾無を期し居れば別に施設改善の要すべき事項の具体案現在に於て無し
火災予防に関しては防火宣伝の為活動写真等に依り地元民の耳目に新しき刺戟を与ふるは策を得たるものと思料さる
火田整理に関しては火田民割合に尠き為被害の程度僅少にして国有林地外へ急に放逐せむとするは彼等の為に不憫の点あり却て彼等をして無償にて附近森林の手入撫育等に使役し報酬として薪炭材を与ふるは策を得たるものと認めらる
森林令第十条に依る保護命令実施に関しては従来の森林保護組合規約に準じ改善並新設箇所等目下保護区とも協議中にて来年度より施行の予定なり
富寧郡一円に多く産する松茸等も保護組合員に与へ組合の資産に充つる様具体案考慮中

茂山

森林の保護取締に関し施設改善を要すと認むる事項を述ぶるに先ち之が保護取締の現況を述ぶることとせん
保護取締の機関としては森林主事の配置及森林令第十条に依り設立せられたる森林保護組合之れなり
森林主事の受持面積及森林保護組合の設立箇所其他を表示すれば次の如し

保護区名	所管洞名	戸数	国有林名	国有林管理面積	保護命令 組合名	保護命令 設立年月日	保護区勤務職員名	摘要
茂山	邑面南山	三一〇戸	茂山	一三八.〇五町	―	―	森林主事定員一名 欠員	保護すへき国有林僅少なるを以て設立せす
	城川	三八三	茂山	二二二.三四	―	―		上
	篤所	一一五	茂山	四、五四五.六一	箕所洞	一二、四、一三		
	彰烈	五三	茂山 加羅支峰の一	一、五二三.七九	彰烈洞	一二、四、一三		
	永北面梁永	一二二	加羅支峰の一より一二まで	四、〇〇五.七七	―	―		一五、六、一四道より移属せるものなるを以て未設立近く申請の見込
	計	九八三		一〇、四三五.五六				
豊渓	豊渓面松鶴	七四	明臣洞の一 明臣洞一及二	六九一.九一	―	―	森林主事定員二名 欠員二名	一五、六、一四道より移属せるものなるを以て未設立近く申請の見込
	龍川	五四	民事峰一及二 三兄弟岩	二〇、二〇一.〇九				同上
	明臣	九七	明臣洞の一	二、二〇一.九九				同上
	計	二二五		二三、〇九四.九九				
新站	東面降仙	一二八	加羅支峰の一 鶴棲山の三	七、四二四.七六	降仙洞	一二、四、一三	森林主事定員一名 欠員一名	城川水の右岸国有林は一五、六、一四移属せるものなるを以て未設立近く申請の見込
	車踰	一七一	鶴棲山の一 車踰嶺	九、九五五.二二	車踰洞	一二、四、一三		同上
	豊山	一二八	車踰嶺 加羅支峰の一 鶴棲山の二	九、〇一七.五三	豊山洞	一二、四、一三		同上
	計	四二七		二六、三九七.五一				
上倉坪	延上面延上水	一一〇	渡正山	八一八.一〇	文岩洞	一二、九、一四	森林主事定員一名 吉田喜代蔵	
	文岩	一九三	渡正山 北作嶺	二、四三四.一一	文岩洞 北作洞	一二、九、一四 一四、三、二六		
	朴川	一〇九	渡正山	三、六三三.四八	文岩洞	一二、九、一四		
	漁下面温泉	一〇七	剣徳山	一六、三六七.〇五	温泉洞	一二、九、一四		
	五峰	一二九	同	四、六一〇.六五	五峰洞	一二、九、一四		
	計	六四八		二七、八六三.三九				

延社	延社面 四芝	四〇五	冠帽峰 北作嶺	二、八三〇.五三	四芝洞	一四、二、二八	森林主事 定員 二名
	新章	三六二	北作嶺	一、六九八.〇〇	新章洞	一四、二、二八	中村清吉
	広陽	二三〇	渡正山 冠帽峰	五三、五六二.八三	広陽洞	一二、九、一四	欠員 一名
	水砧	二一三	渡正山	一、四五九.四五	水砧洞	一二、九、一四	
	柳安	三一八	同	二四、四七二.三〇	柳安洞	一二、九、一四	
	石浦	二〇一	同	二六〇.〇八	石浦洞	一二、九、一四	
	計	一七二九		八四、二八三.一九			
三上	西下面 三川	一五四	高支峰の二	一〇五.四二			森林主事 定員 二名
	臨江	三一一	同	一、一三六.一三	臨江洞	一二、四、一三	欠員 一名
	長面 三上	三〇六	甑山	四八九.八五	三上洞	一二、四、一三	五十嵐作蔵
	三下	一三六	同	四、八五三.〇六	三下洞	一二、四、一三	
	農事	一八〇	同	九九、九〇九.六七	農事洞	一二、四、一三	
	計	九〇七		一〇六、四九四.一三			
楡坪	三社面 蘆坪	一一六	楡坪	一八、九〇九.七三	蘆坪洞	一二、九、一四	森林主事 定員 一名 中口盛久
	楡坪	八七	同	三一、四六二.五五	楡坪洞	一二、九、一四	
	計	二〇三		五一、三七二.二八			
倉坪	三社面 倉坪	一六三	倉坪	五二、五七五.五六	帯岩 倉坪	一二、九、一四 一二、九、一四	
延岩	延岩	一四九	延岩	一一八、二四五.〇二	延岩	一二、九、一四	
合計				五〇〇、七六一.六二	二四ヶ所		森林主事 定員 一三名 欠員 八名
九ヶ所（保護区） 十三名（森林主事）	平均			五五、六四〇.一九			
	同			三四、五二〇.一三			

森林令第十条による保護の報酬として受くる種類は主産物としては枯木、倒木、及枯枝にして副産物としては組合により異なるも蕨、菌、桔梗の根、当帰、赤芍薬、沙蔘の黄草等なりとす之等産物と雖も自由に数量を無制限に採取すべきに非らず予め採取期間数量を願出承認を得てなすものなり副産物に於ても種類は予め制限し数量之又予め願出承認を得て採取をなすものなり試に大正十四年度（最近調査）中に保護組合に保護の報酬として無償譲与したる産物の数量其他を示せば次表の如し

保護区名	組合員数	薪炭材	建築用材	計	私有林伐採数量		国有林譲与数量		購入数量		摘要
					薪炭材	建築用材	薪炭材	建築用材	薪炭材	建築用材	
倉坪	一六二	八、一〇〇（五〇）	六六（〇、四）	八、一六六（五〇、四）	三、二四〇（二、〇）	｜	四、八六〇（三、〇）	｜	｜	六六（〇、四）	
楡坪	一五八	五、二一四（三三）	四七四（三）	五、六八八（三六）	四七四（三）	二三七（一、五）	四、七四〇（三、〇）	二三七（一、五）	｜	｜	
延社	一、四八一	四一、四六八（一八）	二、三一二（一、六）	四三、七八〇（一九、六）	一八、六二一（二三、五）	七九二（〇、五）	二二、二一五（一、五）	｜	六四二（〇、四）	一、五二〇（二）	
上倉坪	二九二	七、〇〇八（一四）	一、七五二（六）	八、七六〇（二〇）	二、六〇二（八、九）	六五〇（二、六）	四、四〇六（二五、一）	一、一〇二（三、四）	｜	｜	
虚彦洞	三七六	八、八〇八（一四）	二、二〇二（六）	一一、〇一〇（二〇）	五、一一四（一三、九）	一、二七九（三、〇）	三、六九四（一、〇）	九二三（三、五）	｜	｜	
延岩	一四八	三、九九七（一七）	五五八（三、八）	四、五五五（二〇、八）	一四〇（〇、九）	三〇（〇、二）	三、三四五（二三、七）	三三五（三、二）	五一二（三、四）	一九三（一、三）	
三上洞	五二三	一五、五四八（一九）	五三二（一）	一六、〇八〇（二〇）	一一、三一六（二、一）	｜	四、二三三（八）	四四〇（一）	｜	九二（〇、一）	
計	三、一四〇	九〇、一四三（三五）	七、八九六（二一、八）	九八、〇三九（二三、七）	四一、四九七（八〇、二）	二、九八八（七、八）	四七、四九二（一三〇、八）	三、〇三七（一〇、六）	一、一五四（三、八）	一、八七二（三、八）	

保護組合義務を列挙すれば次の如し

一、森林令第十条に依り保護を命ぜられたる国有林を保護育成すること

二、愛林思想の鼓吹宣伝をなすこと

三、組合に於て監督人を設け随時保護区域を巡視し其の被害を未然に防ぐことに努むること

四、組合員は保護区域内に於て左記事実を発見したるときは直に組合長に申告すること

火災、盗伐、侵墾、境界標識の移動毀損其の他森林に著しき異状を認めたるとき
右の他森林被害の虞ありと認めたるとき
五、組合長は前条の申告を受けたるときは直に官に申告すること
六、組合員は森林被害に関し官又は組合長より予防、防止に関する指揮ありたるときは直に之に従事すること
七、組合に業務施行のため経費を要する場合は官の認可を経て組合員より之を徴収すること
八、組合員規約に定めたる事項に違反したるときは組合長は評議員と協議し拾円以下の過怠金を科することを得ること
九、組合員は保護取締上の必要に応じ平等に労力を分担すること
十、火災予防、防止用器具は各部落の人口及戸数に応じ適当数を割当自費を以て準備すること
十一、火災其他森林保護上火急の場合には組合全員を出動すること若し出動せざるものよりは一日に付き一円の割合にて過怠金を徴収すること
十二、火炎予防消防に関する方法施設
イ、組合事業としては左の注意事項を国語及鮮語を以て記載したる山火予防掲示板を保護区域内の枢要なる個所に建設すること
「林野及其の附近に於て焚火をするな、燐寸煙草の吹殻はよく火を消し捨てられよ、山火を発見せば我が組合に知らせよ」
十三、森林火災の比較的多き春秋時期には組合員は山火の原因となるべき火気の取扱に注意し殊に互に保護区域内を巡視するものとす
十四、巡回者は勿論組合員は若し山火あることを発見し又は聞知したるときは組合長及最寄営林署又は警察官憲に急報し組合長は直に組合員全体を召集し現場に出場し消防に努むること
十五、火田火入をなすに当りては先づ十分に防火の設備をなし然る後無風の日を選びて之を行ひ保護林に延焼するを防ぐこと
十六、盗伐及侵墾の予防及防止に関する方法施設を為すこと

組合員は常時森林に異状なきやに注意し若し盗伐又は侵墾者ありたるときは直に之を差止め違反者を同行し組合長に申告すること

組合長は其の犯人の住所氏名及犯罪の事実を調査し営林署保護区若くは最寄警察官憲に引渡し申告すること組合員に於ては苟も之等犯罪者を出さざる様互に戒飭し若し違反者あるを認めたるときは第八項により過怠金を徴収するか組合員を除名し其旨監督官庁に申告すること

十七、稚樹保育に関する方法をとること

イ、森林令第十条に依る保護の報酬として許可を得て産物を採取する際は有用樹種を害せざる様注意するは勿論小柴を採取するには鋭利なる鉈、斧又は鎌等を以て根元より伐採し通例有用樹種の稚樹を一坪当一本以上保存すること其他の稚樹の保育に関しては営林署の指示ありたるときは絶体に之に従ひ森林の養護造成を期すること

ロ、火田の火入を厳重に防止すること

以上述べたる業務を達成せんが為めに組合を組織し前表示す如く通例一個一組合をつくる而して役員としては組合長一名評議員四名を置き組合事務の実行を司り而して之に要する経費として一月、七月の二期に分ち一期拾銭乃至二拾五銭年額二十銭乃至五十銭の組合費を徴収し組合長之を確実に保管せり

次に火田の現況を述べん

火田耕作状況調（大正十五年三月末日現在）

保護区別	国有林名	火田のみ耕作するもの			熟田と火田と併耕するもの						計			備考
					火田をも耕作せざれば生活し能はざるもの			必しも火田耕作を要せざるもの						
		面積	戸数	人口	面積	戸数	人口	面積	戸数	人口	面積	戸数	人口	
茂山	茂山	－	－	－	一	二	九	－	－	－	一	二	九	
新站	鶴接山	－	－	－	一六〇	四五	二七七	－	－	－	一六〇	四五	二七七	
上倉坪	渡正山	六	四	二二	七	三	二五	一	一	九	一四	八	五六	
	北作嶺	－	－	－	一	一	五	－	－	－	一	一	五	

		1	2	3	4	5	6	7	8	9	10	11	12
延社	剣徳山	｜	｜	｜	二	三	二五	二	三	一七	四	六	四二
	冠帽峰	｜	｜	｜	一三	八	六〇	七	一五	九七	一九	一三	一五七
	渡正山	｜	｜	｜	〇・三	一	七	｜	｜	｜	〇・三	一	七
倉坪	倉坪	〇・三	一	三	｜	｜	｜	｜	｜	｜	〇・三	一	三
延岩	延岩	〇・五	一	四	｜	｜	｜	｜	｜	｜	〇・五	一	四
三上	甑山	｜	｜	｜	六	一三	七六	二	二	一三	八	一五	九八
	高支峰	｜	｜	｜	三	四	四〇	｜	｜	｜	三	四	四〇
	計	六・八	六	二九	一九二・三	八〇	五二四	三	二	一四五	二一一・一	一〇七	六九八
	大正十三年九月計	八	七	四一	二七	一三	六九三	四	九	五七	一三九	一三九	七九一

右の内閔峰、高支峰の一国有林は大正十五年一月二十日九州帝国大学演習林として貸与せられたるを以て本表より除きたり尚ほ大正十五年六月十四日新たに移属せられたる車踰加羅支峰明臣洞三兄弟岩民事峰の各国有林に付きては未だ森林主事の任命なく職員手不足のため未調査なり

右表を見るに火田のみの耕作により一家の生計を維持し居るものは上倉坪保護区管内に六戸延岩に一戸倉坪に一戸計八戸あるに過ぎず右の内延岩管内の一戸は島内に所在するものにして今を去る十余年前より住居し旅舎を経営するもの倉坪管内の一戸は徳立洞に所在し倉坪恵山鎮通路の中央部に位し之又旅舎を経営するものなり而して他の上倉坪管内は全くの農民なるを以て適当の時期に他に移転せしむる見込なり以上述べたる所は孰れも当署管内に於ける森林保護及火田の状況なり仍て之が実状に鑑み次の如き施設を希望するものなり

(一)森林主事の増員を要すること

前表により明かなる如く一保護区の平均管理面積は五五、六四〇町歩一九主事一人当り担当面積三八、五二〇町歩一二なり

仍て少なくとも一保護区平均二人の森林主事を駐在せしむることとし現在定員十三名なれば更に五名の増員を必要とするものなり

(二)森林保護組合に補助金を下附すること並特に功労ありと認めたる場合に表彰すること

森林保護組合の業務即ち組合員の義務は前述の通りなるを以て之を如実に活用するに於ては保護の実真に見る可きものあるべきや言を俟たざる所なるも現実に於ては悉く之が実現困難なる事情あり国有林の保護に対する報酬としてはこれ又前述せる所なるも元来今日の国有林なるものは悉く公山にして地元住民の自由伐採を許したる所なり仍て実際は今日と雖も或るものは無償譲与の有難味を深く感ぜざるもの必しもなきにしも非らずと思料せらるるものあり然れども之れ素より誤れる思想なれば数代の後に至らば必然改むるは勿論なるべし而して保護組合の活動如何は一に之を統御する組合長及之を補佐する評議員の活動如何に在り然るに之等の役目は名誉職にして所謂自営の傍行ふものなるを以て生計に影響を及ぼすことあるや勿論なり一方組合員の全部は国有林所在の地元民なるを以て農民なり而かも僅かに生計し得るに過ぎざる細民にて収入としては自活の糧となるものを自ら耕して得る有様なり之れがため生の保護上には犯罪とは知りつつも罕に火田を犯するものある状態なり面、及郡当局者の言によれば僅か一年に十銭二十銭の税金の徴収に対してすら納入困難にして面行政執行上に支障を来す事年々の例なりと云ふ有様なれば前陳の組合費の如きも規定に基き納入するもの甚だ稀なる有様なりかかる状態なれば保護組合の規約により之が能力を十分発揮せしむるには生活の安定を今少し向上せしむるの要ありと思料す仍て少なくとも活動の中心体となる組合長及評議員に補給金を交付し生活の一助となさしめ保護組合と自然関係を密接ならしむるを適当なりと思料す金額は仮りに組合長に年額百二十円評議員に五十円附近を適当なりとす

組合の保護せる国有林に一ケ年を通じ森林火災、盗伐等の事故一件も発生せざる時は其の組合を表彰し多小の金員を賞与し組合の基金となすこととせば効果大なるべし

(三)前項に述べたる通り保護組合員は富の程度甚だ貧弱なるを以て出来得る限り事業を起し之等に使役し生活の安定を得せしむるは国有林と地元民との関係を密接になさしむるを以て自然保護組合を活用すること確実となるべし

これ即ち間接に保護の実を挙ぐる一手段なりと思料す

(四)当署管内森林火災の原因を探ぬるに火入れの延焼旅行者の焚火罌粟密作者及狩猟者の失火等にして火入れの延焼は警察官署及森林主事の監督及保護組合員の自覚により漸次其の跡を絶つこと可能なるも特に取締困難なるは旅行者の焚火罌粟密作者及狩猟者の失火なりとすかの大正十三年甑山国有林の山火事の如き或は其後屡々起りたるものを見るに殆ん

ど人跡稀なる所より発火し大面積の森林を焼失せる例あり之等は皆之の者の失火と断せざるを得ざるものなり仍て狩猟は春秋の火災期には入山を禁ずることとせば都合よろしかるべし罌粟の密作は之が取締頗る困難にて年々警察官憲は山中に捜査隊を組織して到る処を巡回するも広大なる森林地帯とて容易に発見するを得ざるも尚年々相当捕縛す根絶するは其の困難なりとす而して之を放置する事能はざるは之れ又明かなり姑息の手段なるも従来の如く年々捜査隊を以て捜査するの方法より他に良策なかるべしと思料す旅行者の焚火より来る失火は道路を完全にし手入を行ふことにより防止をなし得べし例へば倉坪より徳立洞を経て恵山鎮に越える通路は咸北咸南を連絡する唯一の道路なるを以て通行頻繁なり従来之の通路より失火して大事に至らず消火したる事例あり仍てかかる通路は一方防火線にもなるものなるを以て切開をなし更に広き道路となし置くは火災予防の一助となるべし

（五）春秋二季の森林火災の危険期（春秋二季を通じ約七八十日間）には森林主事の巡視励行は勿論なるも現在の如く林産物処分事務の取扱を以て完全の巡視は困難なるのみならず仮令巡視し得るにしても広大なる管理区域なるを以て完全ならざるは明かなり一方保護組合員を巡視せしむるは其の規約に明示せる所なるも前述の理由により容易に完全を期する能はざるものなり仍て従来営林廠時代になし来りたる巡視人夫採用の制度を復活せしむることは予防の一助となる可きを信ず

（六）消防器具を多少とも各保護組合に備へ付けられたきこと

保護組合は其の業務を施行する経費として組合費を徴収することとなれるも之れ又前陳の理由の如く納入確実ならざれば一通の器具を購入する経費を貯蓄するには相当の歳月を要すべし仍て之が経費の補助を与へ急速に備付非常の用に供するものなりとす

（七）年々火災期には火災予防並防止宣伝をなし絶へず森林火災の恐るべきを周知せしむる方法を探ること

（八）火田整理当管内の現況前述の如く火田のみによりて生活を営むものは甚だ少数なれば近き将来は代用地を選定せしめ与ふれば整理は左にして困難ならずと思料せらる

当茂山郡は面積広大に比し人口甚だ希薄にして国有林以外の土地にして尚ほ開墾可能なるもの多きを以て火田少なきものなりと思料せらる

試に茂山郡の人口戸数私有林国有林総面積の状況を表示せば左の如し

保護区名	画名	洞数	戸数	人口	面積	国有林面積	面積（町） 私有林	田垈畓	計	摘要
茂山	邑	五	九〇五	四、四六七	町 一〇、九六九・一八（七、〇五三）	町 六、四二九・七九	町 二、二六二・一四	町 六〇八・一〇	町 二、八七〇・二四	面積欄の弧号は平方里を示す
	永北	四	三九〇	二、五五三	三、六一七・七四（八、一一三）	四、〇〇五・七七	二、三七八・三八	七三三・八〇	四、七三九・五七	
	計	九	一、二九五	七、〇二〇	一三、五八六・九二	一〇、四三五・五六	五、二一八・七三	一、三四一・九〇	七、六〇九・八一	
新站	東	三	四二七	三、四二四	三五、三二四・八六（三、六四九）	二六、三九七・五一	四、三七〇・一一	一九三・五〇	五、二八三・六一	
豊渓	豊渓	五	三九〇	二、四六五	三五、一五七・九八（三、六〇六）	三三、〇九四・九九	二、〇〇九・〇九	二六四・四〇	二、二七三・四九	
上倉坪	漁下	三	三七九	二、四四五	三五、三〇八・八四（三、七〇三）	二〇、九七七・七〇	五、九二八・二一	六三三・二〇	六、五六一・四一	
	延上	四	五三八	三、四一五	二五、一六三・九一（一六、一八〇）	六、八八五・六九	九、七七七・〇五	七、〇九九・二〇	一六、八七六・二五	
	計	七	九一七	五、八六〇	六〇、四七二・七九	二七、八六三・三九	一五、七〇五・二六	七、七三二・四〇	二三、四三七・六六	
延社	延社	六	一、七二九	九、六五九	一〇三、九八〇・九〇（六六、八五八）	八四、二八三・一九	六、二八七・八八	三、〇一七・六〇	九、三〇五・四八	
楡坪	三社	二	二〇三	一、一四七		五一、三七二・二八	一、五〇八・七〇	九四六・一五	二、四五四・八五	
倉坪	同	一	一六三	九四一	三七、三七五・九九（一四六、一九九）	五二、五七五・五六	七九一・五四	五二一・七六	一、三一三・三〇	
延岩	同	一	一四九	八七八		一一八、二四五・〇二	三〇五・七六	四二五・一七	七三〇・九三	
三上	三長	三	六三三	三、六一〇	三三、四六六・六一（七八、七四四）	一〇五、二五二・五八	四、四三八・七五	二、四七〇・〇八	六、九〇九・五五	
	西下	三	四六七	二、九〇二	一三、四二一・八一（八、六三〇）	一、二四一・五四	五、九九五・四〇	一、八九一・七〇	七、八八七・一〇	
	計	六	一、〇八九	六、五一二	一三五、八八八・四二	一〇六、四九四・一二	一〇、四三四・一五	四、三六一・七八	一四、七九六・六一	
合計		四〇	六、三一二	三七、九〇六	六二一、六八七・八六（三九九、七三五）	五〇〇、七六一・六二	四六、六三一・三三	一九、五二四・六六	六六、一五五・八八	
平均一戸当		―	―	五・九六人	―	―	―	―	―	
平均一人当		―	―	―	一六・四〇	三・二二	一・三三	〇・五一	一・七四	
一平方里当平均		―	―	九・四八	―	―	―	―	―	

(九)第七項に於て述べたる火災予防宣伝の実行方法としては

(一)ポスターを到る所人目にかかり易き処に貼付すること

(二)幻燈又は活動写真班をして巡回講演せしむること

(一〇)火田整理に関しては前述の通りなるも従来火田侵墾の動機を調査するに

(1) 他の地方方面より生活の安定を得るため移り来りたるもの

(2) 当地方の農業は頗る粗放的なるものなれば農作出来ざるようになりし場合に到りたる時は其の土地を放棄し新に火田を作くるものなり

仍ち農作の改良をなすか若くは農作の傍ら副業品製作例へば木工品等の製作をなすこととせば従来利用せられざりし濶葉樹類の如きものも利用し得ると同時に単に火田にのみよりて生活し来りたるものが他方面にても生活し得るに至るべきを以て自然火田侵墾を少なからしむるべしと思料す

会寧

当署管内に三森林保護区設置のことに官制の公布以来森林主事の配置せられたるもの僅一名なれば極力督励を加ふるも全管内の保護取締上頗る遺憾の点あれば各保護区に対しては最低平均二名以上の森林主事の配置を望む

従来当署へ引継前の当地方の森林の保護に関しては曩に道当局者の奨励せる一般官私有林の地元民よりなる森林保護団体を以て之に当らしめ来りたるを以て当署に於ても地元民及地方官憲等と連絡上先以て之と協力し火災盗伐其の他被害に備へ幸に林野引継以来無事なるを得たるも当署所管林野中森林令第十条により保護を命じたるものは五ケ国有林其の面積三万八千七百余町歩にして之を全面積に比すれば其の三割に過ぎざるを以て将来は各国有林共地元民に保護命令をなして森林主事の充実と共に保護の設備を整へる要を認むるものなり

既保護命令済箇所は其の実施の状況に付森林主事の巡視の都度一々監督指導に努めしめ居れり

管内の火田面積少からざる状勢なるを以て目下調査中に属するも多年火田耕作の因習遽に改め難き状勢なるを以て国有林中営林上支障なき熟田及農耕適地は之を開放して之に火田民を誘致する等の方法を講じ漸次減少に努むる計画なり

渭原

(一)保護取締に関し施設改善を要すると認むる事項

(1) 森林巡視人夫設置

従来の如く短期間使役するに止めず国有林所在面内に其の広狭に応じ一名乃至三名の巡視人夫をして常時国有林を巡視せしめ火災盗伐其の他被害の防止に従事せしむること

(2) 境界標識の増設

現在のものは其の数僅少にして境界判明せざるものあり保護上不便尠なからざるに付増設の要あり

(3) 火入を徹底的に取締ることとし之れが目的を達する為許可せしものに対し巡視人夫其の他職員をして地方洞里別に順次期日を定め立会せしむること

従来山火の原因を調ぶるに各種の原因ありと雖就中火田火入に際し不注意の為又は無許可火入等の延焼に依るもの最も多し

之を防止するには法規の定むる処に依り相当措置するものありとするも未然に防止する積極的方法を講ずること必ず好結果あるものと信ず

本年の許可件数を調ぶるに本郡に於て六九四件面別平均八十六件火入期間を春秋通じ三十日間とせば一月平均三件弱となり之につき各所別に期日を定め順次立会するものとし厳重に取締ることとし延焼等の虞れなからしむ右に対しては森林巡視人夫又は他の適当なるものを定め立会せしむること前記記載の巡視人夫を置くとせば別に特別の者を要せず尚完全を期する為特に次項記載の通改正せられたきこと

(4) 森林令第十八条の許可は営林署長に於てなすこと

警察官吏に於て許可せられつつあるも業務繁激なる為取扱者に依りては専門的智識の如何に依り往々にして取締の寛容に陥る虞なしとせず且つ営林署に於て許可の通知を受くるも事後に至るものなしとせず尚火入の方法につき指定する事項に対しても附近国有林多く延焼の虞なしとせず、之が取締の如何は由々しき問題にして莫大なる宝を灰燼に帰することあるべし

右は営林署長に於て取扱ひ厳重取締ることとせば之が懸念なきものと思料せらる

(5) 各種被害の報告者を賞与すること

盗伐火災等其の程度に依り第一通報者に対し賞与するに於ては充分其の効果ありと信ず

(6)　森林に関する法規其の他智識を部落民に徹底せしめ愛林思想を鼓吹すること
従来機会ある毎に思想の善導に努力しつつあるも民智進まざる地方なれば著しき効果を見ざるに付適当の方法を講究し講習会なるものを設置し年数回に亘り面或は洞を単位として巡回講習をなすこと

(7)　保護に関し善功者を優遇すること
各面又は郡等を単位とし功労あるものを選抜し之が表彰の方法を講ずること或は適宜の方法を以て林業の進みたる地方を視察せしめ其の結果として一般部落民に森林に関する智識を広むるは思想善導上効果ありと認めらる

(8)　森林主事の旅費を日額とすること
月額とするも巡視日数に影響なしと雖も管内広狭あり巡視に要する旅費が月額に比し過不足ある為種々影響する虞なしとせず之を額の大小は別として日額に定むるときは結局保護取締上に効果あるものと認めらる

(9)　内地人森林主事一名配属の保護区には補助機関として通事を置くこと
内地人主事一名のみの保護区に於ては相当朝鮮語に熟達せるものありと雖も各種保護上不便尠なからず就中違反者を取調ぶる場合等は最も慎重を要するものにして殊に鮮語を充分解せざる者の如きは極めて困難する場合少なしとせず附近警察官吏に便宜依頼するも不便少なからずして巡視中の如きは特に困難を感ず斯の如きは保護の目的遂行上一大支障あるものと認めらる
右に対しては必要なる個所のみは適当なる者を採用し配属する必要あり

(10)　保護命令
イ、保護命令実施を急務とす
当管内に於ては未だ保護命令をなせる個所なく民情を調ぶるに管内森林豊富なる関係上比較的愛林思想に乏しく且つ制度改正前は保護命令実施前と雖便宜小柴、枯枝、倒木及立枯木を無償木として自由に採取せしめたる慣習あるが為（大正五年四月附営業第二九九号）人民は命令を受けざるも恩恵に浴しながら盗伐火田火災其の他の森林保護に対しては義務観念の乏しき為保護の実績を挙ぐるに却て悪影響ありしを以て特急命令の必要を認め申請の予定な

り

ロ、保護命令の実施方法

保護組合を設置せしめ其の組織は元営林廠当時の「国有森林保護命令申請要領の件」保護組合規約準則を参考とす

ハ、森林令施行手続第二十七条に依り定めしむべき代表者は保護組合の組長とし当地方の現況に鑑み当分の間営林署長之を任命し有給とし手当は特に官に於て支給し組合一切の業務を処理せしめ専ら国有林保護に従事せしむること

未だ愛林思想乏しく且つ豊富なる森林あるが為保護組合義務者の所得とする産物を目的とする者乏しく且つ現在に於ては営利的事業も計り難く従て吏員は所謂名誉職にして組合員相互より幾分の経費負担も困難なる関係上誠意を以て保護組合の義務並事業をなすものなき地方なれば各種適当の者をして（例へば洞、区長の有力者）任命し官に於て手当を支給するに於ては保護の実績を挙ぐるに効果あるものと信ず

本方法を講ずる時は別項記載の森林巡視人夫の必要なし

(二)火田整理に関し施設改善を要する事項

火田整理に関しては大正五年内訓第九号の整理の大綱に基き之が整理に努め漸次成績を挙げつつありと雖も未だ特筆すべきものなきのみならず却て取締の厳重なる反面に於ては火田侵墾の犯罪を敢てするもの或は虚偽の出願をなし火入の許可を受くる等未だ根絶し難きを遺憾とす

当署は開庁後日尚浅く火田面積火田民の数等の調査詳かならざる関係上数字的に明示し難きも国土保安上必ずしも管轄国有林のみの問題にあらざるを以て果して従来に比し整理の実績あるや否や甚だ疑問とする現状にあるものと思料せらる

思ふに火田整理は一面所謂火田民生活の安定を考慮し之を実行せざるべからざる難関あるが為一朝一夕に其の効果を収むるに極めて困難なるべきも森林の荒廃河川の汎濫其の他各種の弊害続出の実例に見るも一時も等閑に附すべからざる重大問題なるを以て速かに尚一層適当の方法を講じ之が整理の完全を期する必要急務なり其の方法に対し卑見を述ぶれば次の如し

(1)　専ら火田整理に従事する機関を設置し或る年限を定め整理を行ふこと

(2) 現耕火用は傾斜二十五度以内のものに限り許容し他は之を禁ずること
(3) 前項許容の火田と雖所管国有林内のものは年限を定め他に移住せしむること
(4) 速かに完全なる農耕適地の調査を実行し或る程度迄開放し必要なるものは適当の移転耕作をなさしむること
(5) 差支なき火田に対しては農作の方法を改良し努めて増収を計ること
(6) 火田火入の許可は第一項機関に於て許可すること
(7) 法令に違反するものは厳重処罰すること等

第一項は火田整理課、係等の如きものを設置し各営林署等に専属の職員を配置し専ら整理に関する事項を担任せしめ火田耕作年数等調査をなし適当と認むる年限内に整理の完全を期すること

第二項に対しては現在の火田につき調査するに左の如き結果を得たるに付国土保安上及耕作の適否に依り其の必要を認むるものとす

火田と傾斜は最も密接なる関係を有するものと認む

傾斜／土質	二十五度以下	二十五度より三十度まで	三十度以上
礫質壌土	大雨と雖も殆んど流土を見ず各作物栽培に影響なし	大雨の場合幾分の流土を見るも作物の種類に依りては栽培困難ならず	流土多く作物の栽培不適
砂質壌土	大雨に依り幾分の流土あるも栽培作物に影響少し	大雨の場合相当流土あり作物に依り栽培不能	前同断
礫質植土	大雨に対し幾分の流土を見る	前同断	前同断
腐植質土	大雨の際相当流土あるも栽培作物の種類に依り其の害を減ぜしめ得	前同断	栽培殆んど不能

本表に於て概して二十五度以上の傾斜地は流土多く耕作年限も少なく国土保安上耕作を許容するは不可なり第三項は右に依るものの内国有林内のものに対し一時に休耕を命ずるに於ては彼等は忽ちにして生計の途を失ひ塗炭の苦を招くものなれば相当余裕を与へ期間内に移住せしむ之に対しては移転料の支給を必要と認む第四項は前述の移住者収容地を需むるを主眼とせり

第五項に対しては充分の目的を達する余裕あるものと認めらるべく現在火田民の耕作状況を調査するに極めて単純なる耕作法にして殆んど無施肥と云ふも憚らず只に播種後勤勉なる者が一回の除草をなすに過ぎず結実せば之を収穫し耕作地は漸時地力減退せば他に移転する状態にして全然増収を計るが如きことなく勤労を怠り貧困なるものと雖其の日を凌がば明日あるを知らざるものの如く独り火田民のみならず一般山間部落民は斯の如き悪風あり真に寒心に堪へず之等は深き因襲によるものにして急激の改革は望み得ざるとするも斯る現状を持続し覚醒する処なからむか遂に亡び行く惨状を呈するに至らむ之を何等施すところなく彼等の意に委せ開放することに仮定するも結局は山野は荒廃し水はかれ山火は絶へず一朝降雨あらば土砂流失し河川汎濫し財宝は流失し思ふだに戦慄せざる能はず若し之を覚醒せしめ農法を教へ施肥をなし増収を計らば殆んど熟田となり何等普通田畑と相異なく一定の収穫を得小面積にして大家族が生活の安定を得他に耕作地を需むる必要もなく火田は整理せらるるに至るべし参考として火田の収穫量を調査せしに左の通なれば農事改良の余地充分なるべしと信ず

火田収量の熟田収量に対する比は土質並に傾斜度合及休耕年限の程度等に依り一様ならずと雖も大体耕作年限を六ケ年として例示せば

年次	作物品	火田の熟田に対する収量の比	摘要
第一年	粟	自三割至四割増	無施肥
第二年	粟	自一割五歩至二割増	同
第三年	大豆	熟田と大差なし	同
第四年	小豆	自三割至四割減	同
第五年	蕎麦 玉蜀黍	自四割至五割減	同
第六年	蕎麦	六割五歩減	同

蔚珍

第六、七項は取締の方法にして整理上其の必要あるものとす
以上の方法に依り速かに整理を実行するに於ては完全に其の目的を達し得るものと認めらる
(一)管内一般に森林令第十条の保護命令に基く森林保護組合を設立したし当署管内国有林面積一〇二、七二四町歩にして森林主事の定員九名なるを以つて一人宛平均受持面積一一、一四二町の広大に過ぎ加ふるに従来元三ケ所の山林課出張所経営事業を継承し来りし関係上産出物処分造林等の諸事業多く之等外業及内務の一部をも担当し居るを以て現在の儘にては充分なる保護取締困難にして且つ近時一般に地方民の義務観念の旺盛となりつつあるを以て速かに森林保護組合を設置し組合員を指導啓発し其活動に依り森林の保護取締を充分ならしむるを得策と認め各保護区に対し予め地方の民情其他に付調査を為さしめたるに何れも急速に設立するを得策との意見なり
当署管内には蔚珍郡西面、近南面及英陽郡首比面、日月面・青杞面に於て既に森林保護組合設立し居るも大正五年乃至大正六年度に於て発せられたる保護命令に依るものにして其後保護機関も数度改廃せられ当時と事情を異にし改善を要すと認むべき事項もあるを以て此等に関しては一応命令を取消し組合を解散し同時に管内一円に亘り各面を単位とし(但し国有林に接せざる里洞及特に事情ある里洞は此限に非ず)保護命令を発し同じく面単位の保護組合を組織し各組合の組織を同一ならしめ各組合員の権利義務は管内各組合を通じ之を平等に定め諸種の施設組合の指導監督並に組合相互の連結を円滑ならしむるを得策と思料す
本件に関しては来年度早々森林主事を召集し具体的の打合せをなし立案の上上申すべく目下各保護区に於ても準備中なり
(二)森林火災盗伐其他被害防止に関しては前項の森林保護組合設立の暁に於て各組合員をして左記の施設を行はしめむとす
(1) 森林火災の予防々止に就て特に施設し度きは防火線工事の施行を急務と認むるも全林に対し直に実施するは困難なるを以て差当り必要なる箇所即ち成林地及稚樹発生地より幹線として固定防火線(巾員十間以上)を先づ官に於て相当経費を投じ完成し支線は農閑期等を利用し組合員を使役し最初に二、三間幅の簡易防火線を設け(可成速かに延長し火災防止に便ならしむる為め)漸次幅員を増すこととし地上産物は之を使役せる組合員に対し其労費を償ふ範囲以

内に於て之を無償譲与するに於ては多くの経費を要せずして完成し得べく尚組合員に於ても自家用薪炭材を得るを以て一挙両得なり

(2) 温突改良並に家の周囲に於ける従来の死籬を廃し生籬及石垣の奨励
本件に就ては従来郡及警察署と種々打合せ共同して改善奨励に努力中なるも未だ充分ならざるを以て今後一層注意せんとす

(3) 火田整理に関しては先づ一部の国有林侵墾に対しては生計の程度を参酌し漸次廃耕を為さしめ其跡地には人工植栽或は播種に因り可及的速かに造林することとし全然火田のみに依り生計を為しつつあるものは現在以上侵墾せざる様注意し当分現状の儘黙認するより外なく管内を通じ僅かに四十戸約百町歩を越えざるを以て当分此儘にてさしたる弊害なしと認む然して今後大口の斫伐事業開始の暁には努めて之等をして伐木製材等に従事せしめ其等生業に習熟せしむる様指導し漸次廃耕せしむるに於ては火田整理も理想的に成果を収むることとなるべし

北青

(一)森林の保護取締及火田整理に関し施設改善を要すと認むる事項
森林の保護取締の要諦は被害の原因を考究して事前予防及事後の機敏なる処置に依り林野の成林と林相の整理恢復とを促進せしむるにあり而して被害中最も恐るべきは森林火災にして火災侵墾盗伐等之に次ぐ現況なるが其対策として施設改善を要すと認めらるる事項左の如し

(1) 保護機関の充実拡張
管内国有林の位置及地形の関係上保護機関を充実拡張し取締の完全を期すべく北青郡泥谷面済上里上直洞（三岐保護区より約五里北青より約十一里）及洪原郡希賢面漁乃里（北青保護区洪原郡内中里分区より約四里北青より約十五里）の二箇所に分区を増設する為め最少限度に於て森林主事定員一名を増し且つ経費関係を顧慮し北青三岐二保護区に傭人級の巡視補助員各一名づつを新規専属配置せしむるを要す
国有林面積八六、六六八町歩余の内要造林地（未立木地、散生地）面積の約三万町歩を占むる見込なるも当署現在の造林能力は一ケ年新植面積百町歩内外に過ぎず
人工植栽のみにて全部の施業を完成せんとすれば徒らに多額の経費と長年月とを要し斯の如く広大なる地域に於ける

造林促進の最善の方法としては努めて一年生及播種造林に依る外天然下種萌芽及天然生稚樹撫育等の天然造林を実施し更新面積の拡張を計るは極めて捷径にして且有利安全なりとし此方針の実現には先決問題として現在の保護機関を充実拡張し完全なる林野取締の結果に依らざる可からず

現在森林主事定員六名にして一人当り平均管理面積一四、四四五町歩の大面積に亘り周到なる巡視と徹底的取締の不可能なる為め火災、盗伐、火田侵墾等に依る被害の結果は著しく森林の天然更新を阻害し将来年々小面積の新植事業を実行するも只人為的被害跡地の補充を為すに過ぎざるの観なき不能営林上遺憾に不堪所なりとす

目下管轄部内主なる造林貸付地管理の実況を見るに東洋拓殖株式会社は面積六、三一一町歩に対し保護員四名補助員十四名大和田林業部は六、一三九町歩に付保護員四名補助員十二名山口勝蔵山林部は四、五六三町歩に保護員三名を各配置し厳重なる取締に依りて何れも保護上好成績を示し其程度は保護員数に正比例しつつある結果に徴しても機関充実の必要なる一班を窺知するを得べし

(2)　制札の新設

現在設置せる制礼の外に尚宣伝の為め特に山火予防、火田侵墾禁止及盗伐防止の意味のみを可成注意を引き易き簡単なる字句にて記入せる多数の制札を人目の触るる適当の箇所に新設すること

(3)　防火線の設置

従来火災頻発せん危険区域及利用価値高き有用樹種に富み林相良好にして特に保護を必要とする箇所に新植地と同様防火線を設置すること、当署に於ては関係警察署、郡、面及地元有力者等と協議の上其の応援を求め保護員と協力して地元民を出役せしめ之れに弁当料程度の少額人夫賃を支給することとし殆んど賦役にて大正十五年秋季第一期事業として北青郡内国有林に幅員十二間乃至二十間延長約十里の防火線を新設したり其結果一般地元民に山火予防上国家苦心の存する所を周知せしめ火災被害の脅威に付深刻なる刺戟と警告を与へ将来山火予防上有形無形に偉大なる効果を奏したるものの如く今後も年次計画として継続実施の必要を認む

(4)　森林火災消防用器具の購入備付

防火設備の際完全なる器具を使用するは能率増進上極めて有利と認めらるるを以て有時の場合に備ふる為平素国有林

地元所在の保護区、同分区、警察官駐在所等に右購入備付くる事

(5)　払下林産物造材検査の励行

山元集積現場に於て払下林産物の造材検査を行ひ原木材積に対する生産数量の適否其他に付取調の上製品に検極印打記後搬出せしめ以て伐採区域内外の誤盗伐を取締ること

当署に於ては許可条件に特に「造材物件は山元集積現場に於て必ず関係森林保護区員より極印「検」の打記を受けたる後にあらざれば他に搬出することを得ず」の一項を附加し担当保護員をして該検査を励行せしめ保護取締上著しき効果を認めつつあり

(6)　自家及地方用林産物の円滑処分

日常生活上必要なる自家及地方用林産物にして国有林の外供給を受くる途なきものは出来得る限り円滑処分を行ひ大口処分の際も可成払下人をして地元民を使役せしめ間接に盗伐を予防すること

(7)　火田整理

火田の整理は消極的には国有林内火田台帳を作製し新火田火入、侵墾、旧火田の再耕及他に移住せんとする火田民家の売買譲渡を厳禁する等無智なる火田民の集約農法に依らず数年間耕作の結果地力の消耗に伴ふ農作物自然減収の為め不得止他に移住せんとするを待つが如き不徹底なる取締に依り自然的整理の方針を採り来たりたるも管内を通じて現在国有林内火田耕作者五四七戸耕作見込面積一、一八五町歩の多数にして積極的には左記に依り整理を促進せしむるを得策と認む

イ、現在火田民は国有林内各所に点々散在居住の状態にあるを以て其の全部を悉く遠距離の一定箇所に移転集中せしむるは至難のことと思料せらるるが故に将来取締上幾分の困難を伴ふべきも寧ろ各所部分的に国有林内農耕適地を査定し之に附近国有林の火田民に移転料支給且つ移転当初年生活費の一部を補助することとして各相当戸数を強制収容し地方庁に火田民指導監督の機関を特設して秩序ある団体生活を営ましむるに如かざるべし之が実施に関しては勿論多額の国費を要すべきも彼等の濫伐、火入、侵墾等に基因する国有林の実際被害額に比較するときは遙かに有利なりと思料せられ森林政策上急速実施を得策と認む

ロ、火田民団体出稼労働の斡旋

放逸遊惰にして平素赤貧に甘んじ居る火田民に適当の労働を勧めて勤労の慣習を養成し労銀を与へて生計の補助たらしむるは将来火田生活の不満を自覚し自発的転業の刺戟となるべきを以て地方庁警察側と協力附近の工事其他に団体出稼を斡旋するは火田整理上間接の効果あるべしと思料せらる消雪と同時に多数の労働者を要求しつつありと聞く管内隣接新興郡水電工事咸興日窯肥料工場建築工事等は差当り有望の事業たるべし

(8) 保護命令の実施

森林令第十条に規定する保護命令は試験的に一、二特定区域の実施は敢へて異論なきも管内の如く未だ一般民度低く殊に林業思想の極めて幼稚なる地方にありては林野保護の義務履行を怠り林産物無償取得の権利観念にのみ捉はれて徒らに濫伐暴採の弊害を招致する結果となり時期尚早の感なき能はず内地の森林法の委托林制度の従来有名無実にして最近に至り漸く実施せられたるが如きは以て他山の石とすべきなり

端川

抑も森林保護取締は森林に及ぼす被害の原因を顧慮し適切なる保護方策を講じ速に実施するにあり而して被害中最も恐るべきは火災にして之に次グを火田盗伐等とす

施設改善を要すと認むる事項左の如し

(一)保護機関の充実拡張

拾七万弐千余町歩を有する広大なる林野を現在の如き少員をして保護取締を為さしむるに於ては到底万全を期し難きにより各保護区に二名乃至三名を増員し且巡視補助員(傭人)を各一名配置せしむるを要す

而して右増員に依り古城管内に於ては何多面双上里に新福場は南斗日面甑山里に瓦浦にありては天南面柑坪里及び金倉里に銅店にありては天南面中庄里に各保護分区を新設せんとす

(二)国有林境界の明瞭区画

国有林と私有縁故林野との境界に沿ひ五間乃至十間幅の切り開きをなし併せて火災延焼を未前に防止せしむるにあり而して其の施行に付きては森林主事監督の下に関係者並に地元住民をして行はしめ其の経費は刈り払ひたる物件を分配譲与することとし最初火災及び盗伐の被害大なる箇所より漸次全般に亘り実行せしむるものとす

(三)地元住民に副業の奨励

従来地元住民たるや農業を主とし其の獲得する所僅少なるが故生活に窮乏し止むなく国有林内に火田を行ひ或は盗伐を敢て為すに至るを以て之が防止策の一として地方官憲、面、駐在所等と協力以て当地方に最も有望とする養蚕を奨励し其の収益に依り生活安定の一助とするは間接に森林被害の防止上効果大なるものと思慮せらるる其の方法としては国費を以って部落に最も便なる国有林の一部（火田又は火田跡地等）適地に桑樹を造林し僅かの採集料を徴して地元民全般に亘り養蚕を普及せしむるにあり

(四)制札の新設

既に設置せる制札の外（火田及山火）に対する防止予防の意味を簡単なる字句にて何人にも能く注意り引き易き宣伝的制札を適所に新設すること

(五)森林火災に有効なる消防器具の設備

従来の山火消防は甚だ幼稚にして只単に樹枝或は鎌斧等を用ふるのみ然るに特種器具を用ひ消防するに於ては其の効果大なるべしと思惟せらるるにより各保護区同分区警察官駐在所、面事務所等に特種の消防器具を備付置くこと

(六)火田整理の方策

抑も火田整理は国有林経営上且又国土保安上重要問題たるは言を俟たず今後一大事業たるべし故に之が適切なる方策を講ずると否とに依り其の結果に大なる影響を及ぼすべし而して従来の火田整理は一般に消極的手段に出づる感あり斯ては将来幾年を経るも現今と大差無かるべし一例を挙ぐれば或る管轄国有林より追放せられたる火田民は日ならずして再び他の管轄国有林内に潜入し火田耕作をなす実例尠からざる状態なり依って斯かる姑息的の方法のみに委せず積極的方策を講ぜざれば其の目的を達成せしむること至難たるべし

而して今後当署管内の火田整理は国有林外に住居する火田民に対しては従来の整理方法に依り漸次整理するものとし国有林内に点々介在せる火田民に対しては毎年十一月より十二月に亘り十戸乃至二十戸を一団とせる移民団を組織し之が国家事業として相当の経費を投じ広漠たる荒蕪地を有する支那間島並に北露領方面に移任せしむることを勧誘し以て彼等生活の安定を計ること

客年以来当管内端川郡南斗日、北斗日、の二面に於て彼等火田民中自発的に支那間島、北露領方面に移住せるものあり其の数南斗日に四十三戸北斗日面に七十四戸合計百十七戸に及べり其の彼等の耕作し来りたる火田面積は約三百五十一町歩余にして斯の如く多大なる火田地を減少したる実例に徴しても相当の効果ありと思惟せらる

而して今尚該方面に移住せむとする傾向あり

（七）森林令第十条に依る保護命令実施

当署管内に於ては大正十三年五月九日附山乙第九一五号を以て周幕里住民に対し周幕里国有林の保護を命ぜられたるの外なし而して右成績は稚々として振はず啻徒に彼等権利のみ主張し加ふるに保護の義務履行を怠り其の実績を認めず一般に当管内の地元住民は民度低く且愛林思想に乏し斯かる住民に対し保護を為さしむるは害なきも利する所尠なし斯るが故に今後の方針としては多少一般民衆の自発的愛林思想の向上と共に保護の必要に迫りたるに非らざれば保護命令をなさず而して一面森林主事をして極力一般住民に愛林保護の観念を喚起せしめ然かる後漸次実施するを可とす

恵山鎮

（一）森林の保護取締に関しては地元住民の教育思想の現況に鑑み施設改善を要すと認むる事項は差当り保護区員の充実を計るを以て第一義とすべし

而して保護区員配置の現況を見るに左表の如くにして制度改正と共に保護区の併合及人員削減の結果制度改正前已に手不足なりしに更に緊縮せられたる為保護取締上遺憾とする点多きを以て将来左記の如く施設改善を要す

保護区員配置比較表

制度改正前

保護区名	管轄面積	配置人員 森林主事	配置人員 雇員	配置人員 小使	配置人員 巡視人	備考
宝泰里	四九、四〇四・六七町	一	｜	一	三	△は兼務
大上里	一三、四二三・六〇	一	｜	一	二	巡視人は春秋二期

制度改正後

保護区名	管轄面積	配置人員 森林主事	備考
農山	四九、四〇四・六七町	一	
五是川	一三、四二三・六〇	一	

普天堡	七五、四八六・三一	一	一	一	四	火災期に置く
生長里	五五、九五七・九四	一	—	一	四	
恵山鎮	九、三六三・二六	一	—	一	一	
含井	二〇、八九四・七四	△一	—	—	二	
甲山	一八、一二〇・六九	△一	一	一	二	
楊柳里	一六、二五九・五四	△一	—	—	二	
上里	九、三五四・六七	一	—	一	二	
仲坪場	一六、四三六・四八	一	—	一	二	
三水	八、六二七・四八	一	—	一	二	
計	二九三、三二八・三八	九	二	九	二六	

普天堡	七五、四八六・三一	一
雲興	五五、九五七・九四	一
恵山鎮	二四、九三八・七四	△一
甲山	四〇、四〇三・六四	一
仲坪場	二一、九七二・〇四	一
三水	八、六二七・四八	一
計	二九〇、二一三・四二	七

右表の如く当管内保護区担当面積は最大七万五千町歩余最小八千町歩余平均三万六千町歩余にして殆ど内地に於ける一営林署の管轄面積を凌駕し而も近年伐木事業は官民共に益々隆昌の機運に向ひ殊に最近民間事業の発展に伴ひ林産物の処分数量は逐年劇増しつつあり一面森林更新上の関係に於ても伐採跡地には孰も相当の天然生稚幼樹発生し又発生少き箇所と雖も将来天然下種に依り充分更新し得る見込確実なりと雖も一朝火災延焼等の災厄に遭遇せむか叢生せる稚幼樹は忽ち枯死し跡地は雑草灌木類に依りて占領せらるるか又は火田民の侵入を誘引し国有林の経営上重大なる支障を来すべし

以上の如く伐採事業の進展に伴ふ管理保護取締並に営林上遺憾なきを期せむが為には現在の如く一人の森林主事にして然も広大なる面積を担当せしむるが如きは期待の過大に失するの憾あるを免れず仍て差当少くも左表の如く充員を要す

森林保護区職員増員計画表

保護区名	森林主事	雇員(通訳)	林野巡守	計	備考
甲山	三	一	六	一〇	森林主事は現在勤務者を含む
仲坪場	三	一	二	六	
三水	二	一	三	六	
恵山鎮	二	一	四	七	
雲興	三	一	四	八	
五是川	二	一	二	五	
普天堡	五	一	六	一二	
農山	二	一	三	六	
計	二二	八	三〇	六〇	

(二)管内森林保護組合設置の状況は左表の如くにして保護命令の実施に就ては従来森林火災消防の際には相当出動しつつあるも被害の予防盗伐侵墾等の防止に関しては積極的に発動せず概して権利の主張急なるに比し義務の観念に乏し此の点に関しては予め保護区員に於ても機会ある毎に保護命令の趣旨を説示し極力其の徹底を期しつつあるも住民の大部は教養に乏しく理解せしむること頗る困難なる実情にあり

保護組合調（昭和二年一月末日現在）

保護区名	組合数	保護を命ぜられたる 区域面積	保護を命ぜられたる 戸数	備考
甲山	四一	三四、六七〇・〇〇町	二、〇六〇	大正十二年五月乃至 大正十五年三月設立
仲坪場	九	一七、二八六・七一	八〇七	大正七年二月乃至 大正十四年八月設立
雲興	八	五六、九五四・〇〇	四三〇	大正十四年九月設立
五是川	一一	一六、一六八・〇〇	一、〇八〇	大正十二年九月乃至 大正十四年十二月設立
普天堡	一五	四三、五〇五・〇〇	一、三二四	大正十四年九月設立
農山	二	四〇、四〇五・〇〇	一〇九	同
計	八四	二〇八、九八八・七一	五、七一〇	

（三）火田整理問題は朝鮮に於ける古き問題にして而も常に新しき難問題として考究されつつあるに不拘未だ名案なきを遺憾とす

当管内に於ける火田耕作面積は左に表示せるが如く総計七千町歩余戸数三千戸余に及び孰れも各所の国有林内に散在せり何れも之等は地力消耗と同時に他に侵墾の機会を窺ひつつあるを以て之が予防々遏に関しては極力取締を厳重にするの外なきも一面積極的施設として農事の指導改良を促し又耕作に適する林地は国有林経営上支障なき限り之を開放する等の方法を講じ能ふる限り侵墾の危害を緩和することに努むるの要ありと思料す

要之火田整理に関しては今日只単に林政上の問題としてのみ解決すること至難なるべく更に農政及社会政策上の考慮をも加味せる整理上の根本方針を確立するの要ありと思料す

火田耕作状況調（大正十四年十二月現在）

保護区名	国有林名	火田のみ耕作するもの 面積	戸数	人口	熟田と火田と併耕するもの 併耕せざれば生活し能はざるもの 面積	戸数	人口	熟田と火田と併耕するもの 必ずしも火田耕作を要せざるもの 面積	戸数	人口	合計 面積	戸数	人口
甲山	銅店の一	二〇六町	一八	四七八	三、三七九町	四一〇	二、二九〇	五一〇町	二九〇	一、四五五	四、〇九五町	八一八	四、二二三
	銅店の二	—	—	—	—	—	—	一	一	五	一	一	五
	霊山	五	六	四三	八六	七五	三六八	—	—	—	九一	八一	四一一
	雲嶺	—	—	—	二一五	七二	四五五	三四	一一	七一	二四九	八三	五二六
	石衣峰	—	—	—	六	一一	六二	三	五	三四	九	一六	九六
	腰山	七	四	二五	六	五	三七	三	六	二九	一六	一五	九一
	喜色峰	一四	九	六一	二八	二二	一五一	九	一七	九一	五一	四八	三〇三
	古小里	一	一	七	三	二	一三	二	二	一七	六	五	三七
	屏風浦	二	四	二七	八	九	五五	六	六	三二	二五	一九	一一四
	石隅里	九	五	三四	七	八	五一	三	七	四二	一九	二〇	一一七
	計	二五三	一四七	六七五	三、七三八	六一四	三、四八二	五七一	三四五	一、七七六	四、五六二	一、一〇六	五、九三三
仲坪場	館洞嶺 紫星嶺	—	—	—	三七	三五	二三九	一三	七	五七	五〇	四二	二九六
	喜色峰	—	—	—	三	二	二〇	一	一	六	四	三	二六
	白鳥峰	—	—	—	二五	二一	九六	一〇	八	三九	三五	二九	一三五
	計	—	—	—	六五	五八	三五五	二四	一六	一〇二	八九	七四	四五七
三水	城内里	二八	七	三二	一二	五	二七	三五	二二	一一八	七五	三四	一七七
	杜陵峰	一二	二	九	—	—	—	三	四	二三	一五	六	三二
	嶺城里	三	二	七	五	五	二九	五	五	二九	一三	一二	六五

	熢燧峰	二	一	六	二	二	九	―	―	―	四	三	一五
	館洞嶺	―	―	―	―	―	―	五	八	三五	五	八	三五
	計	四五	一三	五四	一九	一三	六五	四八	三九	二〇五	一一三	六三	三三四
恵山鎮	烽安峰	四八	五	二五	五六	六二	三四五	二三	一五	八六	一二六	八二	四五六
	大徳山	―	―	―	二九	二〇	一三八	一五	一七	七三	四四	三七	二一一
	雲柱峰	五一	三九	二一〇	三四	四三	二四四	二〇	三六	一一九	一〇五	一一八	五七三
	含井	九八	五一	二七五	一三	九八	五三八	四二	一九	一〇六	一五三	一六八	九一九
	雲嶺	一六五	二三四	五七四	一六六	一三四	五九九	五四	三三	一一四	三八五	三〇一	一、二八七
	稀喪峰	四三	二四	一三三	二三	一三	七〇	一〇	五	二三	七六	四二	二一五
計		四〇五	二五三	一、一八一	三二一	三七〇	一、九三四	一六三	一二五	五二一	八八九	七四八	三、六三六
雲興	雲寵	九八	六七	三八三	一七七	七六	四九八	九三	五四	三一二	三六八	一九七	一、一九三
計		九八	六七	三八三	一七七	七六	四九八	九三	五四	三一二	三六八	一九七	一、一九三
五是川	五是	一三三	三六	二三六	二二七	一五五	八五〇	一〇三	一八一	一、一五九	四六三	三七二	二、二四五
	春嶺	七二	二九	一五六	四二	五五	二五二	一〇	三三	一五五	一二四	一一七	五六三
	烽守峰	三一	一三	五三	二六	一三	六七	一一	四三	二一九	六八	六七	三三九
計		二三六	七七	四四五	二九五	三一三	一、一六九	二三四	二五七	一、五三三	六五五	五五六	三、一四七
普天堡	普天堡	二三八	八四	四五三	一八〇	一〇八	五八〇	三七	五四	二九八	四五五	二四六	一、三三一
計		二三八	八四	四五三	一八〇	一〇八	五八〇	三七	五四	二九八	四五五	二四六	一、三三一
農山	胞胎山普天堡の一部	四	七	四二	九	二〇	一二五	―	―	―	一三	二七	一六七
計		四	七	四二	九	二〇	一二五	―	―	―	一三	二七	一六七
総計		一、二七九	六四七	三、二三三	四、八〇四	一、四八〇	八、二〇八	一、〇七〇	八九〇	四、七四七	七、一四三	三、〇一七	一六、一八八

第四　火田に関する取調局調査書

第一　火田の由来

火田火耕田若くは火粟田なるものは李朝国初よりこれありたるにあらずして十七世孝宗四年（今より二百六十二年前）量田遵守冊の量田節目中に「山田内の山腰上下と雖田土肥厚にして禾穀茂盛の田は相当の等第を以て施行す」とありたるより漸次変遷発達したるものなり火田なる地目の文簿に現はれしは孝宗の次朝十八世顕宗三年（今より二百四十九年前）司諫李敏迪の啓文に火田折受の不可なることを言ひ翌四年備局の啓文に山林藪沢は国の庇護する所のものにして虞衡の政として歴代之を尊重せしも近来火田の弊極まる所を知らず若し之を放任せば高山大藪は悉く焚赭し百年長養のものも一火に之を尽し山は禿げ川は渇き万宝倶に絶へ連年旱乾の原因実に之に由る云々とあり是れ火田なる地目の文書に現はれたる始めなれども火田が事実上存せしは孝宗顕宗の前即ち十六世仁祖朝の頃なりしは略ぼ之を推知するに難からず

十九世粛宗元年（今より二百三十七年前）禁耕節目を発せられ祀典の所載地及名山大嶽の起耕を厳禁せられ又山腰以下は民の耕食を許すも山腰の下に火を放ちては必ず山上に及ぶべければ今後国禁の山は山腰の上下を論ぜず一切之を厳断す云々とあり同朝五年には大司憲尹鑴の上疏に火田弛禁の弊を陳べ名山大嶽の放火を厳禁し前の種桑の令を申明したるに上答へて曰く火田の弊あるを知らざるにあらざるも一切之を禁断せざる所以のものは民に失業離散の患あるが為めなり云々と又同朝四十六年の戸曹達に山火田は字号を排せず主名を書せず別件として成冊とし元田と混雑せざらしむべし云々とありて終に火田なる一地目を見るに至れり

第二　火田の意義及限界

火田に関する制度は李朝国初に於ける田土の状況を参酌して国初に之を制定したるものに非らずして中世に至り山間細民の生活上の必要より生じたる事実に伴ふ弊害を防止せんとするの趣旨に基けるものなることは火田の由来より之を推論し得べし而して火田

とは如何なるものか又其の限界の何れなりしかに付ては左の如く之を言はんとす

火田と元帳付の内外即ち山腰の上下を問はず岩石多き磽确の地の蓁莽樹木を焚き之に粟を種するものにして俗に火耕田若は火栗田と謂ふ

「火田に関し丁若鏞の与猶堂集に曰く火田は本来一定の処なく深山の民長柄大鋤を以て耒耟に当て且つ斫り且つ焼き岩磯凹入の隙に就き大根擁瞳の間を穿ち之を掻き之を爬し之に播き之を覆ひ凸出傾斜の地は片々散在すること掌の如し云々とあり」

此の如く火田には一定の限界なきも或は之を山腰以上即ち元帳付外なりと云ひ或は之を山腰以下即ち元帳付なりと云ふ者あれども仁祖、孝宗、顕宗、粛宗時代に起りし火田が果して山腰の上下を区別したるや否やは頗る疑問とする所にして寧ろ山間細民の生活上の必要より已むを得ず之を黙過したる当時の事情より察せば其の上下に区別なかりしこと真に近からん

第三　火田に関する大典の規定

顕宗、粛宗、景宗の歴代共に火田の濫起より愈森林を荒廃に帰し連年の水旱亦之に因るものなることを知りつつも一般山林の起耕を禁断せざりし所以のものは専ら山間細民の失業離散の虞ありしが為ならん然るに景宗の次朝二十一世英祖の二十一年（今より百六十六年前）に至り火田の弊害は啻に森林を荒廃に帰し水旱其の度を失はしむるの患ありしのみならず関東（江原道）の山蔘之が為に荒廃し延て薬餌の欠乏を告げるの虞ありしより備局に命じ之を厳禁するの科条を立てて申飭せよとの伝教あり之に基き同年終に左の大典の規定を見るに至れり

山腰以上を起耕することは之を禁断す守令にして之を禁断し能はざるものは不応為律を以て論ず又山腰以下は旧田は論ぜざるも薪に木を斫り田を作ることは一切之を禁断す（大典会通戸典田宅の項）

続田加耕田にして既に常耕し得るもの並に正田に依り等を分ち火田と共に六等を置く火田は二十五日耕を以て一結と為し別に成冊を作り字号を排せず只地名を記入し元田と混雑せざらしむ（大典会通戸典量田の項）

上記の大典に現はれし山腰以上とは果して何れの処を指示せるものか茫漠として不確実なり山腰の上下は山岳の大小高低等に依て各差異ありて一定の限界を見るを得ざるのみならず彼の深山磵谷の間に在る田土の如きは果して山腰以上なるか将た其の以下なるか極めて不明なりとす之に関して丁若鏞は左の言をなせり

山の崇卑は幾万の同じからざるものあるは其腰の崇卑も亦幾万の同じからざるものあり既に法に於て其の標準不明なれば民の之を犯すことなからしめんと欲するも難しかるべし云々と

此の如く山腰上下の分界極めて不明なるも英祖朝に至り山腰以上は勿論其の以下と雖新に木を斫り起墾することを一切禁断し又一方火田を六等に置き六等田の課税（是を火田禁止税とも見るを得べし）を為すに至れるは専ら火田濫起の弊を防止し山林を保護せんとするの趣旨に出たること明白なりとす

第四　火田税に関する大典の規定

既に火田を六等に置きたる以上は特に火田税率を設くるの必要なきが故に英祖朝に於ては之に関する規定を見ざりしも火田の実況は事実山腰の上下に区別なきのみならず峡間の細民は起墾禁断の制あるにも拘はらず生活上の必要より次第に山峡磵谷を起墾し之に乗じ郡県は不正の収入を計り当該吏属は細夫と結託し縮結隠満等の弊益甚だしかりしを以て遂に英祖の次朝二十二世正祖に至り火田税率に関し左の如く各道異別の規定を見るに至れり

京畿道　火田一結　大豆八斗
忠清道　同　同
全羅道　同　同
慶尚道　同　木綿十匹
黄海道　火田一結　粟十五斗
但し黄海道の元帳付のものは一結に付百斗とし巡営革罷火田は其の半額とす
江原道
　但し江原道の火田は元帳付なるが故に田税率と同じ火田は総て随起収税す西北の地亦同じ（以上大典会通戸典収税の項）

火田税率の不完全なることは上記大典の規定より見るも略ぼ諒知し得べきが之に関し丁若鏞左の言をなせり

火田は素より公籍に入らざりしが故に災減の令あるべき筈なし惟山民の私に守令に訴へて之を機するを乞ふのみ又或は奸吏奸民の中間に於て暗に訴へて其の蠲減を受くることあるも是奸吏奸民の私腹を肥すのみにして民は従前の如く之を納めざるべからず

今は火田の総結は公籍に入れるが故に大凶の年には之を災減ぜざるべからず云々と
又曰く火田の一結は或は大山に綿亘せるものあり或は平田と等しく打量せるものあり其の綿亘の地は一結百斗、平地は八斗を徴し山民の聚散常なきの地は古より四斗を徴す此の如く火田税は俗に従ひ法を為すが故に各道各邑同じからず云々と又曰く我国は山嶽四分の三にして平地は四分の一なるが故に火粟の総結は平地と相半ばすべかりしも火粟の田籍にあるものは極めて尠く或は元田と混淆し或は元田と分ちえ之を別冊となすものありて火田の落漏は其の幾何なるを知らず云々と

第五　純祖朝以後に於ける火田の状態

正祖の次朝二十三世純祖十九年（今より九十三年前）の量田事目中に火田に関する一事目あるも惟大典の規定を襲用したるに過ぎず其の後二十四世憲宗二十五世哲宗より二十六世太皇帝に至るの間は火田に関し従前の事例を襲用したるものと見へ特に記録を存するものなし
太皇帝三十一年甲午改正の際田税大同三手米等各種の税目を革め地税と称すると同時に火田税も亦地税となれり又同時に物納を廃して金納の制を定めたるに就ても他の地税と等しく火田税も従来課税したる物件を米に換算し時価を参酌して各道異別の換算率を見たり其の後光武二年に至り量地衙門を設け其の量田地目中には火粟の名目を廃し一易田、再易田、三易田とし別に等級結負を定むることとなしたるも該衙門は中途廃止となりたるが為め火田に関しても何等の変改を見ざりしなり
翌光武三年内蔵院に於て各公士を検査せし際各柴場中現に火耕せる処は地目を変更し之を火粟に編入せり
次に光武四年同六年の地税増率に付ても一般地税と等しく火田の税率を増加せり
最近隆熙三年各道の火田総結数は二万七百七十三結八七七にして同四年は八千四十九結五六九（以上度司部司税局調査）又昨四十三年十二月現在の各道火田総結数は千八百六十四結二五六（本年五月二十七日総督府官報）にして最近数年間に火田の総結数著しく減少したるは火田の地目より田（畑）の地目に移したるが為にして従来火田と称したるものの実地を失ひたるには非ず尚課税火田の外実際無税火田の各道夥多なることも亦事実なりとす

第六　結　　論

以上火田の由来法制及李朝中世以後歴代に於ける火田の状況を概説したり火田は因と峡間細民の生活上の必要に基き発生したるものにして其の結果火田濫起となり其の弊延て山林荒廃となれり之が為め英祖朝に至り山腰の上下を問はず薪に木を斫り起墾することは一切之を厳禁すると同時に一方火田を六等田と為し火田に六等田税を課したる大典の趣旨は全く山林保護の精神に出でたること明白なるも該典の完全に行はれざりしは啻に文籍上の証憑あるのみならず四山悉く禿赭の現状と対照せば思ひ半に過ぐるものあらん而して現に存する火田は正田と何等選ぶ所なきに拘らず今尚火田の一地目を存するは奇異の感あるのみならず反て之が為に火耕起墾を奨励せんとするの趣旨あるかの如く誤解せらるるの虞あり故に火田なる地目は早晩廃止せられて田（即ち畑）に編入せらるべきの期あるを信ず

火田濫起の弊害防止は即ち山林の保護にして之に就ては既に本年六月制令第十号森林令及府令第七十四号森林令施行規則を以て森林原野の放火、焼燬、火入等に関し周密なる禁令若は制限を設けられたるのみならず森林警察に付ても亦規定せられたれば火田の取締は自然主として該令及該令に基き発せらるべき幾多命令の運用如何にあるものと思惟するも今俄に火田を絶対に禁止するときは峡間の細民をして失業の地に陥らしむることなきを保せず故に森林令第一条の各種地を除く以外に於て傾斜緩に立木尠き等の地に在りては成るべく広き範囲に於て其の開墾を許さるること一方に於ては又国土利用の途を開かるるの義に適せん歟

第五　朝鮮部落調査報告（第一冊火田の分抜萃）

囑託　小田内通敏

緒言

火田民の多数の存在と研究の意義

今日朝鮮に於ける火田民の多数の存在は、古い歴史的過程を経来れる朝鮮としては、あまりに多過ぎるやうに思はれる。しかし之は朝鮮に於て高峻なる山嶽の連亙せる大地域の蟠居と、永い年月の間続いた悪政に因んだ経済的機能の停頓殊に農政林政の不振とが、交互に作用して生み出された帰結に外ならない。彼等の多数は国有林野に侵入して其処の樹林を焼き払ひ、一時的住家を建つると同時に焼き払った土地を耕作し、其の土壌が含有する自然的肥料の尽くるに及べば、家族と共に更らに新しい土地を求めて移動するを常とする。彼等の中には既に一定の土地に定着して二代三代を経、小さいながらも部落を構成してゐるものもあるが、其の生活を支持する耕地の一部には必ず火田を有する状態であるから、其の耕作に伴ふ山林の荒廃は実に夥しい。是火田民が林政上重要問題たる所以である。火田民は朝鮮の地勢の関係上、北鮮の咸鏡南北平安南北の四道に多く、此の四道は国境に近い関係上、そこの火田民の存在は保安上にも重要な意義を持って来る。かくて火田民は地方行政上意味深いばかりでなく、昨今朝鮮産業開発の根本義とされてゐる植林治水の基礎的計画とも密接な交渉を有してゐる。朝鮮の標式的地域に於ける部落生活の認識を研究対象とする我等は、茲に火田民の研究を第一歩とする。

第一章　文献にあらはれた火田

火田と文献

火田が何れの国土に於ても原始的農業の行はれた時代に通有の現象であった事は、経済史や農業史の示す所で、支那には夙に「火耕」の文字があり我国の畑の字が火田に由来する事も之を証明してゐる。されば朝鮮に於ても旧き有史時代から火田のあった事は類推するに難くはないが、それが文献にあらはれたのは新羅真興王の昌寧の定界碑に白田の二字になれてゐる。なほ同碑には畓の文字もある。浅見博士の説高麗以後の田制には不易田は正田又は実田ともいって常耕田の性質を有し、之に対して一易田は或は耕し或は廃するもので隔年に耕作する土地であり、再易田は荒遠田ともいって三年毎に耕作する土地である。

不易田、一易田、再易田を通じて平田、山田の別がある所から推すと、再易山田は今日の火田に当るべきものであって、火田民の存在は制度の上にも明かに認められた事を証する。李朝に至っては、耕廃常なくしてしかも一定の地主のない火田をば、一般に公認された民田の分つ為に、別の成冊に火田所在の地名丈を記すに止めて字号を附けなかった。成冊の実物は今日京城の奎章閣の書庫や地方にこれを見ることが出来る。

火田民の成因

此の火田の耕作に従事したものは、元来山嶽地方の地元民で所謂峡民であった。しかし平地からの遊民が来り耕すものも少なくなかった事は、柳声遠が其の著「磻渓随録」に『按ずるに山火粟田は法当に之を禁ずべく遠民逃役の淵藪たり』とあるによっても明かで、遊民がかく火田耕作に赴くもの、多かった事は、悪政に悩んだ彼等が火田の税率が平田のそれよりも利が多かったからであるらしい。即ち「同書」に『大凡火粟田は平田に比して稍々厚き放流民争ふて之に趨く』とある。しかし地方行政の任にある郡守等が私腹を肥さんが為に、奸猾な土民と結託して山林を伐採するばかりでなく放火冒耕をも黙認した事も少なくなかった史実がある。かくて火田の弊や甚しく柳声遠の如くは『材木耗損して民用日に窘しむ、一切之を禁ずるを得ずと雖ども山腰以上は宜しく耕するなからしむべし』と論じてゐる。孝宗四年備局が啓した司諫院の啓辞に『任意焚赭百年長養一火尽レ之』といひ、『或憚三於奸民之無二所レ容一或由三於州県之利二其入一』といひ、其の弊の及ぶ所山腰以下を限った法令も行はれずに火田が高峰の頂上にも至るから、山藪の高大有為な所や国家の祀典に載する所や、州県の鎮堡や輿地勝覧に録する所は、封植を加へ焚焼を禁ずるやう、之を諸道に飭して其の実行を促すがよいと論じてゐる。（「増補文献備考」）

火田と税率

火田の形態は、或は『懸崖峻阪片々爬起』（「牧民心書」）と叙し或は『犖确歌仄片々如掌』「経世遺表」とあるやうに、其の本質上山間に点在してゐるから其の長広を定むることが困難であり従って其の税率は『火田之税以二二十五日耕一為二一結』といふも、必ずかく一定する事が不可能であったらしい。『既為二一結一或徴二四斗一或徴二百斗一非レ制也』「経世遺表」の一語は此の間の消息を伝えてゐる。又火田の税率はかく土地の面積と比例する事が困難であるばかりでなく、之を耕作する人力の多少を其の比率の上に加入すなければならぬ実情にあった事は、丁若鏞の「経世遺表」に『凡八道火田其在二山深地広之処一者皆宜下算二佃夫之多少一以定中其律上也』とあるによって証示されてゐる。

以上で火田が税制上、土地制度上常に難問題になってをった事を知るに足るが、火田耕作に従事した火田民の生活に関しては、余の蒐集した文献上の資料中には、僅かに『深山之民長柄大鋤以当二耒耜一既斫既焼』「経世遺表」の数語を見出すに過ぎない事を遺憾とする。是東洋の読書人が従来民衆生活に対する凝視の足らなかった通弊をあらはすもので強ち朝鮮の文献の不備な罪のみではない。

第二章　火田耕作の過程

火田民の生活は全く火田耕作によって支持されてゐるから、其の生活の研究は、火田耕の意義と実相とによって究明される。

火田耕作の意義　火田耕作は農業上から見ると極めて原始的のもので、草木のある所を焼き払った後、雨が降って灰が土地と混じた後に耕種し、其の土地が自然的肥料のなくなると共に更らに他の土地に転ずるので之に従ふものを遊農とも称する。即ち自然が賦与した土地の能率を酷使し、それにのみ依拠して生活資料を獲得しやうとするので、人の労力をば最高能率まで高めやうとする近代的企図は彼等によって工夫せられず、其の結果彼等の力は徒らに土地にのみ従属する。かくて土地への親和が加はるにつれて土地からの報酬は逓減し、終には従属すべき土地を求むる為に漂動の旅に上る。是等火田民の生活は農業生産の三大要素たる土地、資本及労力の中、主として土地によって支持せられ、しかも其の生産は自家用に局限されてゐる。彼等の家庭消費の剰余は物々交換的の方法で直接の消費へ還る事が多い。従って企業的営業農即ち他人の需要に供給すべく生産し、其の農産物が商品として市場にあらはる、ものとは大に趣を異にするされば彼等の農産物は地方物質の需給機関たる市場との交渉も極めて稀薄ならざるを得ない。

遊農より定着農への過程

今耕地方式の上から朝鮮火田民の位置を見ると、自家用農の犂農の範囲を脱して居らぬと言ひ得る。犂農よりも更らに低き階段にある耨農は、耕作方式上最も単純なもので犂も家畜をも用ひず唯耨のみで土地の表面を耕し肥料を用ひる事なしに、地力を追ふて頻々土地を更ふる自然民族の耕作法で、朝鮮の火田耕作の方式よりも更らに原始的な相を持ってゐる。しかし朝鮮の火田民の生活様式を検討すると、耨農時代の遺物を幾分か含有し、林産を始め獣皮、蜂蜜、蜜蠟等彼等の生活には自然的資源が重大な要素を占めてゐる。犂と家畜（牛）とを用ゐて土地を耕す彼等は耕す土地を得る為に樹林を焼き、其の灰と飼養する家畜から得た僅かな肥料で原始的農業を営むものであるが、かゝる農業の経営によっては、其の土地は彼等を五、六年以上支持する事が困難である。かくて彼等は新しい土地を求めては同じ方法を繰り返し、漂動から漂動の旅を続ける。彼等の生活に於て要求の第一は食料で、之を追ふて転々するから、衣服や住家に対する欲望の如きは全然二次的性質を帯びて来る。秋の収穫時になって作物の実量の激減を見るや、家長等は来春移住すべき適地を選定し、雪解を待って家族と共に簡単な家具と農具とを或は背にし或は牛にして新しい土地へと移動する。かくて彼等の生活は自由ではあるが孤独である。旧地への愛着もなければ共同経済の観念もなく、彼等の唯一信仰の対象としてゐる山霊神を祀るにも共同祭祀の形式を取らない。彼等は耕作可能期間のみある土地に定住し、地力の衰ふるに及べば直ちに漂動する所謂山浪である。従って其の部落には彼等の棄て去れる空屋が点在し其の耕作は相当の価格で譲渡される場合が多い。しかし本質的に遊農である彼等も、定着性を帯びて部落の構成を見る進展は彼等自身の啓蒙即ちより進歩する集約的耕作法に影響せられたもので、それが農業経済上にあらはるゝは勿論、住家構成の上に最もよく現はれる。

住家にあらはれた定着性

漂動的な彼等は図版（省略）の最も簡単な火田民家の如く、其の農家は庭厨（居間）と狭い土間丈で、耕作する火田は住家の近くにのみ点在する。しかし定着するやうになると、図版（省略）の如く家構も稍々大きくなるばかりでなく、別に物置も出来て垣根さへつくられる。宅地回りの耕作はより集約的に耕作されるが隔った山地には火田をも耕作するかくして一戸が数戸に、数戸が更らに大きな部落に成長するに至れば戸口の増殖に伴ふ耕作の拡張を要し、火田の如きもより遠い地区を開墾せざるを得なくなる。火田の所在が住家より遠ざかり作物の播種や収穫に依り多くの時間と労働とを要する場合には、遠い火田に一時的の住家即ち農事幕又は田直幕を建つる。火田民がすべて住家を建つるに際して、清潔なる飲料水を掬し得べき谿流附近を選ぶのは、地理的要件として看過すべからざる事である。

朝鮮火田民の構成要素

今日朝鮮の火田民は、本質的な遊農よりも、より進歩せる集約的耕作法によるもの即ち肥料や農具や農作物の種類等に工夫するに至ったものが多数を占めてゐるのは長き歴史的過程を経て遊農から定着に進んだものであるが、近年林政上の見地から火田を整理し禁遏するに至った施策の結果も之を誘致した。しかし火田民を構成する要素の上に殊に注意を要すべきは、其の一次的要素即ち山岳地方の地元民よりも、二次的要素たる平野の農村及都市の落伍者の侵入である。かゝる分子とても其の耕作方法と生活様式に於ては、何等一次的要素たる地元民に異なる所はないが、従来の環境が本質的に異るから、火田民への施策上彼等の質量を看過する事は出来ない。

火田耕作の実相　火田耕作は耕地の選定から樹林への火入、火入後の起耕から播種、播種から収穫に至るまで、原始的農業の特相を発揮し、其の生活にも原始的な特色を窺はしむる。火田耕作の実相の究明は、全鮮各地の事実を蒐集し、之を類別し更らに総合することを理想とするけれども、火田耕作に関する資料甚だ少ないばかりでなく原始的農業の本質上各地大差ない事と信ずるから、茲には従来の火田調査書中最も精細な平安南道寧遠郡火田民移転調査書（大正七年七月 菱山、丸山両技手）に拠る。

火田の所在

火田の所在　山腹に点在する火田の傾斜度は一定しないが、普通には二十二、三度から二十七、八度で、稀には四、五十度から六、七十度に及ぶ。其の面積は概して広く二反乃至五反歩に及ぶものがある。かく一筆の面積の広いのは広大な森林に火入をなし其の跡を耕作するからで、熟田のやうに其の境には何等の標もない。

土地の選定条件

土地の選定と火入　火田民が新に土地を選定し、其の火入を行ふには如何なる順序に於てするか。

一、成るべく樹木の成育の佳良で、且未だ耕作された事のない所を選ぶ。

二、矮林よりも喬林を愛し、針葉樹林よりも濶葉樹林乃至針、濶混淆林を好む。これ喬林が矮林よりも林地の地味肥沃なる事を示し、濶葉樹林よりも落葉其の他の腐朽物が多く、肥料分に富んでゐるからである。

三、陽樹林よりも陰樹林を好む。これ陽樹林は肥料の割合に欠乏した所や一度火入や耕作した林地に多いが、陰樹林は一般に肥沃な林地であるからである。

四、急傾斜な土地よりも緩傾斜殊に山麓の沖積地（扇状地）を好む。か丶る土地は土壌及養分の流出が少ないばかりか、土層も厚く肥沃だからである。山頂や山背には平地や緩傾斜の土地は多いけれども、火田の耕作には喜ばれない。これ土層概ね浅く地味瘠薄なばかりでない、風通強過ぎ且寒気も烈しいからである。

五、北面や西面の山腹よりも南面や東面の土地を好む。これ北面から西面にかけては、春季の解氷晩く秋季の降霜も速に風当強きを常とし、又日光を受くること少なく、従って作物の生育不良だからである。

六、土層深く石礫少なく且肥沃な所を好む。石礫の少ないのは耕作其他の農業にも便利ではあるが、多い土地は耕土や養分の流出が少なかったり、殊に急斜な火田では足跡りとなって犂耕に便利な事もある。

しかし火田冒耕の盛んに行はれて了った今日では、到底かやうな土地のみを選定することが出来ぬから、実際の選定には必ずしも是等の条件に合った所のみにする事は出来ない。

火入の方法と季節

火入の方法と季節　一旦起耕する土地を選定するや、先づ樹林の伐採を行ひ、其の枯る丶所を見、之を搬出して建築材や薪炭の用に供するやうにする。耕地が人家や道路から遠くて搬出に不便な所では其の儘火入をするが、直径七八寸以上の大木は予め環状剝皮を行って立枯にするか、或は其の儘火入をなして枯死せしめ、其の剝皮を行ふから数里に亘った枯林の風致は火田地方特有のものである。地積の広い所か火田の少ない原始林の多い所では、火入地全部の伐採を行はずに其の周囲のみを伐採して火入をするので、往々火入地以外の林地に延焼し、数百町歩の良林を烏有に帰せしむることが十数年前までは多かったが、今日は火入の取締が厳重になったので比較的少なくなった。火入の時季は普通は春秋二季で、時には初夏にも行ふ事もある。秋季の火入は春季の耕種には便利ではあるが、それをするには晩夏に樹林を伐採し之を利用する所では更に此を他に搬出しなければならぬ。しかし秋季は火田民に取っては穀菽類の刈取や調製、馬鈴薯の収穫や貯蔵など、さなきだに労力の少ない彼等には非常に繁忙を極むるので、其の実行頗る困難である。之に反して春季の火入には秋冬から伐採や運搬を始め、初春解氷に際し林地の氷雪融くると共に直ちに火入する便がある。かくて火入は延焼をさくる為に風のない日か微かな日を選び、短きは半日長きは二三昼夜を費し、鎮火の後両三日にして焼木を数個所に集めて起耕に便利なやうにする。

起耕と播種

起耕から収穫まで　起耕の作業は平地の耕作と違ひ、甚だ困難だから農具の操作には大に技巧を要する。即ち傾斜の緩かな所か起耕の容易な処では、強壮な二頭曳の牛で犂耕をするが、普通に傾斜の急な所か岩石の露出の多い所は、開墾の初は牛耕や手耕共に四、五寸の深さに及ぶが、起耕は火入後成るべく一回降雨のあった後にする。これは灰が土地に混入するを要するからである。火田の播種は解氷後成るべく早いのがよいが、一旦解氷してから再び寒気が襲来することがあるから適期の決定には非常な苦心を要し、従って播種は火田の位置に依って差異を生ずる。即ち西向や北向で、日当のよくない土地で、解氷も晩く降霜の恐ある処では、普通の所から十日乃至二十日も晩れることになる。作物別に播種を見ると、最も早いのは粟、馬鈴薯、玉蜀黍などで大豆、菜豆、小豆之に次ぎ蕎麦は一番晩い。

施肥と作付方式

元来火田は施肥する事は殆んどないが、近年火入の取締が厳重になった結果、火田を永久耕地としやうとする為に、幾分施肥するに至った。施肥の分量は甚だ少量で一反歩に二十貫乃至四十貫に過ぎない。火田の耕作年限は普通は四、五年で、休耕の年限は普通短きは五年長きは十年とする。作付する作物の種類は粟、燕麦、蕎麦、馬鈴薯が最も多く、其の作付方式は大概左の如くである。

耕地	一年	二年	三年	四年	五年	
普通な所	粟	小豆	粟（又は玉蜀黍）	大豆	蕎麦	（以下休耕）
肥沃な所	粟	小豆	粟（又は玉蜀黍）	燕麦（又は蕎麦）		（以下休耕）
腐植土の多い所	馬鈴薯	粟	大豆（又は小豆）	燕麦	蕎麦	（以下休耕）
瘠薄な所	燕麦	蕎麦	燕麦	（以下休耕）		

作付方式に於て火田の最も特徴と見るべきは、間作又は混作の行はれざる事である。元来間作や混作は、播種も収穫も共に多大の労力を要するから、労力も不足であり且粗放的農業の火田として之を行はないのが当然でもあるが、其の自然的環境から気候が冷涼であり日光の照射が十分でないので、其の生育や成熟が思はしくないからでもあらう。又播種から収穫まで殆んど手入をしないのが、火田耕作の重要な特徴で、除草は殆んどない。これ

各作物と収穫高

労力も欠乏してゐるからではあるが火入の為に雑草の種子が殆んど残っておらず、それに土地が瘠せ気候が冷涼で、雑草が茂生しないからである。

すべて作物の収穫は降霜の前に刈取をしなければならないから其の多忙は非常である収穫物は成るべく直ちに家に搬入するが、馬鈴薯のやうに重量容積共に運搬に困難なものは、火田か道路の一隅かに簡単な貯蔵窖を作り、之に収納するを慣例とする。各作物の収穫高がすべて熟田に比して少ないのは当然ではあるが、其の精確な材料を得ること極めて困難である。左は寧遠郡で聞取りたる所を総合して大体の見込を計上したものに過ぎない。かく何れの作物でも、火田の生産力は熟田の生産力に比して遥かに及ばないから、火田耕作者は耕地の面積を広くして、作物の生産額の増収を図ることに努むる。これ火田地方の一戸当耕地が殊に広大な所以であって、寧遠郡の如きは一戸当約五町に達し、同郡農家所有耕地面積は一町歩以上十町歩未満のものが、農家総戸数の約六割七分五厘を占め、之に反して一町歩以下のものは総戸数の三割四厘に過ぎない。

寧遠郡火田各作物収穫高比較表

作物名	火田熟田別	一日耕（五反歩）収穫高 上	中	下
粟	火田	三、〇石	二、〇石	一、〇石
	熟田	四、五	三、〇	二、五
玉蜀黍	火田	二、五	一、〇	一、五
	熟田	三、〇	二、〇	一、〇
燕麦	火田	五、〇	三、〇	二、〇
	熟田	|	|	|
蕎麦	火田	三、〇	二、二	一、〇
	熟田	三、五	二、五	二、二
大豆	火田	一、〇	、七	、五
	熟田	二、〇	一、五	、八

小豆	火田	一、〇	、五	、三
	熟田	一、五	一、〇	、五
菜豆	火田	一、三	一、〇	、八
	熟田	一、六貫	一、二貫	、九貫
馬鈴薯	火田	六〇〇	四二〇	三五〇
	熟田	六五〇貫	四四〇貫	三五〇貫

火田の価格

火田の価格　其の耕作年度と傾斜度及土質等で等差がある。傾斜度が普通二十五度で土質も瘠薄ならず火入の翌年位の所では一反歩一円五十銭から二円五十銭までである。それは民有火田であるが、国有林の火田で以上のやうな条件の処は、耕作権が一反歩四十銭から七十銭である。しかし三年目は此の半額に減じ四年目には全く無価格になる。

火田民の生活と統計

火田民の生活と統計　火田民の生活は一言に要約すると簡易其のものである。殊に本質的の遊農に於て然りであるが、其の生活に関する統計などは全然あるべき筈のものでない。然し定着的の火田民に就ては幸に左の如き統計を手にする事を得た。是等三戸の耕作反別を明にするを得なかった事を遺憾とするが、今其の農作物の収入を見るに、燕麦、粟、馬鈴薯は其の主要食料であり、特用作物としては大麻や煙草を栽培してをる。副業の収入に豚、鶏の外蜂蜜及蜜蠟がある等、よく彼等の生活の特色を示してゐる。支出に於ては其の大部が食料品であり、器具費被服費等が之に比して遥に少ない事もよく其の簡易な生活を説明してゐる。此の統計には薪炭燃料に就て記入されてゐないが、これは戸々自由に野外採取をやるからであらう。寧遠郡にての調査に拠れば、火田民の燃料が一戸平均一日六貫匁三尺束約二束と見積り、一ケ年の消費額約二千二百貫匁となるから、かくして百年を出でざるに附近山林は全くの無立木地となると推定されてゐる。又統計に出でないもので副食物としての嗜好品や蕎麦粉でつくる麺類で、木造の大きな製造器（粉機）は殆んど各戸にある。調理用又は薬用として蜂蜜が彼等の最上の嗜好品である事も特記すべき事で、酒は麦や馬鈴薯で自製する焼酎で、更らに常用する甘酒燕麦と麦がある。衣服は夏は手織の粗雑な麻布を纏ふてゐるも、冬は市場で買ふ綿布を着、なほ防寒用として犬や野鹿の皮で下着や帽子をつくる。

第三章　蓋馬台地と火田民

蓋馬台地の成因と環境としての自然力

朝鮮に於て最も多くの火田と火田民の存在は、北部の咸鏡南北、平安南北の四道であって、其の火田面積は全鮮の約九割に相当してゐるほど広く、殊に咸鏡南道は其の大半を占めてゐる。是四道に跨れる高原性の蓋馬台地の存在が之を然らしむるものであって、さなきだに北鮮の冷涼なる気候は此の高原に於て更らに一層の烈しさを加えてゐる。かゝる地形と気候とが偉大なる自然的環境となり、此の地域への戸口の移住と開墾とを遅からしめた。かくて原始林の遺存と農作物の限定と人口の稀薄とが、相俟って今日猶広大なる地域に原始的農業が営まる、状態を保ってゐる。かゝる台地の出現は地殻の断層運動によるもので、断層の方向即ち西から東への走向は、台地の間を走る山脈の方向をも決定してゐる。其の断層面が急傾斜をなしつゝ、高原の縁辺をなして低地に臨み、所謂断層崖をなしてゐる地形は、鮮かに咸鏡南道の黄草嶺と厚峙嶺との南側の急斜面に之を認むる事が出来る。しかし断層崖を上りての北側は傾斜の極めて緩かな台地である。黄草嶺にしろ厚峙嶺にしろ、南から上りゆく坂路が山林の間を紆余曲折して北へ〳〵と上るに従ひ、火田民が山腹のあちらこちらに小さな耕地を拓き、其の側に簡単な独立家屋を構へてゐる光景が展開する。厚峙嶺南の明堂徳の如きは海抜千百米に近い山腹に三々五々集団せる火田民の標式的部落である。厚峙嶺に上りゆく坂路は此の明堂徳附近と嶺上附近とで最も紆曲を極める。嶺上には旅客が行路の安全を祈る為に来賽多い山霊神の祠がある。嶺を踰ゆるや一望開けて高原の特相よくあらはれ、渓流に沿ふた山麓には火田民の部落が点在し、背後の山腹には現耕地と休耕地とが交互した火田地区が連ってをり、渓流に沿ふた低湿地には名も知らぬ草が繁っており、流に臨んでは穀物を搗く為の水砧が幾つとなく立ってゐる。余が此の高原を旅したのは昨年の十一月末であったが、渓流の両岸は凍り、連日晴れ渡った空を吹き来る北西風は肌を劈くやうに感じた。

蓋馬台地の渓谷と通路及境界関係

蓋馬台地は東部咸鏡南北が高く平均高度千米に上り、西部平安南北に低くして平均高度六百米に下ってゐる此の高原の中枢は咸鏡南道の大部に蟠ってゐる為に其処が東西南北に流るゝ諸川の分水嶺をもなしてゐる。此の高原の中枢たる長津、甲山、豊山、三水諸郡に赴くには、南から北へ即ち咸興から長津へ、北青から豊山を経て甲山へと、南の

火田民一ヶ年収支統計表

咸鏡南道長津郡郡内面火田民

収入

区分	種別	数量	単価	価格	備考
		石	円	円	
農作物に依る収入	燕麦	15,00	2,000	30,000	
農作物に依る収入	馬鈴薯	20,00	1,000	20,000	
農作物に依る収入	蕎麦	1,00	5,000	5,000	
農作物に依る収入	大根	2,00	1,000	2,000	
農作物に依る収入	稗	,50	3,000	1,500	
農作物に依る収入	荏麻	,30	10,000	3,000	荏麻大麻煙草は主として平地に作る
農作物に依る収入	大麻	10把	,200	2,000	
農作物に依る収入	煙草	5貫	,400	2,000	
	小計	—	—	65,500	
副業に依る収入	豚	1頭	6,000	6,000	
副業に依る収入	鶏	3羽	,350	1,050	
副業に依る収入	鶏卵	300個	,010	3,000	
副業に依る収入	蜂蜜	5升	,400	2,000	
副業に依る収入	蜂蜜蝋	1,5斤	,300	,450	邑内に出し売却す
副業に依る収入	薪	10駄	,500	5,000	
	小計	—	—	16,900	
	計	—	—	82,400	
	収支差引（一個年の純益）	—	—	3,300	

支出

区分	種別	数量	単価	価格	備考
		石	円	円	
生活支出	燕麦	6,00	2,000	12,000	
生活支出	馬鈴薯	10,00	1,000	10,000	
生活支出	粟	1,00	5,000	5,000	
生活支出	大豆	,55	6,000	3,100	味噌醤油を含む
生活支出	塩	,60	2,000	1,200	
生活支出	副食物	—	—	4,000	肉類唐辛及薬等を含む農具家具購入及修繕
生活支出	器具費	—	—	5,000	
生活支出	被服費其の他	—	—	12,000	
	小計	—	—	52,500	
義務支出	諸税及公課	—	—	3,660	
義務支出	交際費其の他	—	—	7,000	
	小計	—	—	16,600	
贅沢支出	煙草	—	—	6,000	
贅沢支出	酒	—	—	3,000	
贅沢支出	其の他	—	—	1,000	
	小計	—	—	10,000	
	計	—	—	79,100	

同長津郡新南面火田民

収入

区分	種別	数量	単価	価格	備考
		石	円	円	
農作物に依る収入	燕麦	12,00	2,000	24,000	主として平地に作る
農作物に依る収入	馬鈴薯	30,00	1,000	30,000	
農作物に依る収入	大麦	2,00	4,000	8,000	
農作物に依る収入	大根	,50	1,000	,500	
農作物に依る収入	煙草	,50貫	1,000	,500	
農作物に依る収入	大麻	30把	,200	6,000	
	小計	—	—	69,000	
副業に依る収入	豚	1頭	3,000	3,000	
副業に依る収入	鶏	3羽	,200	,600	
副業に依る収入	労働賃金	—	—	10,000	軍隊馬糧用燕麦運搬費（冬期の副業）
	小計	—	—	13,600	
	計	—	—	82,600	
	収支差引不足	—	—	21,050	

支出

区分	種別	数量	単価	価格	備考
		石	円	円	
生活支出	燕麦	7,30	2,000	14,600	
生活支出	馬鈴薯	14,60	1,000	14,600	
生活支出	大豆	,30	6,000	1,800	味噌醤油
生活支出	塩	,26	2,500	6,650	
生活支出	副食物	—	—	5,000	肉類唐辛薬等を含む
生活支出	器具費	—	—	5,000	農具家具購入並に修繕等
生活支出	被服費	—	—	6,600	
	小計	—	—	48,250	
義務支出	諸税及公課	—	—	1,600	
義務支出	交際費其の他	—	—	2,700	
	小計	—	—	4,300	
贅沢支出	煙草	—	—	5,000	
贅沢支出	酒	—	—	3,000	
贅沢支出	其の他	—	—	1,000	
	小計	—	—	9,000	
	計	—	—	61,550	

平安北道厚昌郡東興面火田民

収入

区分	種別	数量	単価	価格	備考
		石	円	円	
農作物に依る収入	粟	5,00	5,000	25,000	
農作物に依る収入	（大豆 小豆）	4,00	5,000	20,000	
農作物に依る収入	燕麦	3,00	2,500	7,500	
農作物に依る収入	蕎麦	2,00	4,000	8,000	
農作物に依る収入	馬鈴薯	5,00	1,000	5,000	
農作物に依る収入	稗	2,00	2,500	5,000	
	小計	—	—	70,500	
副業に依る収入	豚	1頭	5,000	5,000	
副業に依る収入	鶏	2羽	,350	,700	
副業に依る収入	鶏卵	100個	,010	1,000	
副業に依る収入	蜂蜜及蝋	1斗	5,000	5,000	
	小計	—	—	11,700	
	計	—	—	82,300	
	収支差引不足	—	—	7,560	

支出

区分	種別	数量	単価	価格	備考
		石	円	円	
生活支出	粟	5,85	5,000	29,250	
生活支出	馬鈴薯	5,11	1,000	5,110	
生活支出	小豆	2,92	5,000	14,600	
生活支出	大豆	1,00	5,000	5,000	味噌醤油用其他肉類唐辛薬等を含む
生活支出	塩	,60	1,500	,900	
生活支出	副食物	—	—	7,000	
生活支出	器具費	—	—	5,000	農具家具購入及修繕費
生活支出	被服費	—	—	10,000	
	小計	—	—	76,860	
義務支出	諸税及公課	—	—	3,000	
義務支出	交際費其の他	—	—	2,000	
	小計	—	—	5,000	
贅沢支出	煙草	—	—	5,000	
贅沢支出	酒類	—	—	2,000	
贅沢支出	其の他	—	—	1,000	
	小計	—	—	8,000	
	計	—	—	89,800	

左掲の三表は、総督府技師小泉氏の「火田民生活状況に関する調査」から摘録したもので、家族夫婦二人（労働者）子供三人（内一人労働者）計五人で、稍々中等の生活をなすものを標準として調査したるものである。これを平均すると収支を差引して一ヶ年の純益金五円五十九銭である。火田民の生活から生み出さる収益は此の如く僅少、収益の一割五分は副業に依るから純粋の農作のみでは到底生活する事が出来ない。就中落伍者としての火田民は来住の時に若干の借金を有してゐるから結局転々漂浪の生活を続くるの外はない。火田民相互間の貸借は大抵翌年の収穫期に決済するを当とする。

蓋馬台地郡別火田統計（大正五年七月臨時土地調査局調査）

道	郡別	火田総概面積（町）	三年以上休耕総概面積（町）	火田一日耕平均概面積（町）	火田郡別地位	火田耕作戸（戸）	火田耕作口	火田実売価格 一日耕 上（円）	中	下
咸鏡北道	茂山	九、一五六	四七六	、四〇	中	二、二四八	九、二八四	八	四	二
咸鏡北道	富寧	一、〇六八	七四七	、三四	中	二八	二〇三	八	五	三
咸鏡北道	鏡城	一、七六三	九二〇	、三三	下	五〇三	二、九五四	五	三	一
咸鏡北道	明川	三七九	二五七	、三三	下	五四〇	一、六三八	三	二	一
咸鏡北道	吉州	一、一一七	五四四	、三三	下	三六八	?	二	一、五	、五
咸鏡南道	三水	一、五三八	五六七	、四六	中	一、三七〇	六、三五六	一〇	七	四
咸鏡南道	甲山	六、二〇九	一、四三八	、三三	中	一、七〇三	九、六六六	三	一、五	七
咸鏡南道	豊山	四、三四五	五五七	、四〇	中	三、五八七	二一、八九八	七	四	一
咸鏡南道	長津	三、五八二	六七六	、四〇	中	二、二九七	一三、六〇二	五	三	一
咸鏡南道	端川	七	四	、五〇	中	五三三	三、一九一	八	五	二
咸鏡南道	北青	一、四四九	七五〇	、三三	中	一、三七九	八、五六一	二〇	一〇	二
咸鏡南道	新興	一、四七七	三、二九六	、三六	中	一、四一五	七、〇七五	八	五	二
咸鏡南道	咸興	一五九	三六	、四〇	中	二三一	一、二五〇	?		

道	郡別	火田総概面積（町）	三年以上休耕総概面積（町）	火田一日耕平均概面積（町）	火田郡別地位	火田耕作戸（戸）	火田耕作口	火田実売価格 上	中	下
平安北道	厚昌	二、二九〇	一四	、五〇	下	五四〇	二、八七〇	?		
平安北道	慈城	一、一一三	二八四	、五〇	中	一、五五九	五、三七五	八	六	四
平安北道	江界	三八、一八一	九六	一、一六	下	一、九五九	二五、三七五	四、二	二	五
平安北道	渭原	六、八六三	六、六六七	、五〇	中	一、〇九〇	五、五〇〇	七	六	四、五
平安北道	碧潼	三、三〇三	二、九五八	、三六	中	一七	六二	一三	一〇	八
平安北道	楚山	四、六六八	三、二七六	、三三	中	二、四〇〇	一四、四〇〇	一三	七	四
平安北道	熙川	七、二三七	三、五〇二	、三六	下	四、八三二	二四、二六六	一〇	六	二
平安北道	寧辺	一、七四三	六六三	二、六七	下	一、九五七	九、九八五	一四	一〇	八
平安北道	雲山	一、三六六	八九六	、三〇	中	七〇三	二、七〇三	七	五	三
平安南道	寧遠	六、九九〇	二、〇九六	、四〇	下	四、四〇八	二六、九九七	一〇	四	一
平安南道	徳川	二、五七九	八五〇	、四〇	中	一、二八九	七、七三四	一五	五	二
平安南道	孟山	二七、五一〇	二〇、六三三	、四〇	下	一、八六一	一一、二一六	?		

備考　今から八年前の旧い統計ではあるが、最近かく対照して調査した資料がないから、掲載する（以下省略）端川郡の概面積が二つながら余り、少ないのは誤かと思ふ。寧辺郡の一日耕が殊に多いのは地味の悪い為だと云ふ。此の統計は江原、黄海二道の分もあるが茲には略する。

蓋馬台地の耕地と作物と労働

渓谷から断層崖を攀っては北の渓谷へ下るのである。此の高原に依拠する郡や面の境は此の地形の特相に支配せられ、郡や面の面積も平野地方に比して非常に広く、よく高山地の特色を示してゐる。地形や気候の関係からして、畓は極めて少なく耕地の九割以上田の所が多く、火田に至っては其面積は遥に田よりも広い。農作物は冷涼な気候に限定せられ、燕麦と馬鈴薯とは全鮮中最も広い作付反別を有してゐる。試に実査した長津郡に就て之を見るに、土地台帳に登録された耕地が一万六百七十町歩で、其の全部が田であり、之に対し未登録耕地は一万八千町歩で、其の九割は火田である。其の農作物は前に述べたやうに、比較的寒気に堪へ得る燕麦、馬鈴薯が主で、之に蕎麦、粟、大豆の作付反別を加へると、耕地の全作付反別の八割六分に達する。気候は夏猶涼しく、初霜が九月二十日前後に降り、晩霜は六月二十日前後に、初雪は十月十日前後終雪は五月二十日前後である。主要作物の播種から収穫までの労働季間が短いのみならず、労力は自給だから殊に繁忙を極め、秋季の収穫季に於ける寒季の襲来の遅速は、其の年の豊凶に著しく影響し、降霜が早い為に農作物の乾燥を温突内で行ふ為に品質が劣悪なのも、偉大な気候の牽制による。左の主要農作物播種収穫季間比較図（省略）を見ても、此の高原が如何に気候に牽制されてゐるかを証してゐる。又収穫季になると野猪と熊とが作物殊に燕麦や馬鈴薯を荒す事が多いので、人里離れた火田には番小屋を作り焚火をしながら其の災害を防ぐなど、収穫季の作業として一つの大きな労力といはねばならない。此の高原の縁辺に於て火田地域が如何に分布してゐるか、余は厚峙嶺頂から日本海岸に達してゐる北青郡に就て其の分布の限界を調べた。

火田と熟田の交叉

高原地での主作物たる燕麦は火田と熟田との交叉地区に於ては粟と半し、更らに南方に於ては粟に代り、火田地域の南限ともいふべき処は火田と熟田が相半し、耕地も休閑耕作から輪作耕作に変じ、施肥もよく行はれ全く集約的耕作になってゐる。燕麦栽培地区の住民が山を下って粟や大豆を盗み、粟や大豆を主作物とする地区の住民が山を上って薪材を盗み、互に生活資料の争奪を行ふ為の紛争が絶へない。

住民の構成要素と其の影響

以上高原地方の火田住民の構成要素は、元来住民の少なかった所丈に、高原の麓の地元民が其の居住地の戸口の増殖と、他からの来住者との圧迫から、更に奥地に新たな居所を求めやうとするものと、なほ遠き農村及都会からの劣敗者とである。其の影響を営林廠の国方技手に聞けば国有林野の管理期間充分完備せざるに加へて、古来から人跡を印せざる未開の地域が広いから、侵入者は自由勝手に己が欲するま丶開墾し得る。既墾者は或は其の父子を或は親属知己をよびよせて次第に独占地を広めてゆく。かく容易に独占地が得られるから、土地が瘠せて耕作に不適となれば直ちに放棄して他に適地を求めて移動する。耕作に適当な土地は南向で日当よく、傾斜の緩かな所で常に森林を伐採して耕作とする。樹木を焼いて出来た耕地は無肥料でよく作物が実る。肥料を施すなどの考のない、又それ丈の手数を施さうとしない彼等は、かくして森林を焼土と化した彼等は林木は問題でない。林木は一文の価値もない。一本の木よりも一本の燕麦なり粟なりを尊しとする。かくして次第に林地は荒される。（北鮮火田民の生活状態）

此の高原に於ける火田民の調査として、余は咸興から長津に北青から豊山、甲山を経て恵山鎮に更らに新義州の営林廠に赴いた。今長津、豊山、甲山三郡の耕地及農業者数を見ると、登録耕地にて畓の少ないのは気候の関係上当然ではあるが、田が七万三百余町歩に亘り外に未登録の六万九千余町歩である。

三郡耕地面積、農業者数比較表

	登録耕地		未登録耕地			人口	一戸当
	畓	田	畓	田	火田		
長津	一町	一〇、六七〇町	〇町	一、七四四町	一六、二六一町	四二、八一〇人	六、四人
豊山	一〇	二九、六八八	一八	四、三〇五	六、五五四	六九、〇五八	六、一
甲山	六八一	三〇、〇八〇	〇	八八七	七、七〇八	五八、五九一	六、〇
計	六九二	七〇、三三八	一八	六、九三六	三〇、五二三		

火田地域の中枢たる長津郡の概相

火田の三万五百余町歩の内長津郡が一万六千余町歩で総面積の五割三分を占めてゐるのを見ると、火田の多い蓋馬台地の中枢地域が咸鏡南道であり、咸鏡南道の火田地域の標式的地区は長津郡であると見て差支がない。かくて余は長津郡に赴きて調査を試み、黄草嶺北の宿駅下碣隅里から北西約一里半に位する火田民部落西興里を実査した長津郡は其面積三百三十二方里半で、全鮮の各郡中最も広い郡ではあるが其の人口は僅かに四万五千六百七十四人即ち一方里に百三十八人の割合である。従って部落の如きも全く三々五々点々散居の状態で、行政上同じ里や洞でありながら、人里から人里までは二里か三里無人の境を通らなくてはならぬ。面の数も七で狭いもので二十九方里広きものは七十五方里もある。今日は北部の邑上里に行政上の中心が置かれてあるが、今から二百五十余年前には中部の旧津里に長津柵が置かれ、郡内の中部以南が、其の治下であった。即ち今の北部は当時は隣郡三水の治下であった。何等拠るべき文献がないから此の地方の開墾の由来を適確にする事は出来ないが、古老の話によれば四、五年前までは鬱蒼とした原始林の相は、下碣隅里から長津にゆく通路より遠からぬ所に見る事が出来たし、十数年前までは四方の山々に火田の火入に伴ふ烈しい山火事を見たといふ事に徴しても、略々開墾の新しい事を推定する事が出来る。然るに今日下碣隅里附近の丘陵に上って四方を展望しても、殆んど目を遮ぎるものなく現耕作や休耕作のみである。下碣隅里附近の田の一筆の面積の最も大きなものが五万六千七百余坪もあり、中のものでも二千五百坪もあるに見ても、火田の開墾当時の状態を推知する事が出来る。

部落構成の特質

郡内現住民の祖先は旧くて四、五代を経たもので、咸鏡南道の咸興附近を始め、平安南北二道から来住したものである。かく諸方からの集合であり其の基礎が火田耕作であるから、定住して構成された部落も、中鮮や南鮮などのやうな大部落が少なく、又同族が結合してゐるものは少ない。従って契の如きも其の数少なく、僅かに婚姻契や葬儀契があるのみで、山霊神の祀の如きも同じ地点に戸々別々に行ふやうになっておる労力の如きも殆んど自給で共同耕作の如きものが行はれない。死亡者の財産で後継者がない時には、之を契の積立金にする慣例は、去来定ない彼等の生活を裏書するものであらう。彼等は稍々産を成すに至ると再び故郷に帰り行くが、かゝるものが少ないから、家族のうちの壮者が故郷にある祖先の墳墓に展する為に一年一回帰郷するを常とする。

定着的生活の要件

火田耕作の方式は、已に前に述べてあるが、定着的な火田民は私経済の補填として牛を重要視する。即ち彼等は牛を耕作や運搬など力役に使役する外、之を売って婚喪の費用に充つる。従って飼育の頭数は二、三頭から多きは七、八頭に達する。豚の飼育も定着の一つの証徴で、牛と共に平野の農家より其の頭数の遥かに多いのは放牧し得る便があるからである。無肥料の処は三年目から収穫が三分の一に激減するが、新火田の開墾が困難となった今日、山麓の耕地には漸次に施肥の作業が行はれて来た。収穫の際には元は穂丈摘んで、あとは其の儘焼いたものだが今は之を一ケ所に集めて焼くやうになり、堆肥をも自家で作るやうになった。

男女の労働

彼等の耕作反別は三町乃至五町を標準とするが、労力自給の経営による彼等は唯一補給の方法として率婿なる習慣ある。彼等は欠乏する労力を雇傭する余裕がないから、娘のある家では将来結婚を口約し、十歳位の女の子に十五、六歳の男の子を貰ひ受くる事になってゐる。これ男子十五、六歳は男子一人前の労働可能力あるものとされてゐる。南鮮地方に絶へて見ざる女子の野外労働の行はるゝも、亦労力補給の一習慣で十五歳位から従事する。女子の労働の最も主なるは燕麦搗で、水砧の関係上冬期結氷前に行はねばならない。男と共働するのは馬鈴薯の収穫や其の他播種や収穫で、これが家構が内房外房の別なく、従って男女の社交室たる庭厨で冬季男子に接し易い事と共に風紀を不良にするといはれる。冬季は女子は麻布を紡ぐを常とし、麻織は五、六月から八月にかけてするが、それが副業にすらなってゐる所がある。

運搬具パルクエー

かくして営まるゝ彼等の生活を述ぶるに当り、最後に忘るべからざるは特色ある簡単な運搬具パルクエーで細き天然木を曲げて柄を作り、それに加工し牛に曳かせて近くは耕地遠くは市場に往復する唯一の運輸機関とする。其の他彼等が必要に応じて器具や農具や敷物などを製造するは勿論、自足自給の生活を支持する必要から簡単な村落工業が発生してゐる。

火田民の部落生活は略々以上の如くして営まれてゐるが、余は更らに一つの部落に就きて之を具体的に叙述し、又かゝる部落部落の間に交換経済の必要から生み出された街村の発達をも一瞥しやう。

余の踏査した部落は新南面西興里である。西興里の部落生活を叙ぶるに先ち、其の背景たる新南面の概観を語る要がある。

火田耕作地域に於ける新南面の概相

新南面は其の大部は傾斜の緩かな台地で、山名の如きも笠峰、円峰、高峰などより地形の特相をあらはしてゐる。長津川は東部を南から北に流れてゐる。其の面積は二十九方里半で東西南北何れも六里位ある。戸数は二千五百四十八戸あるが、郡内への移転が三十七戸であるのに、他郡へのは六十二戸あるは火田耕作地域に於ける移動傾向を示すものと見て間違なからうと思ふ。

火田の面積が七千七百九十五町歩で田の三千四百九十町歩の二倍余ある事でも火田耕作の盛んな事を知る事が出

来る。気候は冷涼過ぎる為に水稲の栽培に適しないから、平野なら畓に拓かるべき川岸の低地は湿地として雑草の繁茂に任しておく。田作としては屢々述べたやうに、馬鈴薯と燕麦とが作付反別共に五千町歩に上りて全作付反別一万一千余町歩の九割を占め、之に蕎麦と大麦を合すれば更に五分を増すことになる。蔬菜の如き蘿蔔と白菜合せて二十町歩足らずで、それも下碣隅里の如き街道沿の諸部落のみである。家畜に至っては牛は牝よりも牡多く外に豚鶏あり、何れも在来種である。此の面が街道に沿ふてゐる為に市場が下碣隅里と古土里の二ケ所にあるのは他の山村に見難き事で、それが農産物の剰余、燕麦や澱粉及家畜の販売にどれ丈便利な事であらう。

火田民部落としての西興里

西興里は新南面の中央部に位し長津江に流れ込む小さな渓川の左岸に沿ふた部落で北にも南にもなだらかな丘陵を負ひ、日当のいゝ心地よい所である。渓川の両岸には帯のやうに卑湿な草生地があり、水に臨んで一戸に一つ位の割に水砧が設けられ、丘陵の麓のあちらこちらには、細い白樺の林立が見受けられる。渓川の左岸に沿ふた此の部落は、民家が殆んど一列に川下の東から川上の西に列んでゐるが、其の戸数は三十九戸、内六戸はもう空居になってゐる。かく少さな部落でありながら、最も古い西興里の外に八つも小さな里名のあるのは、個々に開発した事を証する火田民部落の特質と見ることが出来やう。現に三十三戸に対し十六姓がある。部落で最も旧い垈といはるゝは西興里のうち、北に小山を負ふた冬でも暖かな家で、丁度部落の中央に位してゐる。部落の東部即ち川下は何れも定着性を帯びて宅地囲りの耕地には肥料を用ひてゐるが、西部即ち川上には六、七年来他から来住したものが八戸もあり、其の内五戸は火田のみによって生活を支持するものである。彼等の本籍を調べると、平安南北道のもの四戸の外は咸鏡南道の平野部から来たものだ。而して其の耕地面積を見るに、登録耕地は田は二十三町五反、外に未登録耕地は田十五町八反と火田百十九町八反ある之を一戸当とすれば田一町二反歩と火田三町歩を耕作する事になる。此の火田は即ち未査定の国有林野であるから、もし林野区分調査の結果其の耕作を認容しない事になれば、彼等は当然他に移転せざるを得ない。此の如きは啻に西興里のみではない。従って火田部落に起り来る問題は成るべく農業を集約にして可耕面積を縮少する事でこれが将来講究さるべき大きな問題であらねばならぬ。西興里では大正四年から粟や馬鈴薯に施肥（牛糞、入糞、糞灰）するやうになった。

集約的農業への進展

川上の方の純火田民の家構は、図版（省略）に示したやうに簡単なものであるが、中央から川下までの間の民衆は、定着的火田民家発達の過程其の三及び其の四（省略）のやうに整ったもので、居間を始め牛舎、豚舎、物置等があり、住家の横には一、二個の蜜蜂の巣桶が備付けられてある。新南面での飼蜂戸数は百六十五戸で巣箱の数は三百四十七個あるが、西興里は各部落中第二位で、戸数は一五巣数は二十五ある、部落の労力は概ね自給であるが、秋の農繁期には咸興方面から月十円で来る日雇があり、率婿を行ってゐる家が九戸ある、契としては部落を挙げて組織してるものに葬式契があり、相継者のないもので死亡したものは部落で埋葬し其の遺産を契に没収するやうになってゐる。なほ八戸から成ってゐる農夫契は書堂を設けて夜学を行ってゐる。

粗朴な村落工業

余は区長の家で右の調査を試みたが、昼飯の代に爐で蒸した馬鈴薯を御馳走になり、自家製の農具や、十能や灰掻を見せてもらひ、木造の馬具や燕麦を飼にしての雉の捕獲器や犬の皮で作った太鼓等で、彼等の素朴な趣味と娯楽とを知った。区長の家には鷹を飼ってゐたが、渓川の両側の丘陵の頂には幾つとなくチヤギと云ふ弓のやうな罨を立て、あるのを見、いかにも山村らしい感じが起った。

街村としての下碣隅里

下碣隅里は咸興から黄草嶺を踰へて長津郡邑内に赴く中間駅で、自働車では一日程である。厚峙嶺北の把撥と同じく、数多の渓谷に発生した火田民部落からの交叉点に位しているので、物貨交換の中心であり、殊に下碣隅里は行政、警察、通信、教育、金融の中心である丈街村の形態を備へてゐる。しかし民衆はまだ街道に沿ふて一列の配置をなしてゐるに過ぎないし、近年毎月三、八に開かる市の如きも実に淋しく、僅かの肉類や干物や木綿等を路傍に列するに過ぎなかった。是れ其の周囲は全く自足自給の火田民部落だからである。

耕地と民居の位置

火田耕作を基調とせる耕地の形態が、点々して所謂片々如掌の状態は厚峙嶺の南側南大川の渓間に之を見る事が出来る。これ傾斜の急なるが為で、直洞から厚峙嶺に上る途中、上直洞と明堂徳との附近、しかも道路に近く僅かの耕地を見るに過ぎない。之に反して厚峙嶺の北側に於ては、南側に比すれば傾斜が遥かに緩かであるから耕地の拡散が遥かに大きい。黄草嶺北に於ても其の地形が略々厚峙嶺北に類してゐるから、耕地拡散の状も亦之に類してゐる。

黄草嶺北の地形が厚峙嶺北に比して著しく傾斜が緩かである丈に、長津川の本、支流沿ひに卑湿地が多く、それが長津邑内への鉄道開通を予期し、開墾予定地として数多の内地人に認可されてゐるが、果して何れの日に開墾されるであらうか。

民居の位置に於て著しく平野の農村と異ってゐるのは、独立家居が少さな耕地と共に高山の山腹に散点する事である。又部落を構成する民家の数が概して少なく、しかもそれが火田耕作を其の発生の基礎とするから、多くは山腹の緩傾斜地に依拠してゐる。

（註）蓋馬台地の地形は小藤博士の An Orographic Sketch of Korea（東京帝国大学紀要理科第十九冊第一編）に拠る。

第四章　施　策

未解決な一大問題

火田民によって耕作される火田が、国土保安上水源の涵養上森林の経営上、用材其の他薪炭の供給上に重大な影響を及ぼすが為に、李朝時代にも之に対して施策し論議したが、これは総督政治の行はる、今日に、未解決のま、遺された大きな問題の一つである。之に対する総督府の施策が地方の火田民に如何に反応し、直接其の保護と整理に当ってゐる人達は之に対して如何なる意見を持ってゐるか。之を顧みるは火田民の研究に最も重要な事である。

総督府の施策と其の苦心

総督府に於ては明治四十四年六月森林令を発布してゐるが、其の第十八条には「警察官憲の許可を受くるに非されば森林又は之に近接せる土地に火入を為すことを得ず」と云ひ、第二十条には「森林に於いて其の産物を窃取したる者は三年以下の懲役又は三百円以下の罰金に処す」といひ、第二十二条には「各号の一に該当する者は二百円以下の罰金に処す」として、四に「森林に於て火を失し又は濫に焚火を為したる者」五に「濫に他人の森林を開墾したる者」をあげ、なほ其の施行規則を七章に分ちて細説し、其の中第六章に、森林警察には火入に関する規定があり、火入許可証には表には火入の期日、個所、許可年月日、取扱官署及火入者を明記し、裏には火入者の心得を仮名交文と諺文交文とで説明してある。又大正元年森林山野の保護に就いては、全鮮を通じて百三十六の保護区に分ち、各区に保護員を置き、火田の整理は其の重要の一項となってゐる。今百三十六の保護区の分布と蓋馬台地の関係を見るに、其の中枢たる咸鏡南道に三十区即ち二割二分を有するは、森林山野の保護上重要地域である事が分る。火田の取扱方及其の整理に関する件は大正二年以来屢々各長官に通牒し、殊に大正五年四月には「火田は施設上重大なる関係を有し之が整理は一日も等閑に附すべからざる」により「各警察官をして一層其の取締を励行せしめられ充分其の効果を収む」べきを通じ、同五月には更らに方法を明記して其の実行を促してゐる。

大正五年四月の内訓第九号は火田整理に関して左の如く述べてゐる。

> 朝鮮に於ける火田は因襲既に久しく国有私有の区別なく濫に林野内に火入開墾をなし為に年々森林の焼失、土地の荒廃、土砂の流出、田畓の埋没等其の損害挙げて数ふべからず斯くの如くむば一面各種の手段を尽して殖林を奨励すと雖終局の目的を達せむこと容易の業にあらず顧みて地方住民分布の状態を視るに山間渓谷に散在し為政上其他諸般の不便尠からざる所以のものは主として火田の目的を以て漸次深く森林を追ふて移転する者多きに因らずむばあらず積弊数百年今俄に之が禁遏をなすは策の得たるものにあらず漸を以て之を制限し永遠の利害を説示して篤く訓戒を加へ鋭意怠るなくむば其の効果を収むる事蓋し難きに非らざるべし以って火田整理の大綱を示す宜しく地方の状況に応じ適当なる措置を講じ違算なきを期すべし。

要存予定林野内の火田や火田を禁ずべき傾斜度は三十五度以上である事等、附記されてある。大正七年四月更らに林野調査を創め、国有林野の整理調査と区分調査とを遂行することになったが、整理調査に於て火田に就ては、(一)休耕年数が耕作年数より多きもの、(二)休耕作年数と耕作年数と同じきもの、(三)休耕作年数四箇年以上のもの、(四)傾斜約三十度を超ゆるもの、(五)現に耕作するも一時の試耕と認むべき状態にあるもの、は林野として調査する事にし、区分調査に於ては要存予定林野と不要存林野に区分して之が調査をなす事にした。(朝鮮「林務提要」に拠る)総督府の此の方針に基き各道庁及営林廠は夫々森林山野の保護と整理に従ってゐるが火田の侵墾を禁ずると共に、火田を要存林野に編入し、火田民を他に移転さす等其の苦心一方でない。従来自己の所有地の如く耕作し来った土地を国有地とする事に就ての火田民の誤解等到る処に起った。試みに当時の記録(警保局保管)により二、三を適録すると

国有林への編入と火田民の誤解

> 咸鏡南道北青郡
> 上車書面に於ける要存林内の火田耕作者の整理に関し、同郡内他に火田耕作予定地千七百五十四町歩を選定し、前記の地内に散在せる火田耕作者約二百三十戸を此処に移転せしむる事に決したり。然るに耕作者中には之に反対して不穏の挙動あり、向ふ一ケ年間は

現在の仮居住すると共に火田の耕作も一ケ年間許可し、なほ移転地も現選定外之に隣接せる土地をも拡張され度申出ありしが、播種後の事情を酌量し、九月迄に予定地内に家屋の建築や火田の開墾を終り、十二月までに移転する事と現国有地内の耕地は年内は之を許すことによりて解決せり（大正五年五月）

江原道麟蹄郡

向五ケ年後に立退を命ぜられた火田民は其の移住先の土地に就き不安を抱けるのみならず、移転の旅費耕地の購入費及家屋の建築費に就ても憂慮し、一部のものは他国に放逐する計略にあらずやと思ふものもあれば、憲兵分隊にては極力其の誤解を解くやう懇示せり。これ三十町歩余の火田を要存予定林野に編入せんとするより起れるなり（大正六年八月）

平安北道熙川郡

林野区分調査の結果、火田の半以上要存林に編入せらるる予定にて実施の暁には半数以上移住せざるべからざる状態なれば人民は編入せざるやう嘆願し調査員は其の弁明に勉め要存林内にても当分耕作を続行せしむるやう慰撫せり（大正六年十月）

此の如きは一、二の例に過ぎないが、之を以て所有観念の明かでない火田民の動揺の趨勢を推定する事が出来る。かゝる事件は啻に官民の間に起ったばかりでなく、東洋拓殖株式会社、三井合名会社、及大学演習林内等にも類例が起った。火田の整理と火田民の処理に就ては、恐らくは以上の如き問題起ることなくして解決された所は少ないであらう「従来自己に永代所有権ありと信じた火田を、遽に国有林に編入されると生活不可能になるから水草を追ふて支那に移住する外はない」と歎じ、（平北渭原郡）或は調査員が「山の傾斜の急な所を上り下りするに困難な遠方に耕作するよりは家の附近の熟田に肥料を施して収穫を多くする方法を講じてはどうか」といったら「そんな事は出来ないから他に転居するより外はありませぬ」（平北江界郡）と答へたなど、最もよく火田民の遊農的心理を表現してゐる。

火田民の遊農的心理と其の影響

かくの如く漂動的の彼等だから、人煙稀な森林の間に出没し、新に火耕した地点を年々周囲から段々侵墾して遠見一寸分らぬやうにする早業は言語に絶してゐる。営林廠の国方技手は之に就てかくいふ。

今や保護機関も稍々広く設けられ、警務官憲と相俟って其の取締を厳重にしつつあるが交通の不便な為や巡察区域が余りに広過ぎる為に、充分な取締は出来てゐない。年々此等火田民に依ってどれ丈の国有地を侵墾され、之が誘因となった森林火災や林木の損傷は幾許あるか測るに由ない位である。保護区員駐在所にただ一人の森林主事を配置して、数万町歩の面積を管理してゐる現状ではとても駄目である。………数年間に入込んだ火田民の手によって侵墾された林地は夥しい。多い所は百数十戸の大部落もある。既に大部

落となりつゝある所も数多いのを見受ける。（北鮮火田民の生活状態）

余は前に朝鮮に於ては総数の上からは、遊農火田民よりも定着火田民が多い事を述べたが、国方技手に依って一群の遊農火田民によっての侵墾すら、如何に広大な森林を失ふかを切実に感じさせられる。更に同氏は火田民の日常生活を調べ、之を基礎として火田民生活の改善法を提唱してゐる。曰く

火田民の生活安定の第一要件は集約的耕作

甲山郡長平面東興里の中産階級の火田民の家族は、夫婦に子供二人（一人は乳呑児）の四人暮で、耕地は七日耕（一日耕は約四反歩）。内四日耕即ち一町六反歩は燕麦、残り三日耕即ち一町二反歩に大麦を栽培する。其の収穫高は燕麦籾付十二石（一日耕三石の割合）大麦籾付十五石（一日耕五石の割合）で、之を調製すると燕麦四石八斗、大麦九石を得る。其の価格燕麦五十七円六十銭（一升十二銭）大麦五十四円（一升六銭）である。外に鶏と鶏卵代で年収三円位の雑収入がある。故に百十四円六十銭の総収入で、一家四人を支へる。それから支出の総計三十二円五十銭（食塩四斗六円五十銭、塩魚二円、税金四円、衣類十五円、雑費五円）を差引くと、残り八十一円十銭が食料である。外に生活用として必要なる味噌、醤油、煙草、草鞋等は、すべて製作する、主人は里の区長で年手当が十二円、之を以て一ヶ年の酒代と交際費にあてる。意外な支出があったりすると、新に耕地を広ぐる必要が起って来る。だから火田民の生活の安定の第一要件は集約的耕作による作物の増収で、これによりてこそ火田侵墾取締の目的をも達する事が出来る

家財表

家屋一棟（敷地共）		一五円〇〇
畑	七日耕	二一、〇〇
道具一切		五四、〇〇
釜	一	、八〇
水がめ	一	一、五〇
食膳	二	一、四〇
はむじ	一（木造くり桶）	二、〇〇
茶碗	五	二、〇〇
匙	三	、九〇
戸柵	一	七、〇〇
箸	一	、四〇
衣類	夏	九、〇〇
	冬	一九、〇〇

斧	一	、八〇
帽子	一	二、〇〇

営林廠に於ける要存予定林野内の火田状況（大正十二年末現在）に拠れば、其の所管内の火田の所在個所は九百五十六其の見込総面積三千七百九十四町歩に亘り、其処に居住する火田民は三千六百十六戸二万七百十七人である。しかしか、る林野中に散居する火田民の実情から、其の処理を酌量しなければならぬものもある。例へば咸鏡南道甲山郡のある地区に於ける火田民に対しては、道知事から営林廠長に対し、火田民居住地除外方に関し左の如く届出ある。

火田民処理の除外例

大正十二年十月

管下甲山郡に於ける貴廠所管の要存林内に於ける別図（略）三ケ所に亘り火田民多数居住致候に付取調候処右は概ね貴廠に於て要存林として御決定後無断移住せるものにして何等土地権取得の証拠を有せざるものに有之候に付夫々整理を遂げ要存林外に移転せしむる目的を以て其の収容予定地を詮索致候得共適当なる個所無之のみならず其の居住地附近一帯は平地又は緩斜地にして地味肥沃なるを以て耕作に適し且其の生活状態を視るに水草を追ふて転々流浪する一般火田民と異り永久其の地に居住し耕作を継続し得るものと認められ候に付此の際同地域を要存林より除外し夫々未墾地利用法に依り出願の手続を履ましめ以て生活の安定を与ふるは機宜の措置と認められ候条特別の御詮議を以て右区域を要存林より除外方御承認相成度別紙調書及図面相添及照会候也

右は大正十二年十一月、余が営林廠を訪れた時には、此が如何に解決さるべきか未定であった。此の如き問題も要存林の設定に伴ふて当然起り来る一つの表れである。余の実査した新南面西興里の火田の整理に就き営林廠に質したら、区分調査の後には必ず不要存林野に編入さるべき性質の土地といはれた。之を要するに西興里の如き状態にある火田即ち未登録地及休閑地は、将来不要存林野に編入せられて、其所に居住し来った火田民の生活を保障する事になるであらう。

咸興から西興里に赴く途中の黄草嶺及附近の国有林野中の火田整理に関しても、之に類することがある。即ち国有林中の火田面積は百三十町歩に亘り、其の耕作者は約四百戸、之を火田民の居住地によって区別すれば左記の如くである。

火田民所在別

国有林内	三三二戸	二〇七人	五五町

国有林外	三七〇	？	七五

火田整理の内容は耕作及居住の地的禁止を主とするも、其の行為をなすものは人であるから、火田の整理は勢ひ火田民の処分とならざるを得ない。しかも火田民は屢々前に述べた通り、恒産のない生活に追はれてる細民だから、火田整理に伴ふ彼等の処分は、宜しく人道的立場で之を導かなければならぬ。即ち整理に際し将来の生業に対する彼等の希望を徴するに、大部分は農業に従事する事であり、行先地は三十三戸の内現住地を望むものは十九戸で、何れも黄草嶺国有林内に集団部落を構成してゐるものである。従って他に収容地を選定して移転さする事も難問題たらざるを得ぬ。移転を承諾さすとしても、収容すべき未墾地のない時には新に普通労働に従事さすべき計画を立てねばならぬ、普通労働に従事さすとすれば、国有林外に移転するものに限り一戸（平均八名）に対し十円位を支給しなければならぬ。（城川森林保護区主事の意見書に拠る）

結言

朝鮮に於て歴史的所産たる約二百万を算する火田民の処理は、国土の保安上森林の保護上切実な大問題で、今日其の所管が行政上の関係から総督府及各道を通じて全く林務及警務の所属になってゐる。余の見る所では

一、此の原始的農業を営みつゝある多数の火田民は病める朝鮮の社会が生み出した一つの現象であり、其の構成要素が一次的な地元民の外二次的要素として生活落伍者を包含する以上、其の解決は単に林務や警務丈の問題とせずに、農政上、社会上からも考慮すべき重要問題である。即ち総督府は勿論各道に於ても、火田民の解決に対しては、更に農政と社会行政の二方面からも協定考慮すべきである。

二、定着せる火田民の解決上、一定の地域に移転せしむる施策が余り成功しなかったのは人間の郷土観念に対する考慮を欠いた結果で、一旦定着した彼等を更らに漂動に導く恐がある。即ち彼等は総督府が其の土地を国有林野と決定せる以前に於て、已に伝統的に無意識的に定着するに至った住民であるから、かゝる定着的のものは出来得る丈現住地に置くべきであらう。

三、北鮮の接壌地帯たる蓋馬台地の火田民は、漂動の結果常に満洲及間島に流出する傾向が多い。

四、漂動的遊農生活者と定着的営農者に対しては、各々特異な施策を根本的に研究するの要がある。

之を要するに、長い史的過程から生み出された此の社会現象の解決は、相当に長い時の経過に待つべきものであり、局部的行政上の問題とせずに、広い立場から攻究さるべき重要な朝鮮の文明問題である。

朝鮮《ちょうせん》火田《かでん》（焼畑《やきはた》）民《みん》の歴史《れきし》

2001年4月20日　初版発行

著者紹介
高　秉雲（コ ビョンウン）

朝鮮済州島に生まれる。

大阪商科大学（現大阪市立大学）卒業。

東京商科大学（現一橋大学）研究科修了。

朝鮮近代経済史専攻。朝鮮大学校歴史地理学部教授、部長。東京外国語大学講師を経て、現在、大阪経済法科大学客員教授。

1988年歴史学博士号を授与される。

主要著書
『近代朝鮮経済史の研究』1978年
『近代朝鮮租界史の研究』1987年
『略奪された祖国』1995年
『朝鮮史の諸相』（編著）1999年
以上、雄山閣出版。その他、論文多数。

現住所：〒187-0024　東京都小平市たかの台36-7

著者　高　秉雲
発行者　長坂慶子
発行所　雄山閣出版株式会社
住所　東京都千代田区富士見2-6-9
TEL 03（3262）3231
FAX 03（3262）6938
振替　00130-5-1685
組版　ミラクルプラン
印刷　株式会社平文社
製本　協栄製本株式会社
製函　加藤紙器製造所
乱丁落丁は小社にてお取替えいたします

ISBN4-639-01732-4　C3022